EUROPA-FACHBUCHREIHE
für Metallberufe

Arbeitsblätter Metalltechnik, Lernfelder 1-4 mit Projekten – Lösungen

Autoren:

Albert, Hans-Günter	Chemnitz
Kinz, Ullrich	Groß-Umstadt
Morgner, Dietmar	Chemnitz
Schellmann, Bernhard	Kißlegg
Stephan, Andreas	Kressbronn

Mitautor:
Küspert, Karl-Heinz   Hof

Lektorat:
Bernhard, Schellmann   Kißlegg

Bildbearbeitung:
Zeichenbüro des Verlages Europa-Lehrmittel, Leinfelden-Echterdingen
Grafische Produktionen Jürgen Neumann, 97222 Rimpar

Umschlaggestaltung:
Grafische Produktionen Jürgen Neumann, 97222 Rimpar

Das vorliegende Buch wurde auf der **Grundlage der neuen amtlichen Rechtschreibregeln** erstellt.

1. Auflage 2005
Druck 5 4 3 2

Alle Drucke derselben Auflage sind parallel einsetzbar, da sie bis auf die Korrektur von Druckfehlern untereinander unverändert bleiben.

ISBN-10 3-8085-1950-9
ISBN-13 978-3-8085-1950-9

Satz: Grafische Produktionen Jürgen Neumann, 97222 Rimpar
Druck: Media Print Informationstechnologie, 33100 Paderborn

VERLAG EUROPA-LEHRMITTEL · Nourney, Vollmer GmbH & Co. KG
Düsselberger Straße 23 · 42781 Haan-Gruiten

Europa-Nr.: 19509

Vorwort

Die metalltechnische Ausbildung im ersten Ausbildungsjahr stellt sich für alle Metallberufe gleich dar. In den Lernfeldern 1 bis 4 werden die Handlungsfelder Herstellen, Montieren, Automatisieren und Instandhalten abgebildet. Wir bieten dazu verschiedene Projekte an, die als sogenannte Lernsituationen zum Einsatz kommen.

Die Aufgaben in den Projekten sind mit kleinen Piktogrammen versehen, welche die unterschiedlichen fachlichen Schwerpunkte kennzeichnen:

Die Aufgaben sind mit farbigen Quadraten versehen, die die unterschiedlichen Schwerpunkte kennzeichnen:

- Technologie
- Mathematik
- Praxis
- Arbeitsplanung
- Präsentation

Bei der Bearbeitung der Aufgabenstellungen steht die logische und sinnvolle Abfolge der Einzelschritte des Arbeitsauftrages im Vordergrund. Die Aufgaben sind so gestellt, dass eigenverantwortliches, kritisches Arbeiten gefördert sowie fachliches Wissen zielorientiert erworben werden kann. Dazu ist es in vielen Fällen notwendig, in einem Tabellenbuch bzw. einem fachkundlichen Buch nachzuschlagen. Im Merkfeld lässt sich die entsprechende Seite festhalten.

Die verschiedenen Projekte in den Lernfeldern eignen sich vor allem für die Teamarbeit. Da wir in den verschiedenen Lernfeldern mehrere Lernsituationen anbieten, können unterschiedliche Teams nach ihren Fähigkeiten und Fertigkeiten an den Projekten arbeiten. Zum Teil unterscheiden sich die Projekte auch im Schwierigkeitsgrad, was vom Lehrer zunächst auf Eignung geprüft werden müsste.

Im Anhang des Buches finden Sie einen Vorschlag zur Bewertung von Kompetenzen in der Lernfeldarbeit. Diese Seiten sind als Ideenpool zu betrachten und entsprechen keinem überprüften Evaluierungsmodell. Testen Sie die Vorschläge kritisch und geben Sie Ihre Eindrücke bitte an die Autoren weiter (lektorat@europa-lehrmittel.de).

Zur Erstellung der Präsentationen bieten wir im Löser das gesamte Bildmaterial des Buches auf CD an, mit allen Seiten als PDF sowie die Excel-Tabellen für die Beurteilung und Bewertung. Darüber hinaus finden Sie die technischen Zeichnungen zur Fertigung der Bauteile auf der CD.

Wenn Sie zu einzelnen Bereichen der Technologie, der Arbeitsplanung oder der Praxis weitere Informationen und noch mehr interessante Aufgabenstellungen suchen, dann bieten sich folgende Arbeitsbücher an:

- Metalltechnik Grundstufe, Arbeitsblätter, Europa-Nr. 17115
- Technologiepraktikum Grundstufe, Arbeitsblätter, Europa-Nr. 18413
- Technische Kommunikation Metall, Grundbildung Arbeitsblätter, Europa-Nr. 12911
- Technische Kommunikation Metall, Grundbildung Informationsband, Europa-Nr. 12717

Die Werkstücke und Baugruppen können als Realteile aus verzinktem Stahl einzeln oder als vollständiger Satz bestellt werden. Anfragen richten Sie bitte an den Verlag oder direkt an den Leiter der Arbeitskreises per Mail: **schellmann.lernfelder@arcor.de.**

Wir wünschen Ihnen viel Freude und guten Erfolg bei der Bearbeitung der Projekte.

Kißlegg, 2005 Die Autoren

Inhaltsverzeichnis Arbeitsbuch Lernfelder 1-4

Lernfeld 1 — Fertigen von Bauteilen mit handgeführten Werkzeugen

Übersicht 5
Mindmap 6

Projekt Keiltreiber
Dimetrische Projektion / Teilzeichnung 7
Projektbeschreibung 8
Projektaufgaben 8

Projekt Rohrschelle
Bildliche Darstellung / Gesamtzeichnung 15
Projektbeschreibung 16
Projektaufgaben 16

Projekt Pumpenmodell
Dimetrische Projektion / Explosionsdarstellung 24
Gesamtzeichnung 25
Stückliste 26
Projektbeschreibung 27
Projektaufgaben 27

Lernfeld 2 — Fertigen von Bauteilen mit Maschinen

Übersicht 43
Mindmap 44

Projekt Spannvorrichtung
Dimetrische Projektion / Explosionsdarstellung 45
Gesamtzeichnung 46
Projektbeschreibung 47
Projektaufgaben 47

Projekt Rollenlagerung
Dimetrische Projektion / Explosionsdarstellung 56
Gesamtzeichnung 57
Projektbeschreibung 58
Projektaufgaben 58

Projekt Drehschloss
Dimetrische Projektion / Explosionsdarstellung 75
Gesamtzeichnung 76
Projektbeschreibung 77
Projektaufgaben 77

Lernfeld 3 — Herstellen von einfachen Baugruppen

Übersicht 85
Mindmap 86

Projekt Parallelreißer
Isometrische Projektion / Explosionsdarstellung 87
Gesamtzeichnung 88
Projektbeschreibung 89
Projektaufgaben 89

Projekt Verstellbarer Anschlag
Isometrische Projektion / Explosionsdarstellung 94
Gesamtzeichnung 95
Projektbeschreibung 96
Projektaufgaben 96

Projekt Verstellbarer Schlüssel
Isometrische Projektion / Explosionsdarstellung 114
Gesamtzeichnung 115
Projektbeschreibung 116
Projektaufgaben 116

Projekt Verstellbarer Abzieher
Sammelzeichnung 124
Projektbeschreibung 125
Projektaufgaben 125
Gesamtzeichnung 127

Projekt Pneumatische Steuerung
Projektbeschreibung 128
Projektaufgaben 128

Lernfeld 4 — Warten technischer Systeme

Übersicht 133
Mindmap 134

Projekt Säulenbohrmaschine
Äußerer Aufbau und Nummernübersicht 135
Projektbeschreibung 136
Projektaufgaben 136

Projekt Zahlenschloss mit LED
Projektbeschreibung 147
Projektaufgaben 147

Beurteilen und Bewerten von Leistungen im Lernfeld 153

Lernfeld 1

Projekt Keiltreiber

Textverarbeitungs-software anwenden

Arbeitsplan erstellen

Keiltreiber herstellen

Teilzeichnung erstellen

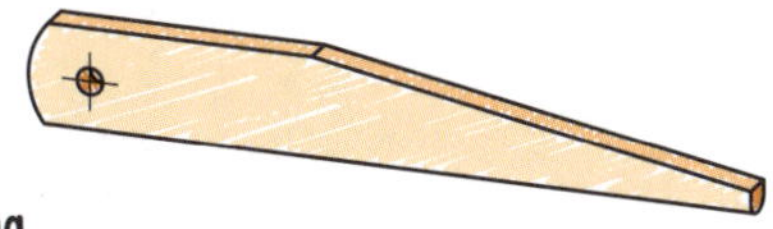

Werkzeuge auswählen

Bohrbearbeitung planen

Hilfsmittel auswählen

Ergebnisse diskutieren

Berechnungen durchführen

Projekt Rohrschelle

Theoretische Grundlagen Trennen und Umformen anwenden

Eigenschaften metallischer Werk-stoffe angeben

Biegeradius bestimmen

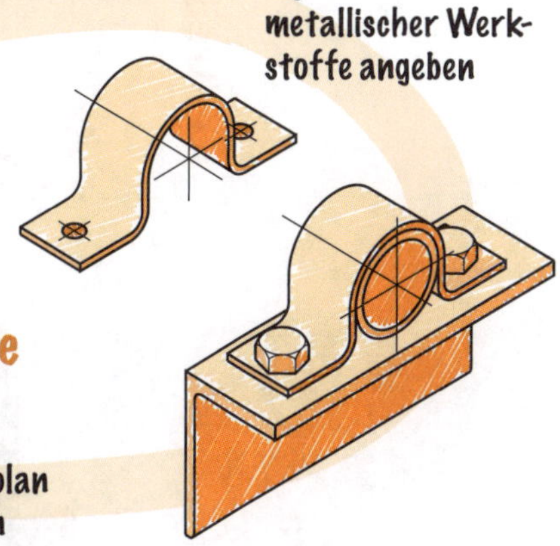

Rohrschelle herstellen

Zuschnitts-länge berechnen

Arbeitsplan erstellen

Projekt Pumpenmodell

Teil- und Gruppen-zeichnungen auswerten

Teilzeichnungen erstellen und ergänzen

Halbzeuge auswählen

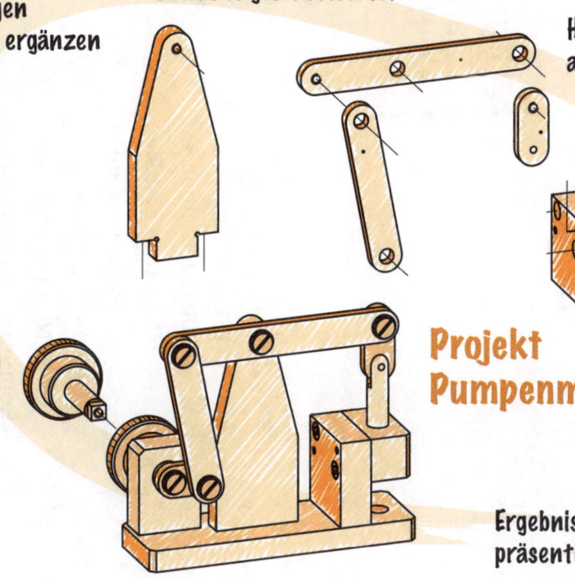

Handskizze erstellen

Drehbearbeitung planen

Normen anwenden

Stahlnormung

Bohrvorgänge analysieren

Ergebnisse präsentieren

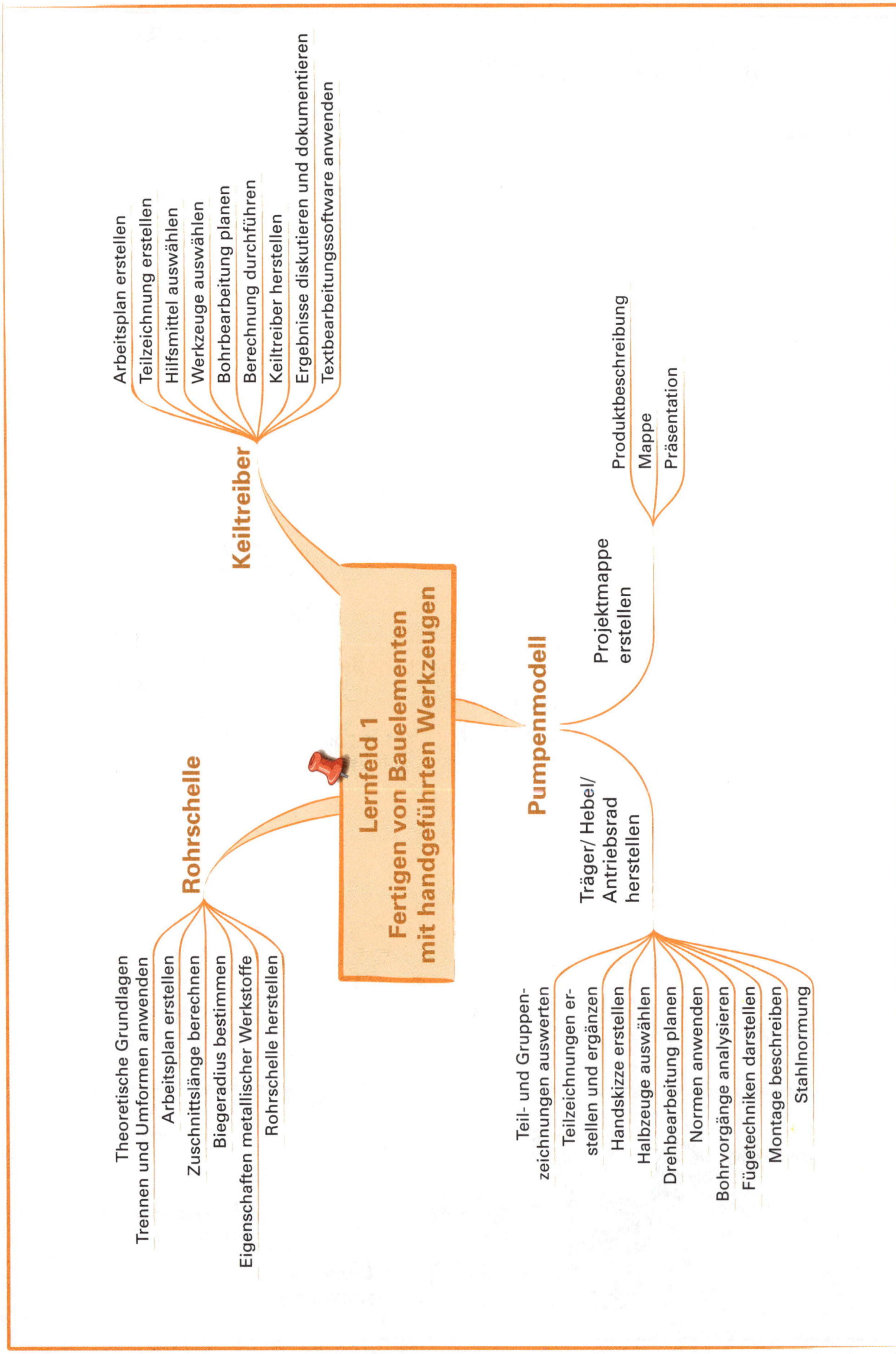
Lernfeld 1
Fertigen von Bauelementen mit handgeführten Werkzeugen
Keiltreiber
Arbeitsplan erstellen
Teilzeichnung erstellen
Hilfsmittel auswählen
Werkzeuge auswählen
Bohrbearbeitung planen
Berechnung durchführen
Keiltreiber herstellen
Ergebnisse diskutieren und dokumentieren
Textbearbeitungssoftware anwenden
Rohrschelle
Theoretische Grundlagen
Trennen und Umformen anwenden
Arbeitsplan erstellen
Zuschnittslänge berechnen
Biegeradius bestimmen
Eigenschaften metallischer Werkstoffe
Rohrschelle herstellen
Pumpenmodell
Projektmappe erstellen
Produktbeschreibung
Mappe
Präsentation
Träger/ Hebel/ Antriebsrad herstellen
Teil- und Gruppenzeichnungen auswerten
Teilzeichnungen erstellen und ergänzen
Handskizze erstellen
Halbzeuge auswählen
Drehbearbeitung planen
Normen anwenden
Bohrvorgänge analysieren
Fügetechniken darstellen
Montage beschreiben
Stahlnormung

Dimetrische Projektion

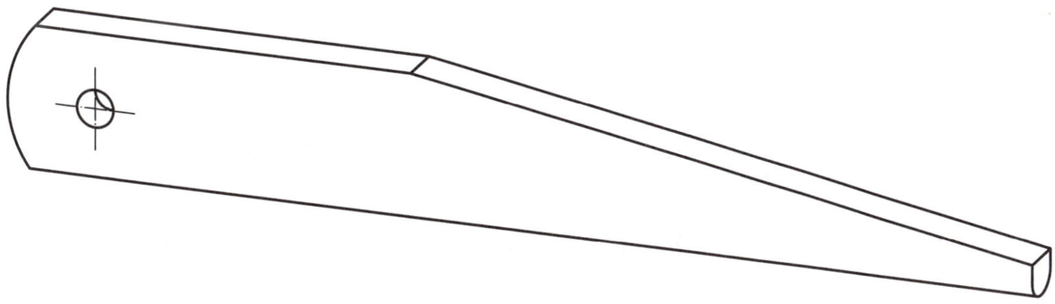

Teilzeichnung

Keiltreiber S235JR

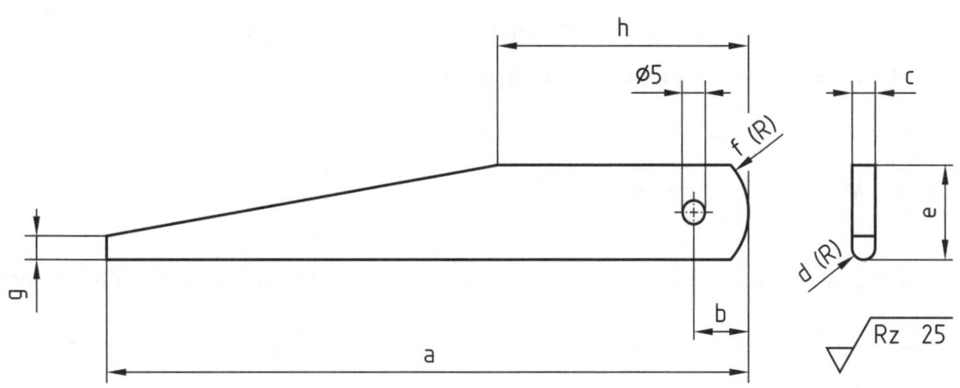

M 1:2

Alle Kanten 0,6 x 45° gefast
Allgemeintoleranzen nach DIN 2768-m

Projektbeschreibung

Die Schülerwerkstatt erhielt einen Auftrag zur handwerklichen Fertigung von 15 Stück Keiltreibern der Maßreihe 1. In der Vorbereitung wurden von einem früheren Fertigungsauftrag für Keiltreiber als erste Arbeitshilfen das Schrägbild und die Zeichnung Seite 7 sowie nachfolgende handschriftliche Maßliste gefunden.

Maße für Keiltreiber aus Werkzeugkatalog

Maßreihe 1	140	55	20	15	12	5	2,5	5
Maßreihe 2	175	70	25	20	15	6	3	6,5

Projektaufgaben

1 Welche Maßreihe von Keiltreibern wurde bei dem früheren Auftrag gefertigt, wenn die Maßstabsangabe der Teilzeichnung Seite 7 berücksichtigt wird?

Die Darstellung in der Teilzeichnung ist 87,5 mm lang. Das entspricht bei Maßstab 1:2 einem Bauteilmaß von 175 mm, was zusammen mit obiger Maßliste auf die frühere Fertigung von Keiltreibern der Maßreihe 2 schließen lässt.

2 Wozu werden die Keiltreiber in Metallwerkstätten verwendet?

Mit den Keiltreibern werden Werkzeuge mit Kegelschaft und Austreiblappen aus Werkzeugspindeln und Kegelhülsen entfernt bzw. ausgetrieben.

3 Ergänzen Sie als Planungsunterlage für den neuen Fertigungsauftrag die unten abgebildete Maßtabelle aus der Teilzeichnung Seite 7 und oben abgebildeter handschriftlicher Maßliste!

Maße für Keiltreiber

Maß	a	b	c	d (R)	e	f (R)	g	h
Maßreihe 1	140	12	5	2,5	20	15	5	55
Maßreihe 2	175	15	6	3	25	20	6,5	70

Beantworten Sie als Vorbereitung auf die Aufgabe 11 folgende Fragen:

4 Mit welchen Linienarten werden normgerecht dargestellt?

a) sichtbare Kanten und Umrisse: breite Volllinie

b) Maßhilfslinien, Maßlinien: schmale Volllinie

5 Nennen Sie die Norm und die Schrifthöhen, nach der Schriften in Zeichnungen auszuführen sind!

Norm: DIN EN ISO 3098 Schrifthöhen: 1,8; 2,5; 3,5; 5; 7; 10; 14; 20 mm

6 Nennen Sie zwei Gründe, weshalb Schriften in Zeichnungen genormt sind!

Die Schrift muss lesbar, einheitlich und für Digitalisierung geeignet sein.

7 Wie unterscheiden sich die Ausführungsformen v und s der Normschrift?

v = vertikal (senkrecht); s = schräg (15° zur Senkrechten geneigt)

8 Wodurch unterscheiden sich die Schriftformen A und B der Normschrift?

Die Schriftform A (Engschrift) hat die gleiche Form wie die Schriftform B, jedoch sind Linienbreite, Zeichen- und Wortabstände geringer.

9 Welche Mindestschrifthöhe wird in technischen Zeichnungen z. B. für die Maßzahlen verwendet?

Die Mindestschrifthöhe von Maßzahlen beträgt 3,5 mm.

10 Die Normschrift (Schriftform B) wird in der Schrifthöhe 3,5 mm ausgeführt.
Ergänzen Sie die Maße für diese Schrift in der Tabelle.

Höhe der Kleinbuchstaben	Linienbreite	Abstand der Schriftzeichen	Abstand der Wörter	Zeilenabstand (ohne diakritische Zeichen)
2,5 mm	0,35 mm	0,7 mm	2,1 mm	5,3 mm

11 Erstellen Sie auf Grundlage der Teilzeichnung Seite 7 schrittweise die Teilzeichnung eines Keiltreibers der Maßreihe 1 im Maßstab 1:1 für den aktuellen Fertigungsauftrag.

a) Zeichnen Sie die Bauteilkontur

b) Übernehmen Sie die Anordnung der Maßeintragungen aber mit konkreten Maßen aus Aufgabe 3

c) Übernehmen Sie alle weiteren Zeichnungsangaben

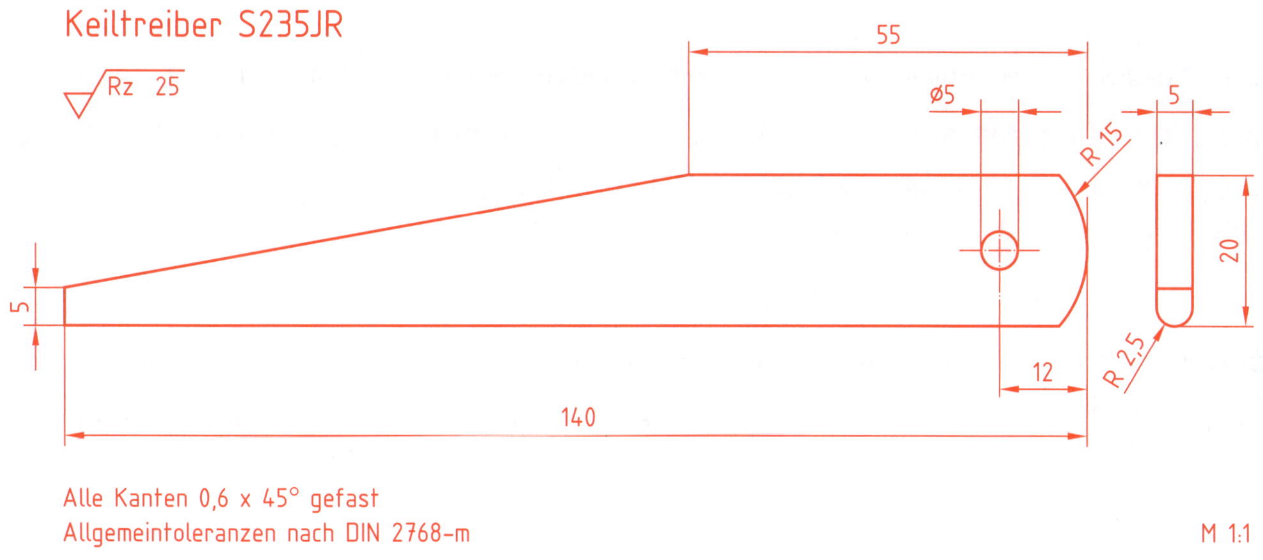

12 Zur Maßkontrolle können Lehren und Messgeräte zum Einsatz kommen. Legen Sie für die unten aufgeführten Maße geeignete Prüfmittel fest. Geben Sie die Maße in der Tabelle an.

Benennung	Maß	Prüfmittel
Durchmesser	ø 5	Grenzlehrdorn, Messschieber mit Innenmessschneiden
Radius	R 15	Radiuslehre
Gesamtlänge	140	Messschieber mit Außenmessschneiden
Werkstückdicke	5	Messschieber

13 Das Maß 20 wird mit einem Messschieber gemessen. Die Arbeitsweise des Messschiebers wird im Folgenden betrachtet.

a) Notieren Sie Schritt für Schritt den Ablauf einer Messung an nebenstehendem Beispiel:

1. Ablesen der ganzen mm — 73,00 mm
2. Welcher Nonius-Strich stimmt mit der mm-Skala überein? — 0,65 mm
3. Addieren der Werte — 73,65 mm

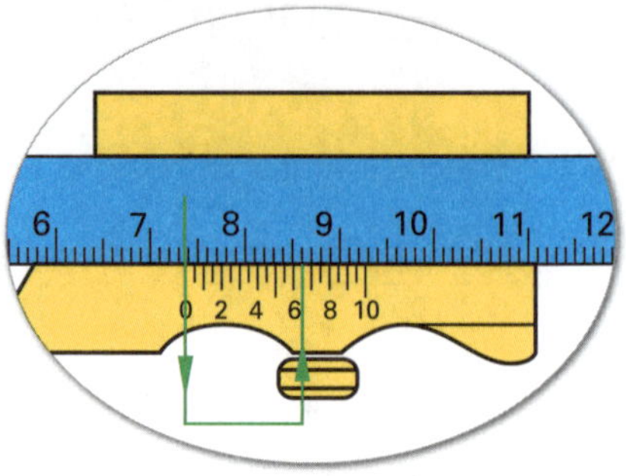

b) Lesen Sie die drei Beispiele ab und tragen Sie die Ergebnisse unter der jeweiligen Abbildung ein.

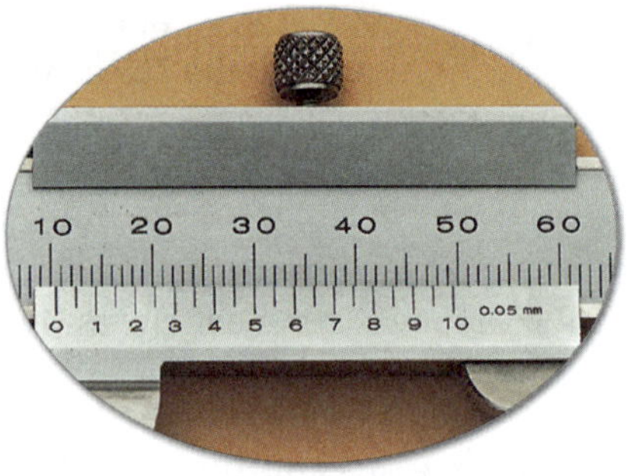

Ergebnis: 10,5 mm

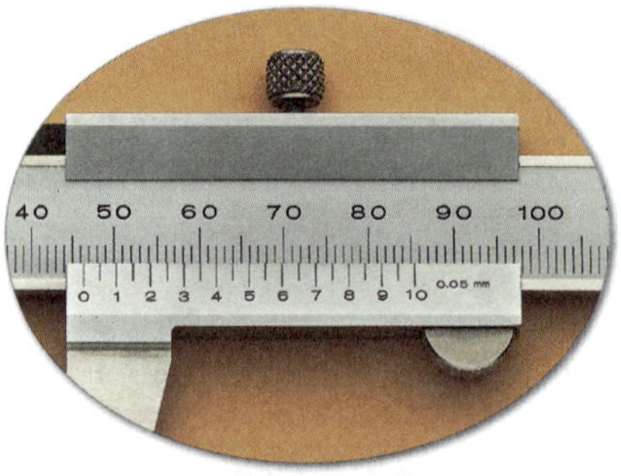

Ergebnis: 46,4 mm

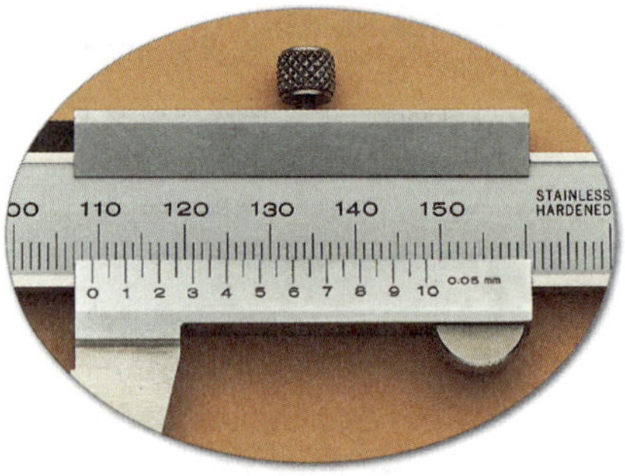

Ergebnis: 109,25 mm

14 Zwischen welchen Grenzen muss das nach der Fertigung gemessene Maß a (140 mm) liegen?

Nach den Allgemeintoleranzen DIN ISO 2768, Toleranzklasse m (mittel) beträgt das zulässige Grenzabmaß ±0,5 mm. Das Fertigmaß muss also zwischen 139,5 mm und 140,5 mm liegen.

15 Kennzeichnen Sie durch ankreuzen, welche Oberflächenangaben das Oberflächensymbol zum Ausdruck bringt.

Oberfläche:	geschruppt ◯	geschlichtet ☒	feingeschlichtet ◯	feinstgeschlichtet ◯

16 Die Messergebnisse bei der Außen-, Innen-, Tiefen- und Höhenmessung an Werkstücken werden durch den Aufbau und die Handhabung der verschiedenen Messschieberarten beeinflusst.

a) Ermitteln Sie von den Messpositionen **1**, **2** und **3** (Bild Seite 11) die Größe der Messabweichungen mit einem digitalen Messschieber bei annährend gleichgroßer Messkraft F_M!

Messabweichungen: MA_1 = 0,0 mm MA_2 = – 0,2 mm MA_3 = – 0,5 mm

b) Beschreiben Sie die Auswirkungen auf das Messergebnis bei zu großer Messkraft F_M sowie falscher Messposition!

c) Nennen Sie Möglichkeiten der Fehlerminimierung!

d) Skizzieren Sie in die Prinzipdarstellung (Messposition 3) eines Messschiebers die Lageveränderung des beweglichen Messschenkels und die daraus entstehende Messabweichung MA bei zu großer Messkraft F_M!

Bezeichnung	**Kippfehler**
Auswirkung durch Messkraft F_M und Messposition	Das Messergebnis wird kleiner.
Möglichkeiten zur Fehlerminimierung	Dosierte Messkraft an der 1. Messposition 2 bis 3-mal messen → Mittelwertbildung

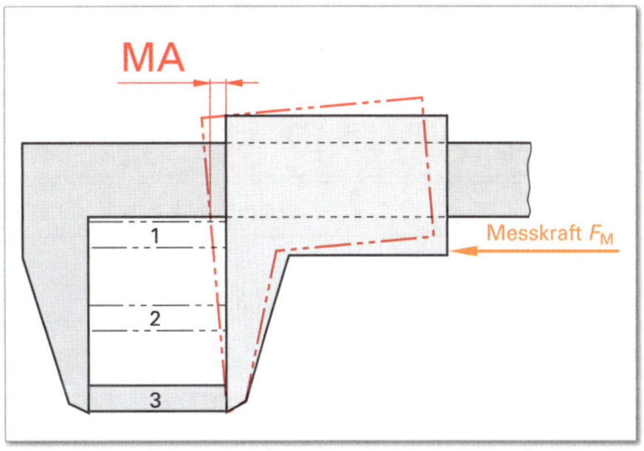

17 a) Bestimmen Sie mit richtig oder falsch die drei Blickrichtungen bei der Messwerterfassung am Messschieber!

b) Beurteilen Sie die unterschiedlichen Auswirkungen der falschen Blickrichtungen und beschreiben Sie die Möglichkeiten der Fehlervermeidung

Bezeichnung	**Parallaxenfehler**
Auswirkungen	Je nach Blickrichtung positive / negative Verfälschung.
Möglichkeiten zur Fehlerminimierung	Rechtwinklige Blickrichtung und parallaxefreie Messgeräte verwenden.

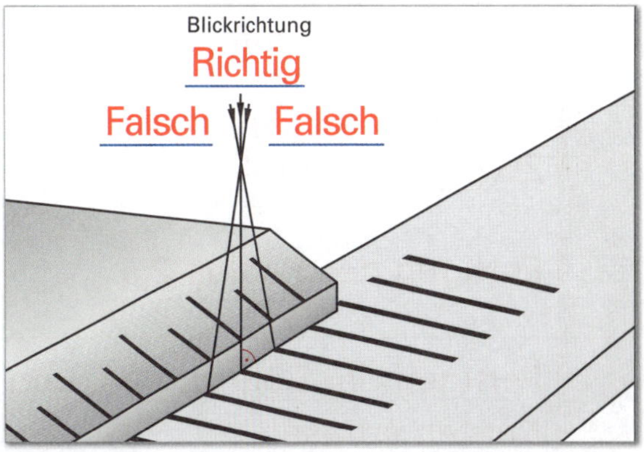

18 a) Ordnen Sie die aufgeführten Ursachen in zufällige und systematische Messabweichungen ein!

b) Wie können Sie diese Messabweichungen vermeiden?

Ursachen	**Messabweichungen** systematisch	**Messabweichungen** zufällig	**Möglichkeiten zur Vermeidung der Messabweichungen**
Ablesefehler	○	☒	Übung und Sorgfalt beim Messen
Grat am Werkstück	○	☒	Sorgfältige Werkstückvorbereitung
Werkstücktemperatur > Bezugstemperatur	☒	○	Werkstück auf $t = 20°$ C abkühlen lassen.
Teilungsfehler am Messgerät	☒	○	Qualitätsgerechte Messzeuge verwenden.

19 Fertigen Sie sich mit Hilfe eines Textverarbeitungsprogramms oder von Hand ein Formular für einen Arbeitsplan zur Planung der Fertigungsschritte der Keiltreiber nach folgendem Muster:

Arbeitsplan		
Nr.	Arbeitsschritt	Werkzeuge / Prüfmittel
1		
2		
3		

20 Planen Sie im Team den Fertigungsablauf der Keiltreiber und die dazu benötigten Werkzeuge, Hilfsmittel sowie Prüfmittel und tragen diese in den Arbeitsplan ein. Übertragen Sie den Arbeitsplan in das vorbereitete Formular in ihrer Textverarbeitung (siehe Aufgabe 19).

Arbeitsplan

Nr.	Arbeitsschritt	Werkzeuge / Prüfmittel / Hilfsmittel
1	Zuschnitt mit Aufmaß	Bügelsäge/Stahllineal, Anschlagwinkel
2	Anreißlack auftragen	Anreißlack, Pinsel
3	Anreißen der Schräge, der Bohrung des Radius	Reißnadel, Körner, Anreißwinkel / Stahllineal, Winkelmesser
4	Fertigen der Schräge	Bügelsäge, Schruppfeile, Schlichtfeile
4.1	Sägen mit Aufmaß, Zugabe auf der Schräge ca. 1 mm	
4.2	Feilen auf Fertigmaß, Zwischenkontrollen	Haarlineal
5	Fertigen des Radius 2,5	Schruppfeile, Schlichtfeile / Rundungslehre
6	Fertigen der Bohrung ø 5 und Kanten anfasen	Spiralbohrer 5 mm, Senker 90°
7	Fertigen des Radius 15 mm und Gesamtlänge 140 mm	Schruppfeile, Schlichtfeile / Rundungslehre
8	Restliche Kanten brechen 0,6 x 45°	Schlichtfeile
9	Abziehen der Oberfläche in Längsrichtung	Schleifpapier, Schlichtfeile
10	Endkontrolle, Auswertung, Bewertung	Prüfmittel aus dem Fertigungsablauf

21 Ermitteln Sie die Drehzahl, die für den Spiralbohrer aus HSS bei der Bearbeitung der Bohrung einzustellen ist.

Spiralbohrer ø 5 mm

$$n = \frac{v_c}{\pi \cdot d} = \frac{32\,\frac{m}{min}}{3{,}14 \cdot 0{,}005\,m}$$

$$= 2037{,}18\,\frac{1}{min}$$

$$\text{gewählt: } n = 2240\,\frac{1}{min}$$

Schnittgeschwindigkeitstabelle

Werkstoff	Bohrtiefe	v_c in $\frac{m}{min}$	f in mm für d bis 10 mm
Stahl $R_m < 700\,\frac{N}{mm^2}$	bis 5 · d 5 ... 10 · d	32 25	0,08 ... 0,16 0,06 ... 0,12
Stahl $R_m > 700\,\frac{N}{mm^2}$	bis 5 · d 5 ... 10 · d	20 16	0,08 ... 0,16 0,06 ... 0,12
Gusseisen $R_m > 250\,\frac{N}{mm^2}$	bis 5 · d 5 ... 10 · d	16 12,5	0,1 ... 0,2 0,08 ... 0,16
Al-Legierungen	bis 5 · d 5 ... 10 · d	63 50	0,12 ... 0,25 0,1 ... 0,2

22 Zum Herstellen der Bohrung am Keiltreiber finden Sie im Werkzeugschrank zwei Bohrer wie unter a) und b) abgebildet. Die Bohrer wurden falsch angeschliffen.

Welche Fehler wurden hier beim Anschleifen gemacht und welche Folgen hat dies?

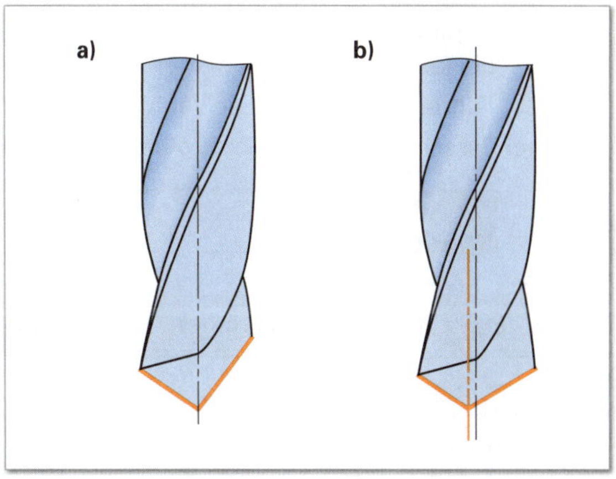

a)	Spitzenwinkel nicht symmetrisch
Folge	Es ist nur eine Schneide im Einsatz.
b)	ungleiche Schneidenlänge
Folge	Der Bohrungsdurchmesser wird zu groß.

23 Welche Länge muss der blanke Flachstahl 20 x 5 für das Herstellen der 15 Keiltreiber bei einer Rohteillänge von 141 mm und einer Sägeschnittbreite von 1,5 mm haben?

$L = 15 \cdot 141\ \text{mm} + 14 \cdot 1{,}5\ \text{mm} = 2115\ \text{mm} + 21\ \text{mm} = 2136\ \text{mm}$

24 Ermitteln Sie die Masse eines Keiltreibers (Maßreihe 1) ohne Berücksichtigung des Radius 2,5 mm in folgenden Teilschritten:

a) Berechnen Sie die Gesamtfläche (in mm²).

b) Berechnen Sie das Volumen des Keiltreibers (in cm³).

c) Berechnen Sie für die Dichte von Stahl die Masse des Keiltreibers (in g).

Hilfsskizze:

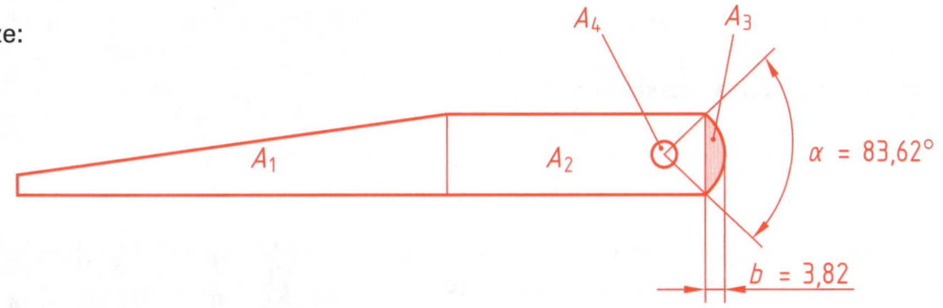

a) $A_1 = \frac{5\ \text{mm} + 20\ \text{mm}}{2} \cdot 85\ \text{mm} = 1062{,}5\ \text{mm}^2$

$A_2 = (55\ \text{mm} - 3{,}82\ \text{mm}) \cdot 20\ \text{mm} = 1023{,}6\ \text{mm}^2$

$A_3 = \frac{\pi \cdot 30^2\ \text{mm}^2}{4} \cdot \frac{83{,}62\,°}{360\,°} - \frac{20\ \text{mm} \cdot (15\ \text{mm} - 3{,}82\ \text{mm})}{2} = 52{,}39$

$A_4 = \frac{\pi \cdot 5^2\ \text{mm}^2}{4} = 19{,}63\ \text{mm}^2$

$A_{ges} = A_1 + A_2 + A_3 - A_4$
$= 1062{,}5\ \text{mm}^2 + 1023{,}6\ \text{mm}^2 + 52{,}39\ \text{mm}^2 - 19{,}63\ \text{mm}^2$
$= 2118{,}86\ \text{mm}^2$

b) $V = A \cdot h = 2118{,}86\ \text{mm}^2 \cdot 5\ \text{mm} = 10594{,}3\ \text{mm}^3 = 10{,}6\ \text{cm}^3$

c) $m = V \cdot \varrho = 10{,}6\ \text{cm}^3 \cdot 7{,}85\ \frac{\text{g}}{\text{cm}^3} = 83{,}2\ \text{g}$

25 Im Physikunterricht haben Sie den Zusammenhang zwischen Masse, Dichte und Volumen bereits kennengelernt.

a) Ermitteln Sie durch Versuche die Masse und das Volumen des Keiltreibers und tragen Sie die Ergebnisse in die Tabelle ein.

b) Führen Sie die gleichen Versuche auch mit vier weiteren Ihnen zur Verfügung stehenden Bauteilen durch.

c) Berechnen Sie die Dichte ϱ und vergleichen Sie die Werte mit den Vorgaben im Tabellenbuch!

Prüfkörper	Keiltreiber	Bauteil 1	Bauteil 2	Bauteil 3	Bauteil 4
Masse m in g					
Volumen V in cm^3					
Dichte ϱ in g/cm^3					
Werkstoff	S235JR				
Dichte nach TB	7,85 kg/dm^3				

d) Wie erklären Sie den Unterschied zwischen der ermittelten Dichte und den Tabellenbuchwerten?

Ungenauigkeit beim Ablesen des Verdrängungsvolumens

26 In einem Becherglas von d_i = 110 mm wird Wasser von 7 °C bis zum Sieden erwärmt. Dabei ergibt sich eine Steighöhe von h = 2,5 mm.

a) Um welchen Betrag ΔV dehnt sich das Wasser aus?

Volumenausdehnung: ΔV = 23,76 ml

b) Führen Sie unter Anwendung des Volumenausdehnungskoeffizienten eine Berechnung durch und vergleichen Sie die Ergebnisse!

$\Delta V = a_V \cdot V_1 \cdot \Delta t$

$\Delta V = 0{,}00018 \frac{1}{°C} \cdot 1500 \text{ ml} \cdot 93\ °C$

$\Delta V = 25{,}11 \text{ ml}$

27 Gestalten Sie ein Plakat zum Thema Messen und Lehren.

Bildliche Darstellung

Gesamtzeichnung

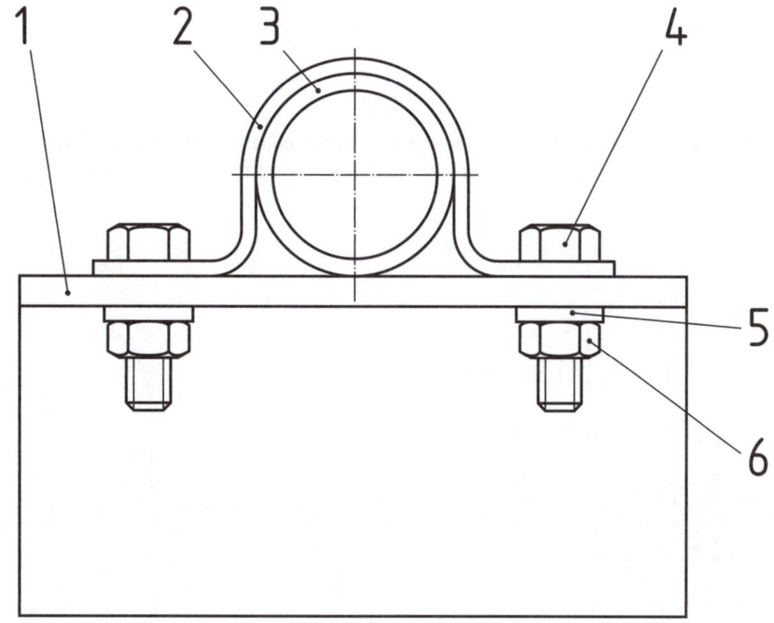

Projektbeschreibung

Ein nahtloses Stahlrohr mit den Abmaßen 26,9 x 2,3 soll mit einer Schelle aus S235JR auf einem ungleichschenkligen Winkelstahl 45 x 30 x 4 als Halter entsprechend der Abbildung Seite 15 befestigt werden. Als Halbzeug für die Schelle wird ein blanker Flachstahl 20 x 2 verwendet. Als Verbindungselemente werden Sechskantschrauben M6 x 20 der Festigkeitsklasse 5.6, entsprechende Sechskantmuttern mit Normalhöhe und flache Scheiben nach DIN EN ISO 7091 verwendet.

Projektaufgaben

1 Erstellen Sie für die Auftragsabwicklung eine Stückliste zur Gesamtzeichnung Seite 15, indem Sie den folgenden Stücklistenvordruck normgerecht um die Informationen der Projektbeschreibung ergänzen.

Pos. Nr.	Menge/ Einheit	Benennung	Werkstoff/Norm-Kurzbezeichnung	Bemerkung
1	1	Halter	L-Profil EN 10056-1 - 45 x 30 x 4	
2	1	Schelle	Flach EN 10278 20 x 2 - S235JR	
3	1	Rohr	DIN 2448 - E295 - 26,9 x 2,3	
4	2	Sechskantschraube	ISO 4017 - M6 x 20 - 5.6	
5	2	Scheibe	ISO 7091-6-100 HV	
6	2	Sechskantmutter	ISO 4032 - M6 - 5	

Die Bearbeitung der Fragen 2 bis 6 dient als Vorbereitung für eine handwerkliche Fertigung der Schelle.

2 Ermitteln Sie aus Ihrem Tabellenbuch den kleinst zulässigen Biegeradius r zum Biegen der Schelle aus S235JR.

Für S235JR wird eine Mindestzugfestigkeit bis 470 N/mm² angegeben; damit wird ein kleinst zulässiger Biegeradius bei Blechdicke 2 mm von $r = 3$ mm ermittelt.

3 Berechnen Sie die Zuschnittslänge der Schelle indem Sie die Länge der neutralen Faser bestimmen. Notieren Sie als Zwischenergebnisse die Teillängen in der rechten Skizze der neutralen Faser.

$l_1 = (72\text{ mm} - 26{,}9\text{ mm}) : 2 = 17{,}55\text{ mm}$

$l_2 = (\pi \cdot 8\text{ mm}) : 4 = 6{,}28\text{ mm}$

$l_3 = (13{,}45\text{ mm} - 5\text{ mm}) = 8{,}45\text{ mm}$

$l_4 = (\pi \cdot 28{,}9\text{ mm}) : 2 = 45{,}4\text{ mm}$

$L = (17{,}55\text{ mm} + 6{,}28\text{ mm}$
$+ 8{,}45\text{ mm}) \cdot 2 + 45{,}4\text{ mm}$
$= 109{,}96\text{ mm} \approx 110\text{ mm}$

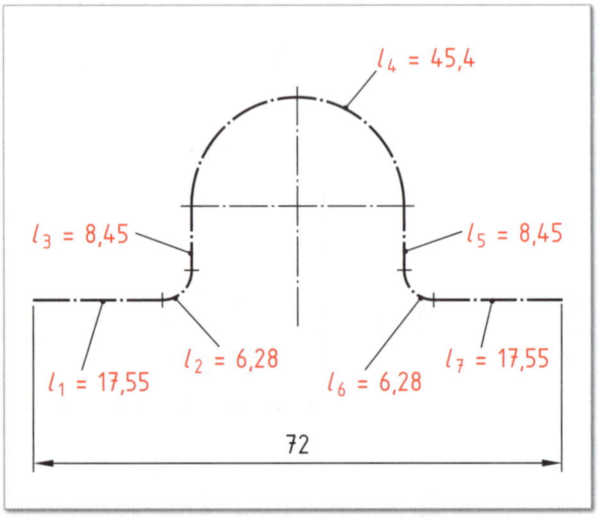

4 Vervollständigen Sie die vorbereitete Vorderansicht der Schelle. (Hinweis: Zeichnen Sie zuerst mit Zirkel oder Radienschablone die Radien und ergänzen Sie anschließend alle geraden Konturlinien mit Ihrem Zeichenlineal um exakte Übergänge zu erzielen.)

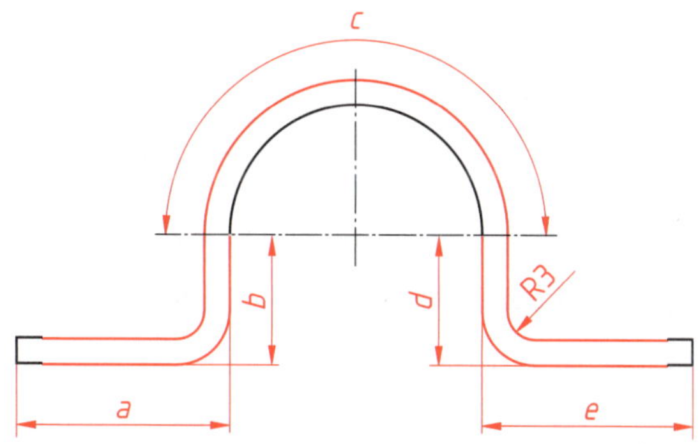

5 Geben Sie die Formel zur Berechnung der Zuschnittslänge unter Berücksichtigung des Ausgleichswertes *v* für die beiden 90° Biegungen an und berechnen Sie die Länge *L*. (Verwenden Sie als Hilfe die Bemaßung der Vorderansicht aus Aufgabe 4; als Maß *c* kann die Länge der neutralen Faser aus Aufgabe 3 verwendet werden).

$$L = a + b + c + d + e - n \cdot v$$

$$L = 22{,}55\ \text{mm} + 13{,}45\ \text{mm} + 45{,}4\ \text{mm} + 13{,}45\ \text{mm} + 22{,}55\ \text{mm} - 2 \cdot 4{,}5\ \text{mm}$$

$$= 108{,}4\ \text{mm} \approx 109\ \text{mm}$$

6 Vergleichen Sie die Ergebnisse von Aufgabe 3 und Aufgabe 5 und begründen Sie den Unterschied.

Der Ausgleichswert berücksichtigt, das sich bei kleinen Biegeradien in der Praxis mehr Dehnung als Stauchung ergibt. Deshalb ergibt die Berechnung der Zuschnittslänge unter Berücksichtigung des Ausgleichswertes eine etwas kleinere Zuschnittslänge als die theoretische Länge der neutralen Faser.

7 An der Biegestelle wird das Werkstoffgefüge unterschiedlich beansprucht. Im Bereich der neutralen Faser bleibt das Gefüge fast unverändert.
Skizzieren Sie die entstandenen Gefügestrukturen und tragen Sie die Beanspruchungsarten ein.

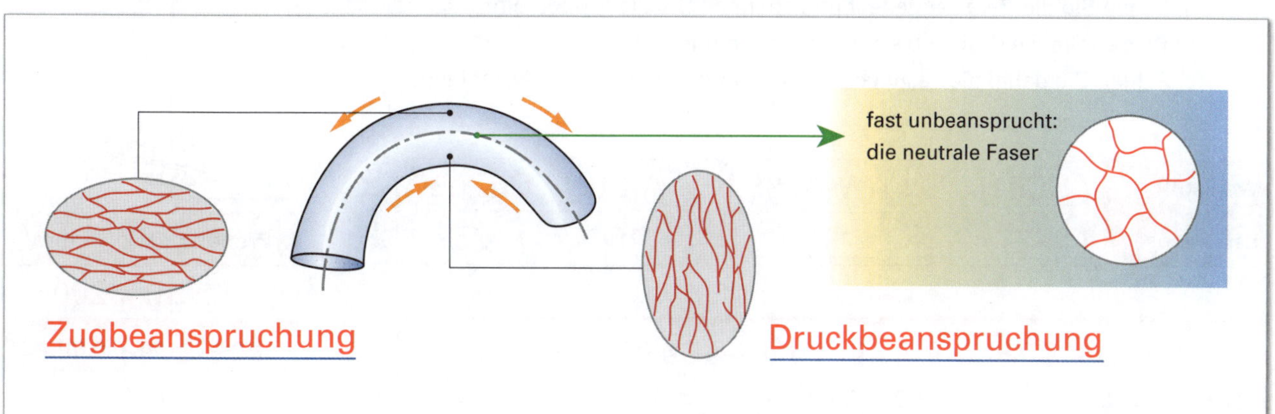

8 Aus dem Spannungs-Dehnungs-Diagramm des Zugversuches können Sie die Umformbarkeit der Werkstoffe erkennen. Der Verlauf der Kurve a ist typisch für unlegierten Baustahl.

a) Für welche Werkstoffe sind die Kurven b bzw. c charakteristisch?

b) Treffen Sie eine Aussage zur Umformbarkeit der einzelnen Werkstoffe.

Werkstoff a: S235JR Umformbarkeit: gut

Werkstoff b: EN-GJL-200 Umformbarkeit: gering

Werkstoff c: CuZn28 Umformbarkeit: sehr gut

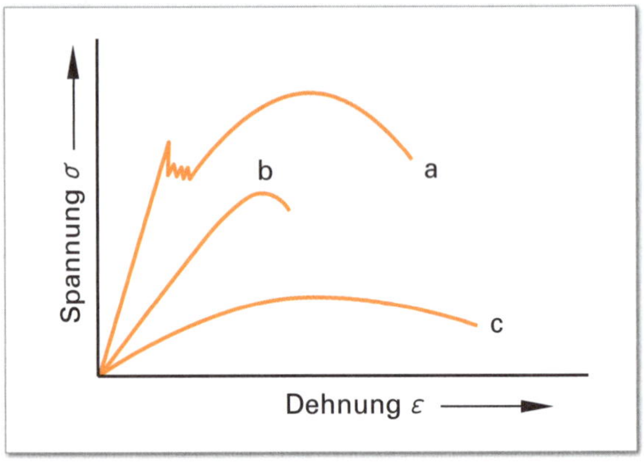

9 Der Biegevorgang wird maßgeblich durch die erforderliche Biegekraft *F* charakterisiert.
Wovon ist die Größe der Biegekraft *F* abhängig?

Festigkeit des Werkstoffs, Blechdicke,
Biegeradius, Temperatur

10 Das Ergebnis des Biegevorgangs ist durch Rückfederung und Querschnittsveränderungen gekennzeichnet. Wovon sind die Größe von Rückfederung und Querschnittsänderung hauptsächlich abhängig?

Elastizität des Werkstoffs, Blechdicke, Biegeradius

11 Ordnen Sie Größe und Art der Beanspruchung den Bereichen am dargestellten Biegeteil zu!

maximale Druckbeanspruchung A

Druckbeanspruchung B

keine Beanspruchung C

Zugbeanspruchung D

maximale Zugbeanspruchung E

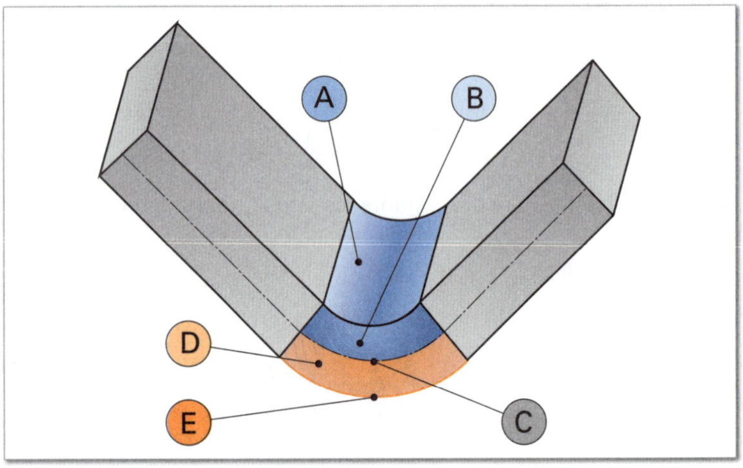

12 Untersuchen Sie die Zähigkeit verschiedener Werkstoffe!

a) Legen Sie die freie Länge fest und spannen Sie die Proben ein!

b) Biegen Sie die Proben bis zum Bruch hin und her!

c) Zählen Sie dabei die Lastwechsel mit und tragen Sie dese Anzahl ein!

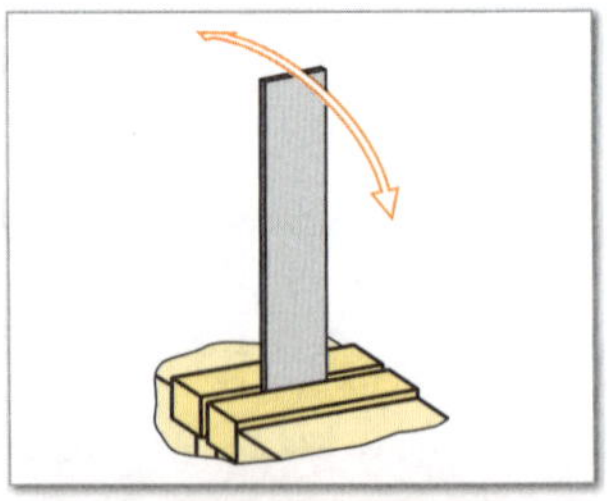

Werkstoff	DC01	EN AW-Al-99,5	A-Cu	CuZn37
Lastwechsel	32	9	16	25

Probe: *s* x *b* x *l* in mm
1 x 10 x 200
freie Länge *x* in mm
150

Erkenntnis: Je größer die Zahl der Lastwechsel ist,
desto größer ist die Zähigkeit.

13 Untersuchen Sie den Einfluss des Werkstückquerschnittes auf die erforderliche Kraft und die Verformung!

Werkstoff S235JR

a) Bereiten Sie einen Versuchsaufbau mit Hilfe einer hydraulischen Presse und Biegewerkzeugen vor und tragen Sie die Querschnitte in die Tabelle ein!

b) Biegen Sie die Proben zu einem Winkel von ca. 90 ° und lesen Sie die jeweilige Kraft ab!

c) Beurteilen Sie die Verformung an der Biegestelle und tragen Sie Ihre Beobachtungen ein!

Querschnitt nach DIN	Flach 16 x 4	Flach 4 x 16	Rund 8	Rund 12
Kraft *F* in kN	4	10	6	12
Verformung	gering	stark, Werkstoff an den Rändern eingerissen	gering	mittel

Erkenntnis: Je größer die Blechdicke (bei gleicher Querschnittsfläche) ist, desto größer sind der Kraftaufwand, die Beanspruchungen in den Randzonen des Werkstücks und die Deformationen an der Biegestelle.
Je größer der Querschnitt ist, desto größer ist die erforderliche Umformkraft.
Das Rundmaterial wird an der Biegestelle weniger deformiert.

14 Untersuchen Sie den Einfluss der Blechdicke *s* auf den Biegevorgang und das Biegeergebnis! Beachten Sie die Arbeitsschritte und Hinweise in Aufgabe 13 und beurteilen Sie die Biegekante!

Biegeradius *r* in mm	3
Werkstoff	CuZn37

Blechdicke *s* in mm	0,5	1,0	1,5	2,0
Biegekraft *F* in kN	2	6	8	11
Winkel am Werkstück α_2 in °	80	86	87	88
Rückfederung $\Delta\alpha$ in °	10	4	3	2
Biegekante	gut	gut	teilw. Risse	gerissen

15 a) Untersuchen Sie den Einfluss des Biegeradiuses *r* auf den Biegevorgang und das Biegeergebnis! Beachten Sie die Arbeitsschritte und Hinweise in Aufgabe 13!

Blechdicke *s* in mm	1
Werkstoff	CuZn37

Biegeradius *r* in mm	2,0	3,0	4,0	5,0
Biegekraft *F* in kN	7	6	5	4
Winkel am Werkstück α_2 in °	86	86	85	84
Rückfederung $\Delta\alpha$ in °	4	4	5	6

15 b) Stellen Sie die Ergebnisse der Aufgaben 14 und 15 grafisch dar!

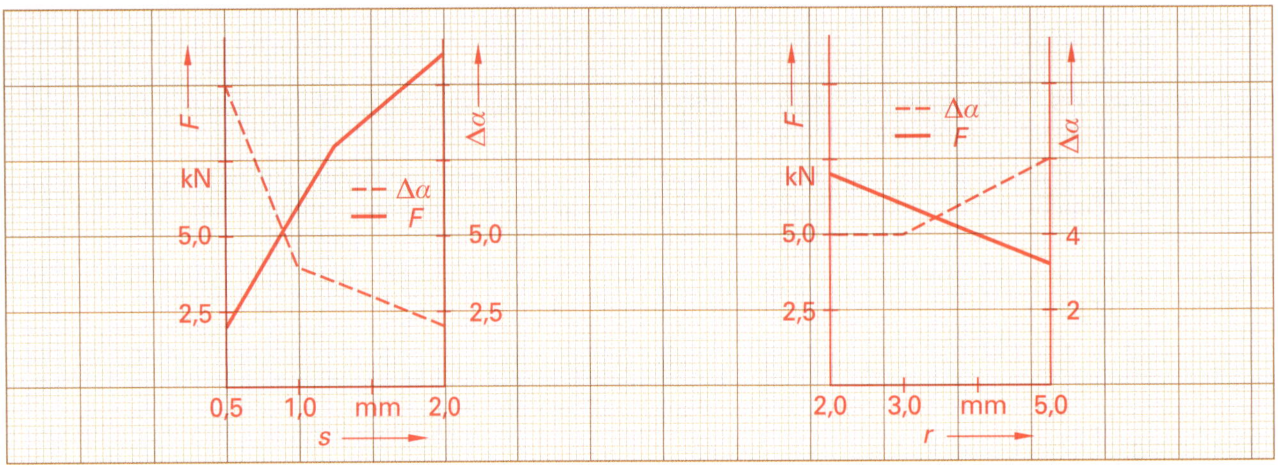

Erkenntnis: Werkstoffe mit größerer Festigkeit (Stahl und CuZn37) erfordern eine größere Biegekraft. Werkstoffe mit größerer Elastizität federn stärker zurück. Wird der Biegeradius zu klein gewählt, reißt der Werkstoff. Je größer die Blechdicke ist, desto größer ist die erforderliche Biegekraft, um so kleiner ist die Rückfederung. Je größer der Biegeradius ist, desto kleiner ist die erforderliche Biegekraft, um so größer ist die Rückfederung.

16 Untersuchen Sie den Zusammenhang von Biegewinkel und erforderlicher Kraft sowie Biegewinkel und Verformung des Werkstückquerschnitts!

Werkstoff S235JR

Werkstoffquerschnitt Flach EN 10278 20 x 2

a) Verwenden Sie den Versuchsaufbau aus Aufgabe 13!
b) Biegen Sie die Proben bis zum jeweiligen Winkel und lesen Sie die erforderliche Kraft ab!
c) Beurteilen Sie die Verformung an der Biegestelle und tragen Sie Ihre Beobachtungen ein!

Öffnungswinkel β in °	ca. 150	ca. 120	ca. 90
Kraft *F* in kN	3	4	4
Verformung	keine	gering	mittel

Erkenntnis: Je kleiner der Öffnungswinkel ist, desto größer ist die Verformung des Werkstoffquerschnittes. Nach einer anfänglichen Zunahme bleibt die erforderliche Kraft gleich.

17 Untersuchen Sie die Auswirkungen von Kaltverfestigung auf den weiteren Umformvorgang!
a) Biegen Sie die 90°-Probe aus dem vorhergehenden Versuch bis zu einem Öffnungswinkel von 45° weiter!
b) Beschreiben Sie kurz das Versuchsergebnis!

Die kaltverfestigte Probe zeigt bald Risse und bricht.

18 Welche Möglichkeiten gibt es, einen Umformvorgang, bei dem ein hohes Maß an Verformung erzielt werden muss, prinzipiell zu gestalten?

Der Umformvorgang wird in einzelne Stufen zerlegt. Zwischen bestimmten, vorher festgelegten Stufen wird rekristallisiert, d. h. das verzerrte Gefüge wird durch Erwärmung wieder unverzerrt. Das Werkstück wird warm umgeformt.

19 Für das Biegen welches Querschnitts wird mehr Kraft benötigt: Rund 10 oder Vierkant 10? Begründen Sie Ihre Aussage!

Bei gleichem Werkstückwerkstoff wird für das Biegen des Vierkant 10 mehr Kraft benötigt als für das Biegen des Rund 10. Der Querschnitt des Vierkant 10 (100 mm^2) ist größer als der von Rund 10 ($78{,}5 \text{ mm}^2$).

20 Erstellen Sie den Arbeitsplan für die Fertigung der Schelle.

Arbeitsplan

Nr.	Arbeitsschritt	Werkzeuge / Prüfmittel
1	Absägen des Flachstahls von der Stange	Bügelsäge / Stahllineal
2	Flachstahlenden rechtwinklig feilen	Flachfeile / Winkel
3	Runden über ø26 mm durch freies Biegen	Schraubstock, Rundmaterial 26 mm
4	Schwenkbiegen der beiden Enden	Schraubstock, Kunststoffhammer
5	Richten der Biegeabmessungen	Schraubstock, Kunststoffhammer
6	Bohrstellen anreißen, Körnungen setzen	Reißnadel, Stahlmaß, Körner
7	Bohren der Durchgangslöcher	Bohrmaschine, Spiralbohrer
8	Bohrungen entgraten	Kegelsenker

21 Bestimmen Sie für die Schelle die Durchmesser der Durchgangslöcher nach DIN EN 20273 Reihe grob.

Für Schraubengröße M6: $d_h = 7$ mm

22 Warum sollten die zwei Durchgangsbohrungen bei Handfertigung erst nach dem Biegen gebohrt werden?

Damit Ungenauigkeiten beim Biegen nicht zu versetzten Bohrungsmitten gegenüber den Bohrungen am Halter führen.

23 Fertigen Sie die Schelle in Ihrer Werkstatt mit einem Abstand der Durchgangslöcher $l = 56$ mm.

24 Anstelle von Flachstahl kann auch Rundstahl (s. Abbildung rechts) verwendet werden. Aus welchen Teillängen ermitteln Sie die Länge des Rundstahls?

1/2 x Rohrumfang + 2 x (Radius + Blechstärke + Scheibenhöhe + Mutternhöhe + 3 mm Überhang)

25 Geben Sie die normgerechte Bezeichnung des Rundstahls an!

Rund EN 10278-6h11 - S235JR

26 Fertigen Sie die Rohrbefestigung!

27 In der Massenproduktion werden Rohrschellen mithilfe von Automaten gefertigt.

a) Wie befestigen Sie diese Rohrschellen an einer Betonwand bzw. einer Wand aus Gipskarton?

b) Nennen Sie dazu die Arbeitsschritte!

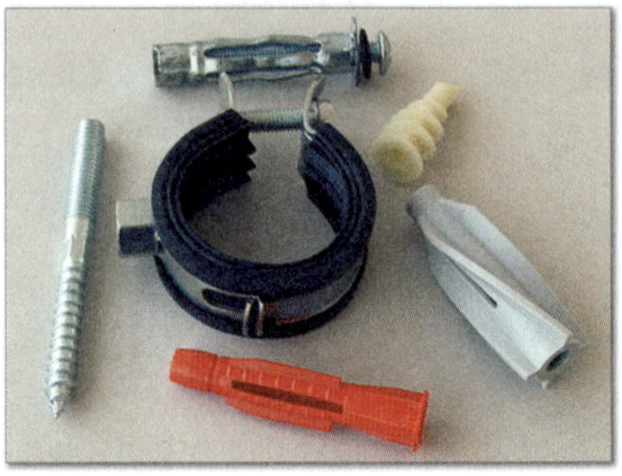

Betonwand: Bohrung mit Hartmetallbohrer setzen, Kunststoffdübel einschlagen, Schelle anschrauben.

Gipskartonwand: Bohrung mit Spiralbohrer setzen, Spezialspreizdübel für Gipskartonplatten eintreiben, Schelle anschrauben.

28 Zum Schutz des Rohres wird eine Kunststoffeinlage in die Rohrschelle gelegt.
Die Einteilung der Kunststoffe erfolgt nach den verschiedenen Ausgangsstoffen und durch die unterschiedlich ablaufenden chemischen Prozesse bei der Herstellung.

a) Tragen Sie in die Übersicht für die beiden Hauptgruppen der Kunststoffe die wichtigsten Grundstoffe ein!

b) Nennen Sie typische Vertreter der Kunststoffe und Beispiele aus der alltäglichen Praxis!

Kunststoffe

Aus Naturstoffen umgewandelte Kunststoffe	Grundstoffe für die vollsynthetischen Kunststoffe		
Cellulose, Kautschuk	Erdöl, Erdgas, Kohle, Kalk, Wasser		
	Thermoplaste	Duroplaste	Elastomere
Zellstoff	Polyvinylchlorid	Polyurethan	Silikon-Gummi
Gummi,	Polyamid	Epoxidharze	Styrol-Butadien
Beispiele	**Beispiele**	**Beispiele**	**Beispiele**
Bücher, Zeitung, Schwämme	Rohre, Behälter Zahnräder	Kupplungs-elemente, GFK, Formkerne	Reifen, Dichtungen Füllmasse

29 Zur weiteren Unterscheidung der vollsynthetisch hergestellten Kunststoffe werden der innere Aufbau und das Verhalten bei Erwärmung beurteilt.

a) Skizzieren Sie die charakteristische innere Struktur der drei Kunststoffarten in die Vergrößerungskreise!

b) Charakterisieren Sie den Vernetzungsgrad der drei Kunststoffarten!

c) Zeichnen Sie die typischen Kurvenverläufe bei Erwärmung in die Diagramme ein!

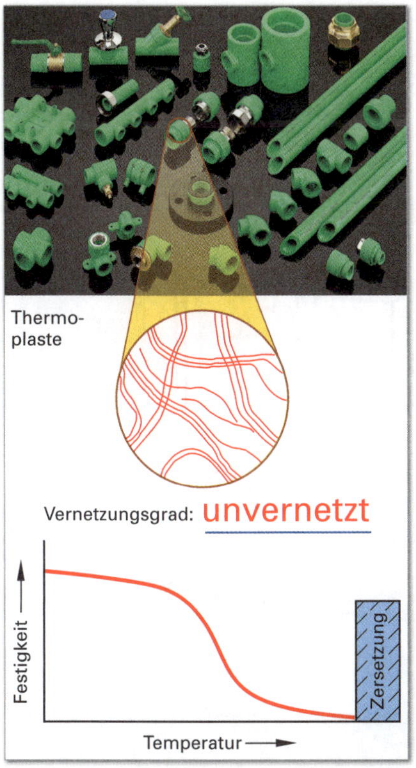

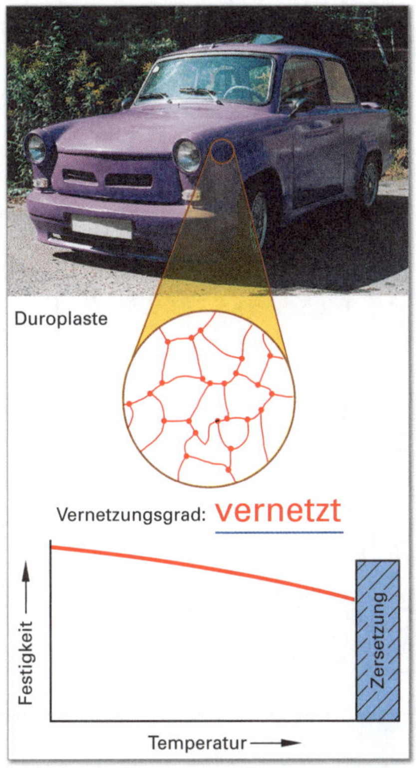

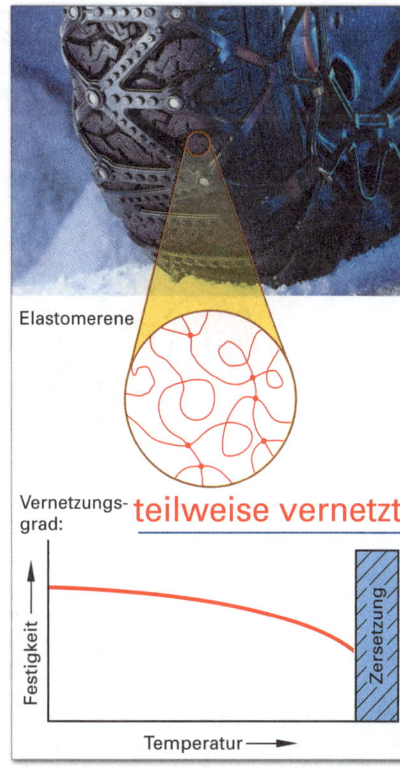

d) Beschreiben Sie das Verhalten bei Erwärmung und das sich daraus ergebende Gefahrenpotenzial!

Ungleichmäßige Festigkeitsabnahme - der Gefahrenbereich liegt in der Kurvenmitte (Abfall)	Fast konstante Festigkeitsabnahme - der Gefahrenbereich ist die thermische Zersetzung	Stärkere Abnahme der Ausgangsfestigkeit - Gefahrenbereich ist die thermische Zersetzung.

30 a) Erstellen Sie ein Plakat zum Thema Biegen.

b) Stellen Sie die Einteilung der Kunsstoffe als Mindmap zusammen. Ergänzen Sie dazu die Charakteristika der Kunststoffarten.

Dimetrische Projektion

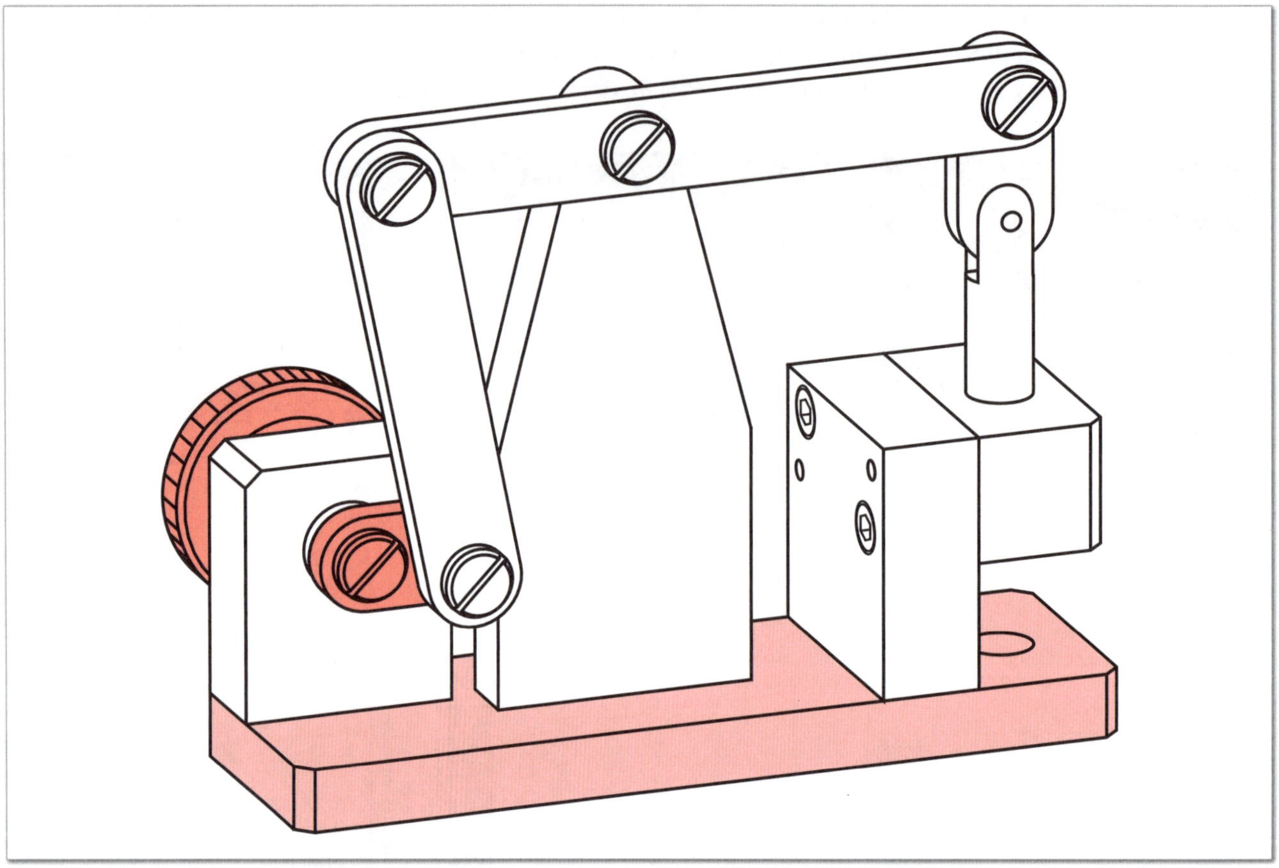

Explosionsdarstellung

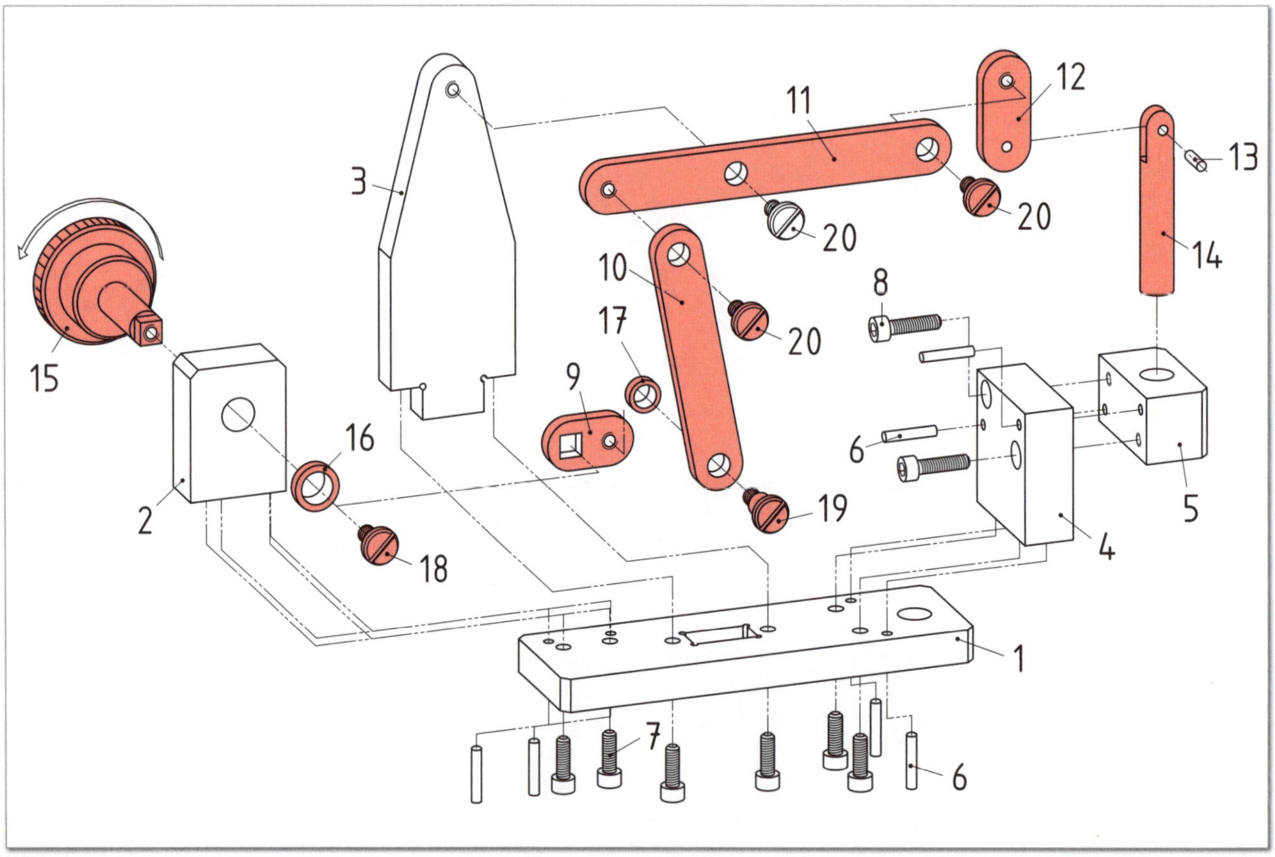

Gesamtzeichnung

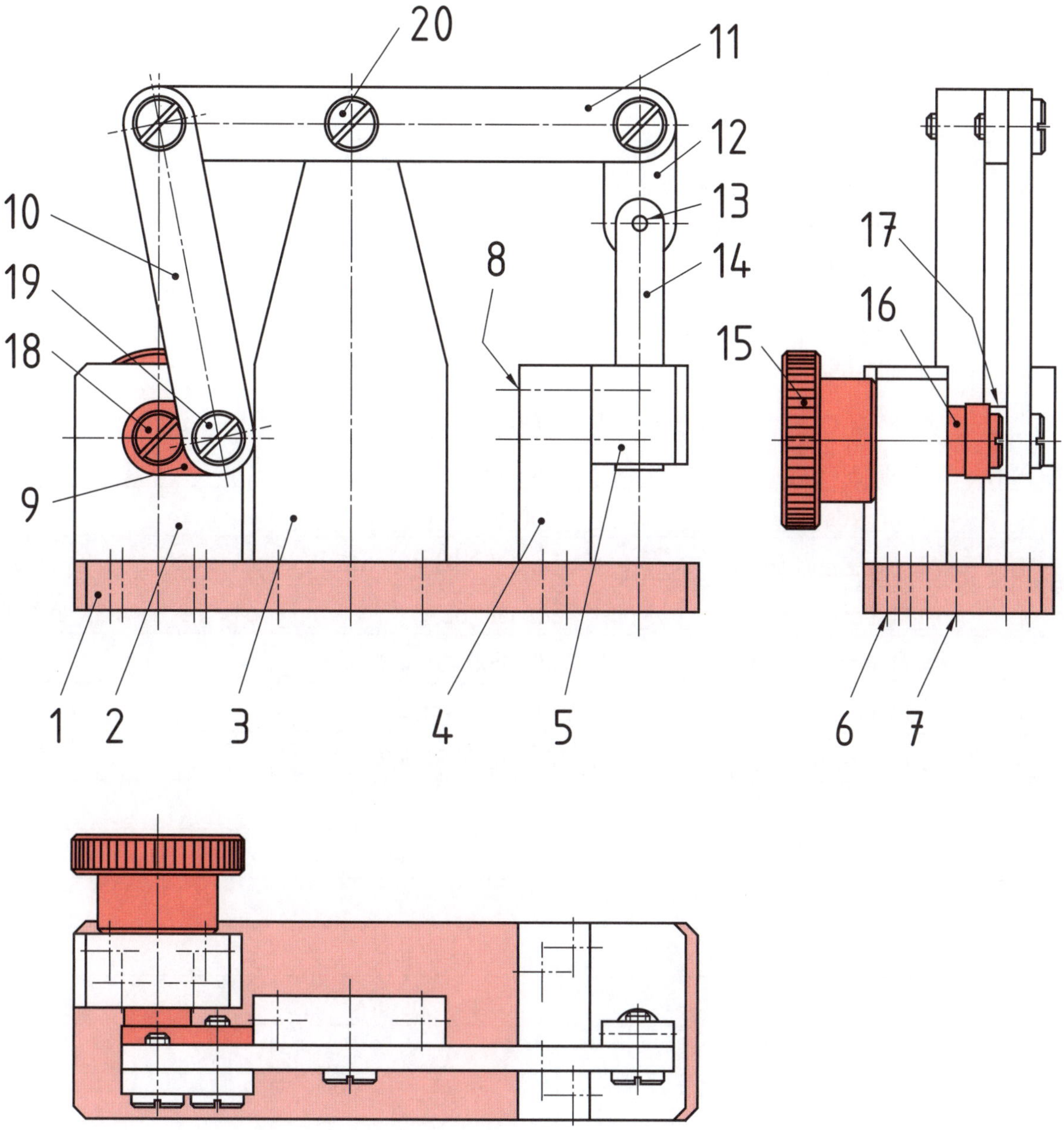

Stückliste

Pos. Nr.	Menge/ Einheit	Benennung	Werkstoff/Norm-Kurzbezeichnung	Bemerkung
1	1	Grundplatte	S235JR	
2	1	Stehlager	S235JR	
3	1	Hebellager	S235JR	
4	1	Träger	S235JR	
5	1	Kolbenführung	S235JR	
6	6	Zylinderkerbstift	ISO 8740-4x20-St	
7	6	Zylinderschraube	ISO 4762-M4x12-8.8	
8	2	Zylinderschraube	ISO 4762-M4x16-8.8	
9	1	Exzenterhebel	E295	
10	1	Antriebshebel	E295	
11	1	Kipphebel	E295	
12	1	Pumpenhebel	E295	
13	1	Passkerbstift	ISO 8745-4x10-St	
14	1	Pumpenkolben	CuZn38Pb2	
15	1	Antriebsrad	11SMnPb30	
16	1	Abstandsbuchse	CuZn38Pb2	$d_1 = 10$; $d_2 = 15$; $h = 4$
17	1	Abstandsbuchse	CuZn38Pb2	$d_1 = 5{,}5$; $d_2 = 15$; $h = 3{,}5$
18	1	Flachkopfschraube	ISO 1580-M5x5-St-4.8	
19	1	Flachkopfschraube	ISO 1580-M5x10-St-4.8	
20	3	Flachkopfschraube	ISO 1580-M5x5-St-4.8	

Projektbeschreibung

In der Schülerwerkstatt soll als Anschauungsobjekt das Modell eines Pumpenantriebs gefertigt werden. Das Modell dient später im Wesentlichen zum Studium der Bewegungsabläufe eines solchen Pumpenantriebs. Pumpen dieser Bauart werden z. B. für die Förderung von Erdöl eingesetzt.

Projektaufgaben

Im Rahmen der Projektbearbeitung müssen verschiedene technische Unterlagen verwendet, ausgewertet und erstellt werden.

1 Nennen Sie den Verwendungszweck von Zeichnungen!

a) Gesamtzeichnung: Gesamtzeichnungen dienen als Grundlage für die Konstruktion, Montage und Wartung.

b) Explosionsdarstellung: Explosionsdarstellungen werden vielfach für Ersatzteillisten und zur Information von Kunden verwendet.

c) Zeichnung Bild 1: Teilzeichnungen sind Grundlage der Fertigung.

2 Geben Sie den Zweck von Stücklisten an.

Die Stückliste gibt für alle in einer Zeichnung vorkommenden Teile die Menge (Stückzahl) und Einheit, z. B. kg, die Bezeichnung, den Werkstoff, die Positions-Nummer sowie Bemerkungen, die Norm-Kurzbezeichnung und für Fertigungsteile teilweise die Sachnummer an.

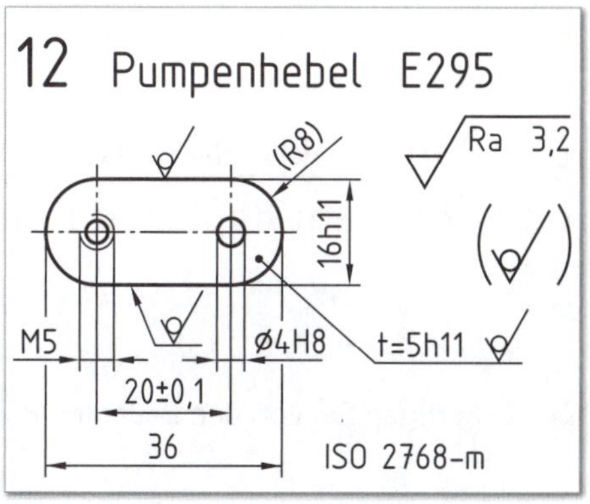

Bild 1

3 Welche Angaben enthält ein Arbeitsplan?

Ein Arbeitsplan enthält die für eine Tätigkeit erforderlichen Arbeitsschritte in der richtigen Reihenfolge, die erforderlichen Werkzeuge und Hilfsmittel und gibt Hinweise für die Durchführung der Arbeitsschritte.

4 Welchen Zweck haben Skizzen?

Skizzen werden für einfache Einzel- und Reparaturaufträge, zur Unterstützung mündlicher Erläuterungen und zur Dokumentation von Sachverhalten benötigt.

5 Kennzeichnen Sie in der Dimetrischen Projektion und der Gesamtzeichnung alle sichtbaren Flächen der Grundplatte (Pos. 1) mit roter Farbe.

6 Kennzeichnen Sie in der dimetrischen Projektion und der Gesamtzeichnung die sichtbaren Flächen der Positionen 9, 15, 16 und 18 mit grüner Farbe.

7 Kennzeichnen Sie in der Explosionsdarstellung alle Teile, die sich beim Drehen des Antriebsrades (Pos. 15) bewegen, mit blauer Farbe!

8 Bestimmen Sie die Anzahl und die Positionsnummern für die genannten Bauteile.

Bauteile, die gleichzeitig durch Schrauben und Stifte miteinander verbunden sind: 5 Teile: Pos.1 mit Pos. 2 und 4, Pos. 4 mit Pos. 5

Hebel: 4 Hebel: Pos. 9, 10, 11 und 12

Abstandsbuchsen: 2 Buchsen: Pos. 16 und 17

Schrauben: 13 Schrauben: Pos. 7, 8, 18, 19 und 20

Stifte: 7 Stifte: Pos. 6 und 13

9 Bestimmen Sie die Gesamtzahl der für das Projekt „Modell eines Pumpenantriebs" verwendeten Bauteile.

Gesamtzahl der Bauteile: 33 Teile

10 Welche Bauteile werden durch die Schraube Pos. 18 miteinander verbunden? Geben Sie die Pos.-Nr. der Teile an.

Mit Pos. 18 werden verbunden: Pos. 9, 16, 2 und 15

11 Wie bewegt sich der Pumpenkolben (Pos. 14), wenn das Antriebsrad (Pos. 15) in Pfeilrichtung (Seite 24) um 360° gedreht wird?

Der Pumpenkolben geht zunächst nach unten in die tiefste Lage, dann nach oben bis zum höchsten Punkt, dann wieder nach unten in die Ausgangslage.

12 Fertigen Sie von den Bauteilen Pos. 10 und Pos. 14 eine grob maßstäbliche Skizze (ohne Maßangaben) an.

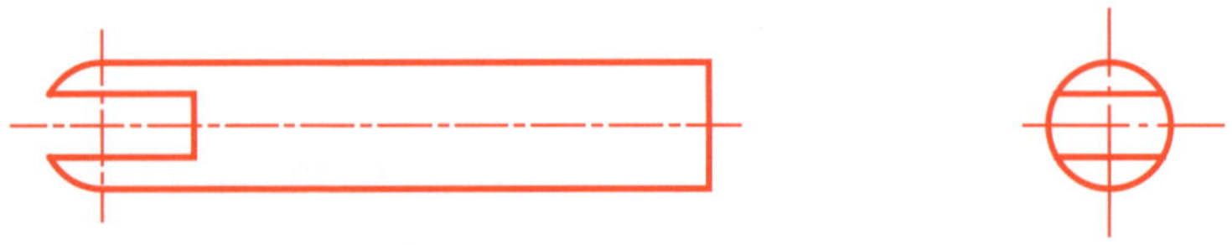

13 Die Herstellung der Rundungen an den Enden der Hebel (Pos. 9 bis 12) ist aufwändig. Geben Sie eine Möglichkeit zur Verringerung der Fertigungskosten für die Hebelenden an.

Die Enden können gesägt und gefast werden.

14 Bestimmen Sie den erforderlichen Mindestquerschnitt des Flachstahles für die Pos. 9 bis 12, wenn das Fertigmaß 16 x 5 mm ist und vom Konstrukteur verlangt wird, dass alle Oberflächen blank sein müssen.

a) Mindestquerschnitt bei Verwendung von Flachstahl nach DIN EN 10278: 16 x 5 mm

b) Mindestquerschnitt bei Verwendung von Flachstahl nach DIN 1017: 18 x 6 mm

15 Zeichnen Sie den Pumpenhebel (Pos. 12, Bild 1) mit einem kreisförmigen Abschluss im Maßstab 2:1. Tragen Sie in der Zeichnung die Übergangspunkte Kreis-Gerade mit einem Punkt ein.

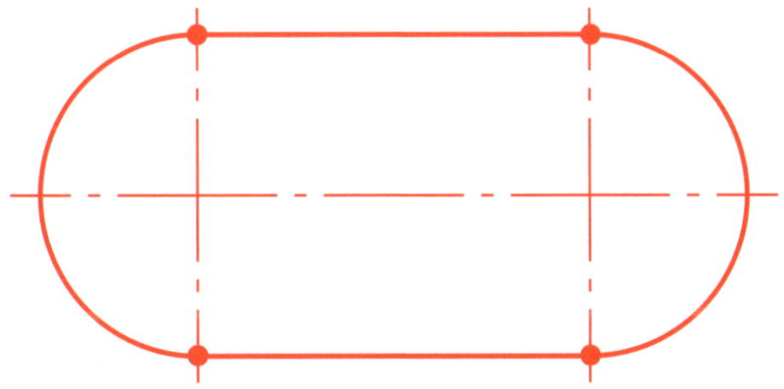

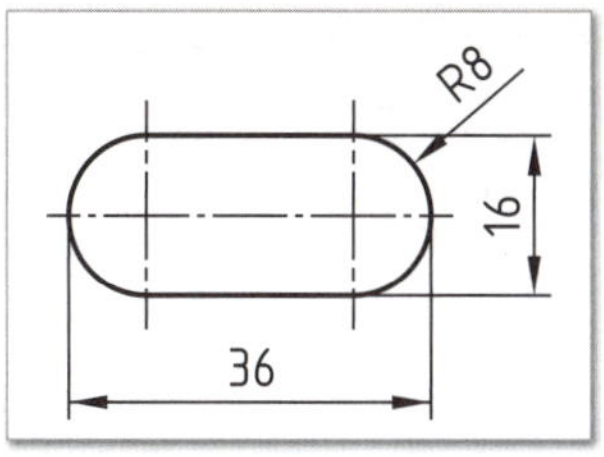

Bild 1

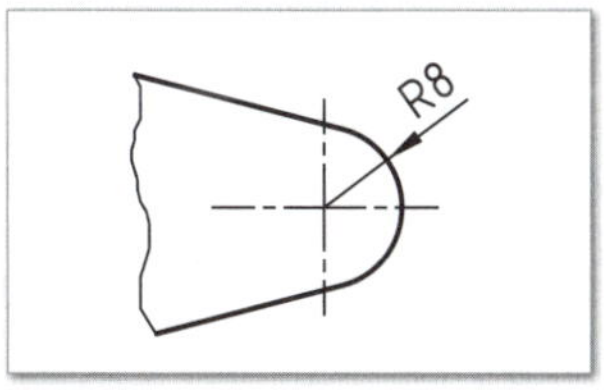

Bild 2

16 Bild 3 zeigt die Lagerung des Hebels (Pos. 11 und Pos. 3) in einer nicht genormten Linienart. Zeichnen Sie die Darstellung im Maßstab 1:1 mit genormten Linienarten (Liniengruppe 0,5, ohne Maßeintragung)

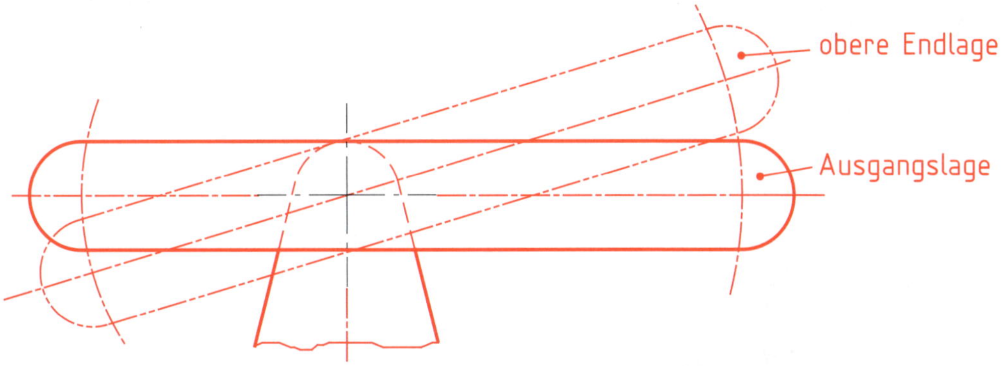

17 Zeichnen Sie die Rundungen des Hebellagers (Pos. 3, Bild 2) im Maßstab 2:1. Tragen Sie in der Zeichnung die Konstruktionslinien und die Übergangspunkte ein.

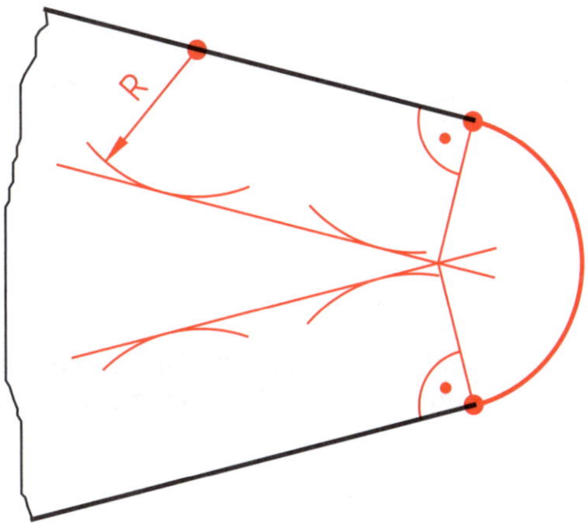

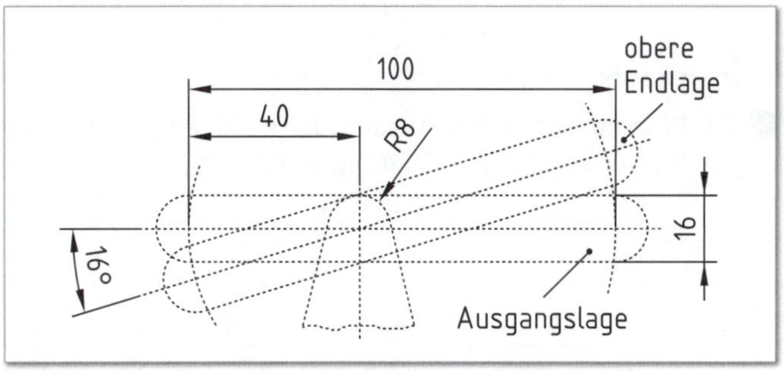

Bild 3

18 Kennzeichnen Sie in der nebenstehenden Darstellung (Bild 4)

a) die in der Lage unveränderlichen Drehachsen mit „D"

b) die lageveränderlichen Gelenkpunkte mit „G"

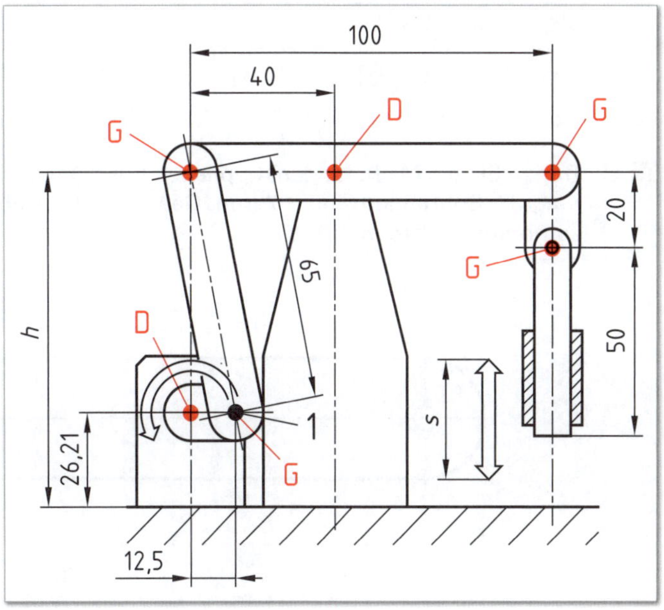

Bild 4

19 Ergänzen Sie in der Zeichnung unten die Stellung der Gelenkpunkte für die tiefste Lage des Punktes 1 des Exzenters (Skizze oben) und kennzeichnen Sie die Gelenke mit einem Punkt.

20 Ermitteln Sie anhand der Zeichnungsergänzung aus Aufgabe 19 den Weg *s* des Pumpenkolbens und tragen Sie das Maß in die Zeichnung ein.

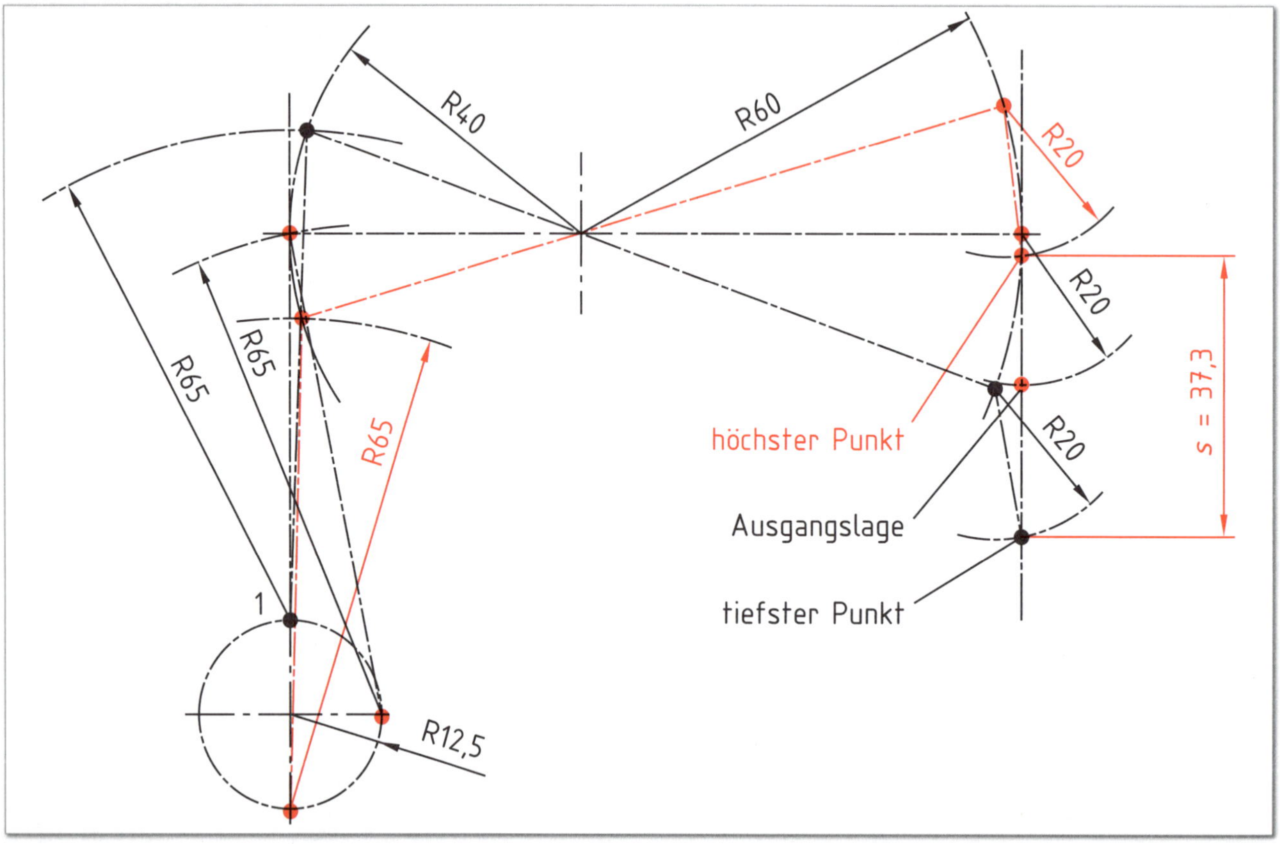

21 Berechnen Sie den Abstand *h* (Bild 4, Seite 29) zwischen der Grundfläche und dem mittleren Lagerpunkt des Kipphebels (Pos. 11). Fertigen Sie dazu eine Skizze des Berechnungsdreiecks.

$c^2 = a^2 + b^2$

$b = \sqrt{c^2 + a^2}$

$b = \sqrt{(65\ \text{mm})^2 - (12{,}5\ \text{mm})^2} = 63{,}79\ \text{mm}$

$h = 26{,}21\ \text{mm} + b$

$\quad = 26{,}21\ \text{mm} + 63{,}79\ \text{mm} = 90\ \text{mm}$

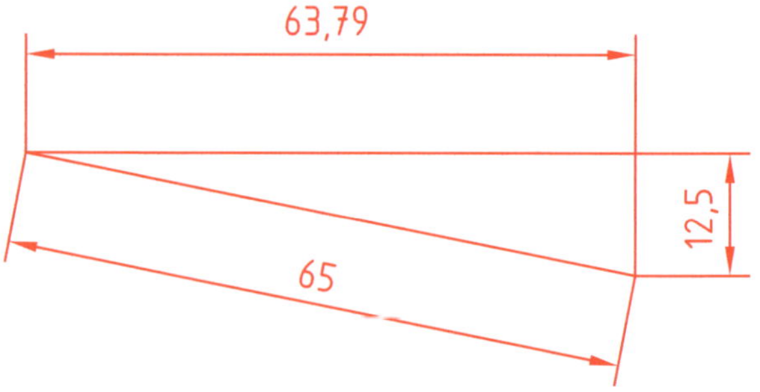

22 Tragen Sie die Maße für den Kipphebel (Pos. 11) ein. Bezugspunkt für die Maßeintragung ist die mittlere Bohrung ø7. Bohrungen sind ø 7 mm, Gewinde M5, Kipphebeldicke 5 mm; übrige Maße können der Zeichnung entnommen werden.

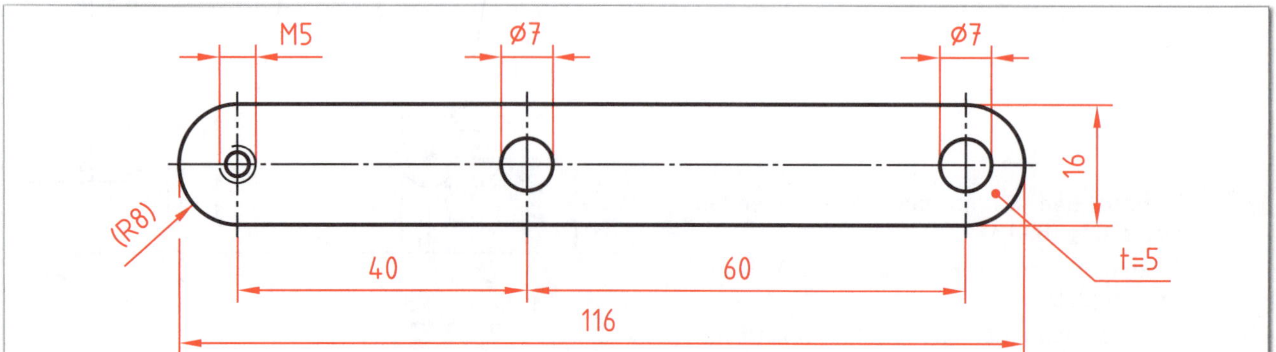

23 In Bild 1 ist der Träger (Pos. 4) verkleinert dargestellt und bemaßt. Übertragen Sie die Grund-, Form- und Lagermaße in die Liste und erläutern Sie die Bezeichnungen ø4 H7, ø8 x 4,4U ø4,5 und M4x10.

Grundmaße	40; 40; 15
Formmaße	Tiefe 10; ø4H7; ø8; 4,4; ø4,5; M4
Lagemaße	5; 6,5; Abstand 10; 20; 25; 30
ø4H7	Bohrung mit Toleranzklasse
ø8x4,4U ø4,5	Senkung für Zylinderschraube M4 DIN EN ISO 4762, Senkdurchmesser 8 mm, Senktiefe 4,4 mm, Durchgangsbohrung ø4,5 mm (nach DIN 974)
M4x10	Innengewinde M4, nutzbare Gewindelänge 10 mm

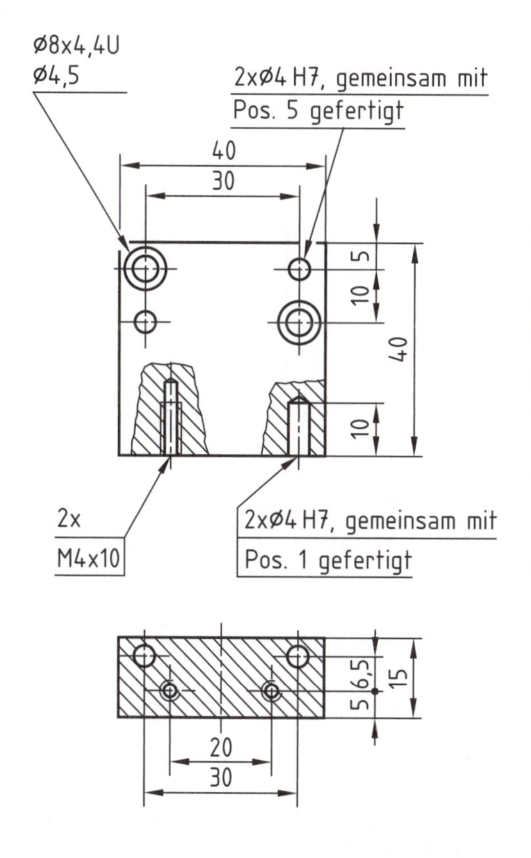

Bild 1

24 Bestimmen Sie mit Hilfe des Tabellenbuches die Allgemeintoleranzen für die Längsmaße des Kipphebels (Pos. 11, Aufgabe 22). Berechnen Sie die Grenzmaße für die Einzelmaße und die Summe aller Höchst- und Mindestwerte.

Maß	Toleranz	Höchstmaß	Mindestmaß
8	± 0,2	8,2	7,8
40	± 0,3	40,3	39,7
60	± 0,3	60,3	59,7
8	± 0,2	8,2	7,8
Summe Einzelmaße		117,0	115,0
116	± 0,3	116,3	115,7

Erkenntnis: Geschlossene Maßketten dürfen nicht vorkommen. Das Maß R8 ist aus diesem Grund ein Hilfsmaß, die Abstände der Bohrungen zur Außenkante ergeben sich automatisch.

25 Tragen Sie die Maße für das Hebellager (Pos. 3) ein. Bezugsfläche für die Maßeintragung ist die Auflagefläche auf Pos. 1. Die Lage des Gewindes M5 ist der Aufgabe 21 von Seite 30 zu entnehmen; zwei Gewinde M4; Hebellagerdicke 10 mm; die übrigen Maße können der Zeichnung entnommen werden.

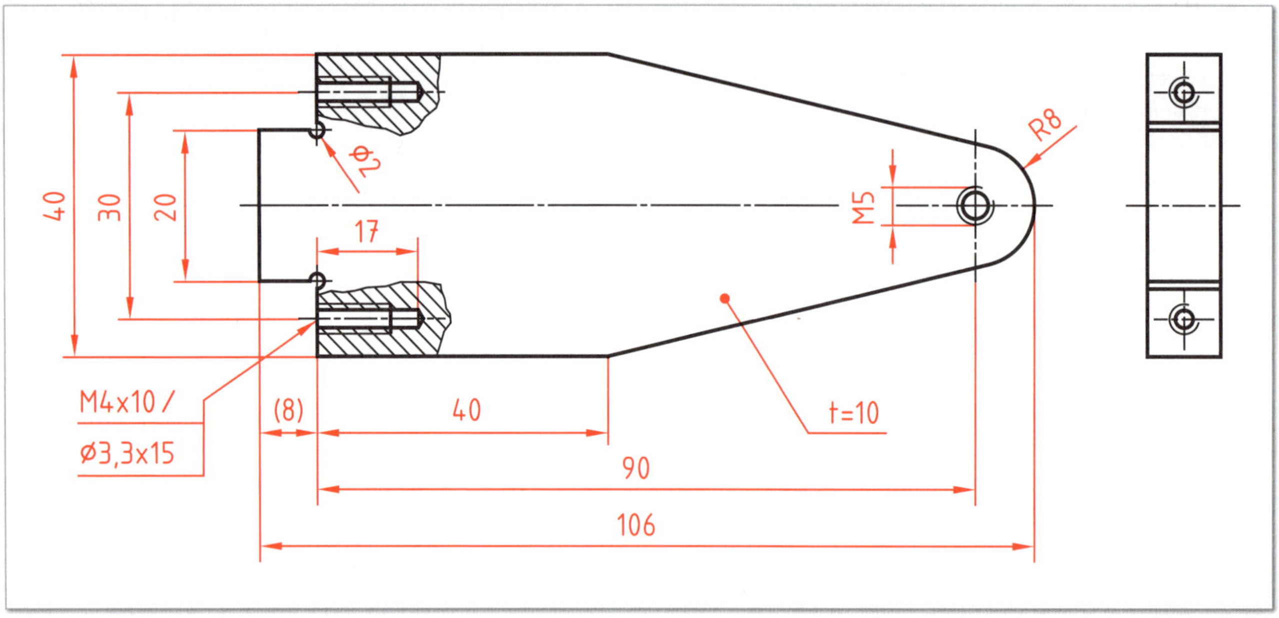

26 Ermitteln Sie die Maße an dem von Ihnen gefertigten Hebellagers und tragen Sie die Ergebnisse in das Messprotokoll ein.

Messstelle	40	30	20	(8)	90	106	10	40
Länge in mm								
Länge in Zoll								

27 Berechnungsbeispiele für die Umwandlung der Maßeinheiten: Zoll in mm; mm in Zoll.

$$1 \text{ inch} = 1 \text{ Zoll} = 25{,}4 \text{ mm}; \; 1 \text{ mm} = \frac{1}{25{,}4} \text{ inch}$$

1. $l_1 = 2\frac{13}{16}$ inch = ? mm

Lösung: 1 inch = 25,4 mm

$$2\frac{13}{16} \text{ inch} = \frac{45}{16} \text{ inch}$$

$$l_1 = \frac{25{,}4 \text{ mm} \cdot 45}{16}$$

$$l_1 = 71{,}4 \text{ mm}$$

2. l_2 = 22 mm = ? inch

Lösung: $1 \text{ mm} = \frac{1}{25{,}4} \text{ inch}$

$$l_2 = \frac{22 \cdot 1}{25{,}4} \text{ mm}$$

$$l_2 = 0{,}866 \text{ inch} = \frac{7}{8} \text{ inch}$$

28 Der Antriebshebel (Pos. 10) muss mit Bemaßung, Toleranzen und Oberflächnangaben im Maßstab 1:1 gezeichnet werden.

Tragen Sie Werkstoff, Maße, Toleranz- und Oberflächenangaben normgerecht wie folgt ein:

a) Bestimmen Sie den Werkstoff anhand der Stückliste Seite 26 und tragen Sie ihn ein.

b) Der Bohrungsabstand 65 erhält ein oberes Grenzabmaß von + 0,1 mm und ein unteres Grenzabmaß von – 0,1 mm.

c) Die Bohrungsdurchmesser ø7 erhalten die Toleranzklasse H7.

d) Für den verwendeten Flachstahl EN 10278 - 16 x 5 ist die Toleranzklasse für Breite und Dicke nach Tabellenbuch zu bestimmen und einzutragen.

e) Für nicht tolerierte Maße gelten die Allgemeintoleranzen nach DIN ISO 2768, Tolerazklasse mittel.

f) Für die Oberflächen wird vorgeschrieben:

- Bei den spanend bearbeiteten Bohrungen darf der *Ra*-Wert 0,8 µm nicht überschreiten.
- Die Dicke 5 mm und die Breite 16 mm bleiben im Anlieferungszustand.
- Alle anderen Flächen dürfen einen *Ra*-Wert von 3,2 µm nicht überschreiten.

g) Der Radius der seitlichen Halbkreise soll als Hilfsmaß eingetragen werden.

h) Tragen Sie die Granzabmaße in die Passmaßtabelle ein.

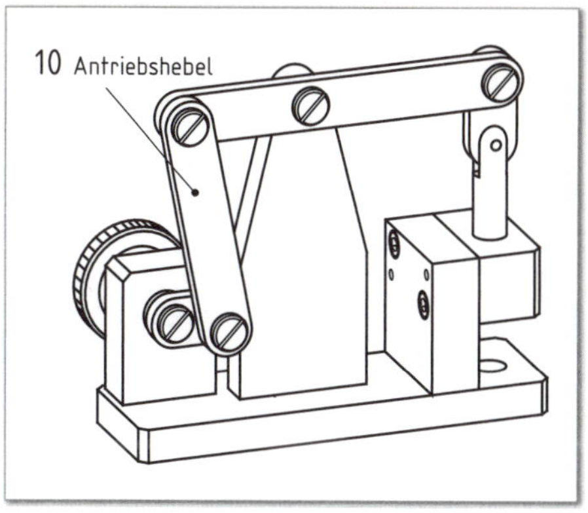

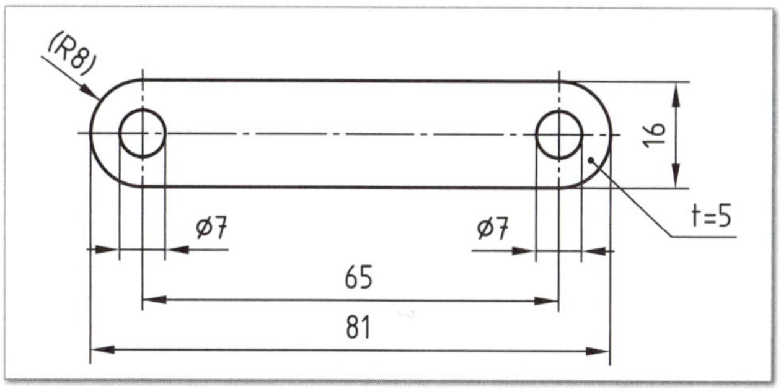

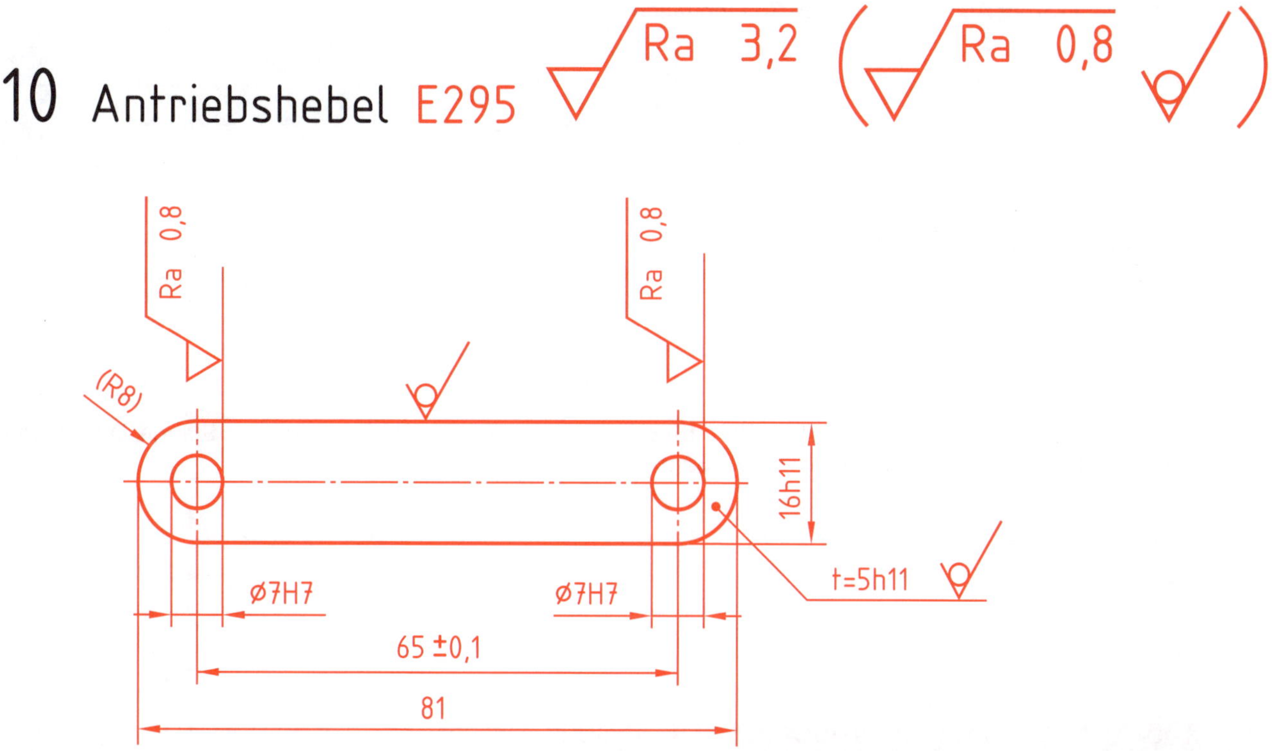

Nennmaß mit Toleranzklasse	*ES* bzw. *es* in µm	*EI* bzw. *ei* in µm
5 h11	0	– 75
ø 7H7	+ 15	0

29 a) Berechnen Sie das Volumen des Antriebshebels in dm³.

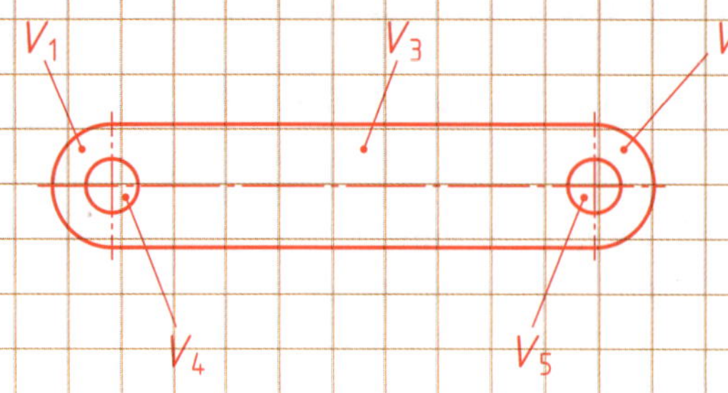

$$V_{ges} = V_1 + V_2 + V_3 - V_4 - V_5$$

$$V_{ges} = \frac{\pi \cdot d_1^2}{4} \cdot h + (l \cdot b \cdot h) - 2 \cdot \left(\frac{\pi \cdot d_2^2}{4} \cdot h\right)$$

$$V_{ges} = \frac{\pi \cdot (16\ \text{mm})^2}{4} \cdot 5\ \text{mm} + (65\ \text{mm} \cdot 16\ \text{mm} \cdot 5\ \text{mm}) - 2 \cdot \left(\frac{\pi \cdot (7\ \text{mm})^2}{4} \cdot 5\ \text{mm}\right)$$

$$V_{ges} = 1{,}0053\ \text{cm}^3 + 5{,}2\ \text{cm}^2 - 2 \cdot 0{,}1924\ \text{cm}^3$$

$$V_{ges} = 5{,}8205\ \text{cm}^3 = 0{,}005\ \text{dm}^3$$

b) Wieviel Prozent Abfall in Form von Spänen fallen an?

$$V = l \cdot b \cdot h$$

$$V = 81\ \text{mm} \cdot 16\ \text{mm} \cdot 5\ \text{mm} = 6480\ \text{mm}^3 = 6{,}48\ \text{cm}^3$$

$$V = 6{,}48\ \text{cm}^3 \mathrel{\hat{=}} 100\ \%$$

$$V_{zerspant} = 5{,}8205\ \text{cm}^3 \mathrel{\hat{=}} 89{,}82\ \%$$

Es fallen 10,18 % Späne an.

c) Wie hoch sind die Materialkosten für 100 Antriebshebel, wenn für das Flachmaterial pro Stange, Lieferlänge 6 m, 42 EUR bezahlt werden müssen? Die Sägeblattbreite beträgt 2 mm.

Bauteillänge = 81 mm
Sägeblattbreite = 2 mm

Gesamtlänge = 83 mm = 8,3 cm

100 Antriebshebel ≙ 100 x 8,3 cm = 830 cm

600 cm Flachstahl kosten 42 EUR

830 cm Flachstahl kosten $\frac{830\ \text{cm} \cdot 42\ \text{EUR}}{600\ \text{cm}}$ = 58,10 EUR

d) Wie lang sind die Reststücke bei der ersten und zweiten Stange?

1. Stange: Stangenlänge:
(Bauteillänge + Sägeblattbreite) = Anzahl der Bauteile
600 cm : (8,1 cm + 0,2 cm) = 72,29
72 Bauteile · 8,3 cm Gesamtlänge = 597,6 cm Stangenlänge
Restlänge = 600 cm – 597,6 cm = **2,4 cm**

2. Stange: Bauteile aus 2. Stange = 100 – 72 = 28 Stück
Benötigte Länge = 28 St · 8,3 cm = 232,40 cm
Restlänge = 600 cm – 232,40 cm = **367,60 cm**

30 Der Gebrauchswert von Einzelteilen, Baugruppen sowie kompletten technischen Systemen wird von zahlreichen Faktoren bestimmt. Den Eigenschaften der verwendeten Werkstoffe kommt dabei eine besondere Rolle zu.

Am Beispiel des abgebildeten Hightechfahrrades sollen die verschiedenen Werkstoffeigenschaften näher untersucht werden.

Ordnen Sie den fünf aufgeführten Werkstoffeigenschaften jeweils zwei charakteristische Werkstoffkenngrößen bzw. Fachbegriffe zu!

Stellen Sie dabei die Beziehungen zu konkreten Bauteilen des Fahrrades her!

Eigenschaften	physikalische	mechanisch-technologische	fertigungs-technische	chemisch-technologische	Umwelt-verträglichkeit
Bauteil	Rahmen	Gabel	Bremsen	Speichen	Rahmen
Kenngröße/ Fachbegriff	Dichte, Dehnbarkeit	Elastizität Verformbarkeit	Gießbarkeit Zerspanbarkeit	Korrosionsbeständigkeit	Farbgebung Entsorgung der Flussmittel

31 Auch die Bauteile des Pumpenmodells werden unterschiedlich beanprucht und müssen daher über bestimmte Eigenschaften verfügen. Geben Sie für die in der Tabelle aufgeführten Bauteile die Werkstoffe mit Kurzbezeichnung an und ermitteln Sie mit Hilfe des Tabellenbuches die Zugfestigkeitswerte R_m.

Bauteil	Werkstoff	Zugfestigkeit R_m $(\frac{N}{mm^2})$
Grundplatte	S235JR, Baustahl	340 ... 470
Exzenterhebel	E 295, Baustahl	470 ... 610
Antriebsrad	11SMn30, Automatenstahl	380 ... 570
Abstandsbuchse	CuZn38Pb2, Kupfer-Zink-Blei-Legierung	360, 550

32 Überschreitet im Stahl ein festgelegtes Legierungselement seinen vorgegebenen Grenzwert, so bezeichnet man ihn als legierten Stahl.

a) Ordnen Sie allen Legierungselementen zur Stahlklassifikation mit absteigender Reihenfolge den jeweiligen maximal zulässigen prozentualen Anteil in der Tabelle zu!

Legierungs-element	Mn	Si	Cu, Pb	Cr, Ni	Al, Co, Se, Te, V, W, Bi	Ti, La	Nb	Mo	B
Anteil in %	1,65	0,5	0,4	0,3	0,1	0,05	0,06	0,08	0,0008

b) Formulieren Sie zur eindeutigen Unterscheidung zwischen legierten und unlegierten Stählen einen aussagekräftigen Merksatz!

Die Grenzwerte aller Legierungselemente von unlegiertem Stahl sind festgelegt. Überschreitet auch nur ein Legierungselement seinen festgelegten Grenzwert, so gilt der Stahl als „legiert".

33 Hauptgüteklassen

Die unlegierten Stähle werden in zwei Gruppen unterteilt. Die Eingruppierung erfolgt durch die Festlegungen zur Wärmebehandlung und weiterer technischer Bewertungen.

a) Ordnen Sie in der Tabelle den drei Stahlarten die Festlegungen für die vorgesehene Wärmebehandlung sowie die stahlspezifischen Bewertungen zu!

b) Nennen Sie je ein praktisches Beispiel mit Werkstoffbezeichnung!

	Unlegierte Qualitätsstähle	Unlegierte Edelstähle
Festlegungen zur Wärmebehandlung	Wärmebehandlung abh. von der Stahlart	Wärmebehandlung
Stahlspezifische Bewertungen	Festlegungen, z. B. Sprödbrüchigkeit	Festlegung f. Reinheit/ Einhärtetiefe
Anwendungsbeispiel mit Werkstoff-bezeichnung	Hebel, Zapfen; C15	Zahnräder; C60E

34 Die legierten Stähle werden in zwei Gruppen unterteilt. Die Eingruppierung erfolgt durch unterschiedliche Bewertungskriterien

a) Ordnen Sie in der Tabelle den zwei Stahlarten die Festlegungen zur Wärmebehandlung sowie die stahlspezifischen Bewertungen zu!

b) Nennen Sie je ein praktisches Beispiel mit Normbezeichnung!

	Legierte Qualitätsstähle	Legierte Edelstähle
Festlegungen zur Wärmebehandlung	Keine Wärmebehandlung	Wärmebehandlung
Stahlspezifische Bewertungen	besondere Eigenschaften, z. B. Kaltumformbarkeit	Stähle mit besonderen chem. u. physikalischen Eigenschaf-
Anwendungsbeispiel mit Werkstoff-bezeichnung	P355 QH Druckbehälter	HSS-Werkzeuge aus HS6-5-2-5

35 Seit 1994 gibt es für die Baustähle die neue Norm nach DIN EN 10025. Die Vergütungsstähle werden seit 1996 nach DIN EN 10083-1 neu genormt. Nach DIN EN 10027T2 wurden die Stähle bereits seit 1992 nummeriert.
In der Praxis werden Sie jedoch auch weiterhin mit den alten Stahlbezeichnungen nach DIN konfrontiert.

a) Nennen Sie von den aufgeführten Stählen die neue Stahlbezeichnung nach DIN EN, die Stahlnummern, den handelsüblichen Namen und die entsprechenden Werte für die Streckgrenze R_e und die Zugfestigkeit R_m!

Stahlbezeichnungen			Handelsüblicher Name	$R_e \frac{N}{mm2}$	$R_m \frac{N}{mm2}$
DIN EN 10025/ 10083-1 neu	DIN EN 10025T2 neu	DIN EN 17100/ 17200 alt			
S235JR	1.0037	St 37-2	Unlegierter Baustahl	235	340 bis 470
E295	1.0050	St 50-2	Unlegierter Baustahl	295	470 bis 610
C60E	1.1221	Ck 60	Vergütungsstahl	580	800 bis 950

36 Das Maß der Ausdehnung von Werkstücken hängt vom Längenausdehnungskoeffizienten α des Werkstoffes ab. Was gibt der Längenausdehnungskoeffizient α an?

Die Längenänderung eines 1m langen Stabes bei Temperaturerhöhung um 1 °C oder 1K.

37 Bestimmen Sie die Längenausdehnung verschiedener Werkstoffe mit gleichen Abmessungen!

Abmessungen: Durchmesser 10 mm, Länge 100 mm

a) Stecken Sie einen Probestab in das Führungsrohr, setzen Sie die Messuhr auf und nullen Sie diese! (Ausgangstemperatur 20 °C)
b) Erwärmen Sie alle Probestäbe 5 Minuten lang bei 85 °C und prüfen Sie anschließend deren Längenänderung Δl!
c) Tragen Sie in die Tabelle die Längenausdehnungskoeffizienten α und die Längenänderungen Δl ein!

Werkstoff	S235JR	Al	A-Cu	CuZn30	PVC	Glas
α in 1/*k*	0,0000119	0,0000238	0,0000168	0,0000185	0,000070	0,0000005
Δl in mm	0,073	0,149	0,104	0,123	0,39	0,003

Erkenntnis: Das Maß der Längenausdehnung ist vom Werkstoff und der Temperaturdifferenz abhängig.

38 Ermitteln Sie die Wärmeleitfähigkeit λ der Werkstoffe Stahl, Kupfer und PVC und stellen Sie die Ergebnisse in einem Diagramm dar!

a) Stellen Sie einen Probestab mithilfe des Führungsrohres in einen Becher mit auf 85 °C erwärmten Wasser!

b) Setzen Sie auf das Stabende den Temperaturfühler und ermitteln Sie die Temperatur ϑ in °C im Abstand von jeweils einer Minute!

Stahl	1.	2.	3.	4.	5.
ϑ in °C	20	39	49	56	63
Kupfer					
ϑ in °C	20	42	61	75	82
PVC					
ϑ in °C	20	21	22	23	24

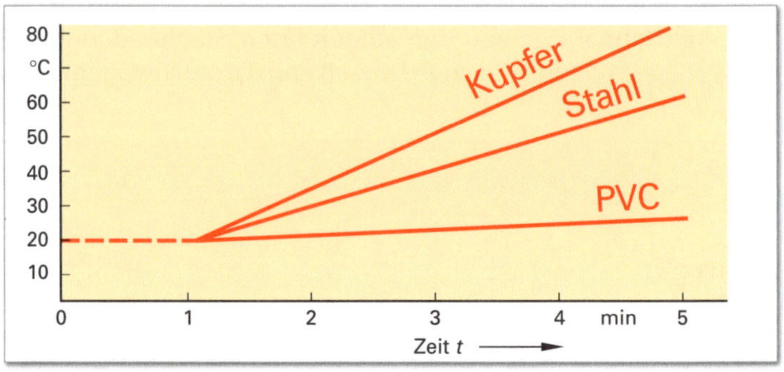

39 Die Drehbearbeitung des Antriebsrades (Pos. 15) soll geplant werden. Die Gesamtlänge des Antriebsrades beträgt 45 mm.

① Rändel mit achsparallelen Riefen und Teilung 0,8 mm; Durchmesser 36 mm, 10 mm Breite, links und rechts mi einer Fase 1 x 45°

② Durchmesser 25 mm mit Fase 1 x 45° angefast.

③ Duchmesser 10 mm, Toleranzklasse h9, Nennlänge 23,7 mm, oberes Grenzabmaß +0,1 mm, unteres Grenzabmaß 0 mm (einschließlich Vierkant).

Alle Flächen sollen geschlichtet sein.

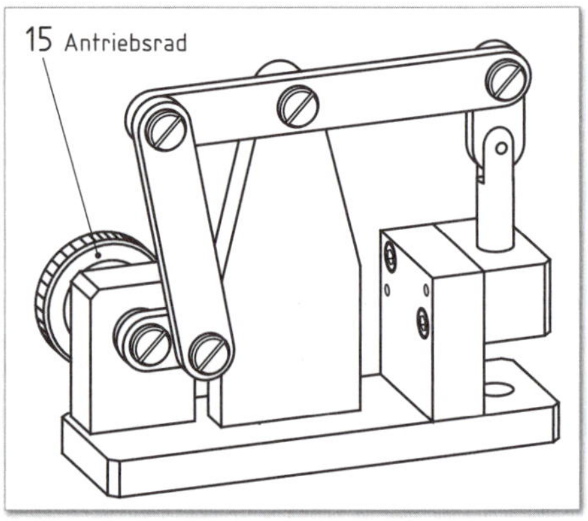

40 Erstellen Sie für die Drehbearbeitung eine Vorbearbeitungszeichnung mit kompletter Bemaßung (angefräster Vierkant und stirnseitiges Innengewinde werden nicht dargestellt).

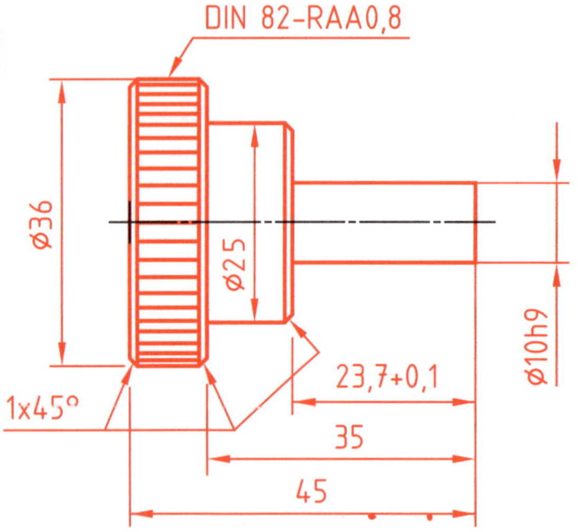

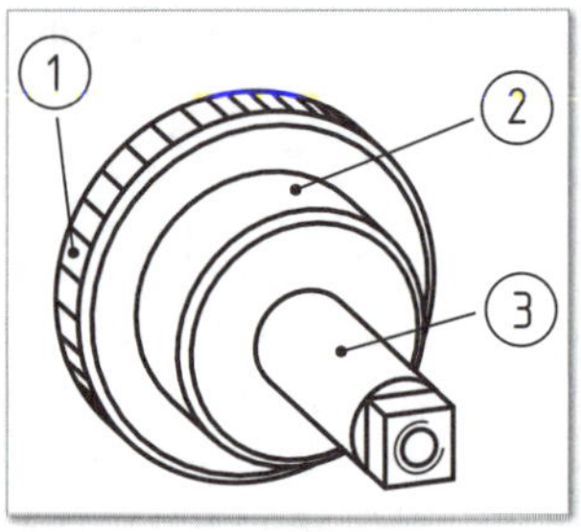

41 Planen Sie die Arbeitsschritte zur Fertigung des Antriebrades (Pos. 15). Geben Sie Vorschub- und Schnittwerte für das Plandrehen und die Bearbeitung der Fertigungsabschnitte ② und ③ an. Werkzeug aus Schnellarbeitsstahl.

Arbeitsschritt	$n\,[\frac{1}{min}]$	f [mm]
1. Stirnfläche plandrehen	1400	0,2
2. Außendurchmesser ø10, ø25 vordrehen	710	0,5
3. Ansatz ② ø25 Längsdrehen	900	0,1
4. Ansatz ③ ø10h9 Längsdrehen mit Stirnseite am Übergang zu ø25	2240	0,1
5. Fasen (2x) drehen	710	–

42 Beantworten Sie die folgenden, das Antriebsrad (Pos. 15) betreffenden Fragen.

a) Wozu dient der Rändel an Stelle ①?

Um die Oberfläche griffiger zu machen.

b) Nennen Sie die für das Rändel gültige Norm mit Ausgabedatum?

DIN 82 (01.73)

c) Wie lautet der Zeichnungseintrag für das Rändel?

DIN 82 - RAA 0,8

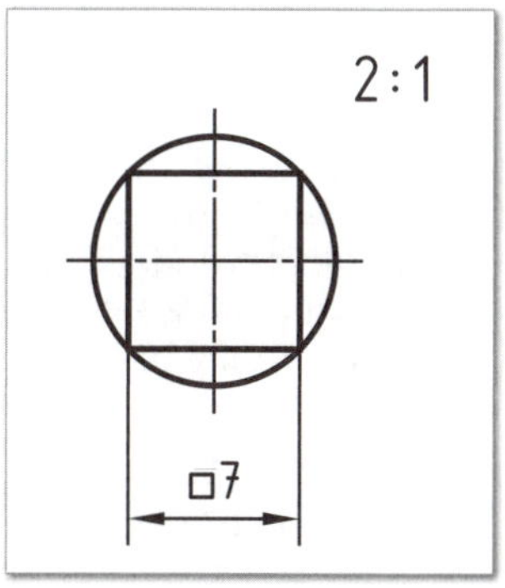

d) Berechnen Sie den erforderlichen Außendurchmesser d_2 vor dem Rändeln?

$d_2 = d_1 - 0{,}5 \cdot t = 36\ \text{mm} - 0{,}5 \cdot 0{,}8\ \text{mm} = 35{,}6\ \text{mm}$

e) Kontrollieren Sie rechnerisch, ob der Drehdurchmesser 10 mm an der Stelle ③ ausreicht, um anschließend einen Vierkant mit 7 mm Kantenlänge auszufräsen.

$d_{erf} = 1{,}414 \cdot 7\ \text{mm} = 9{,}899\ \text{mm} \rightarrow$ 10 mm sind ausreichend.

43 An den Bauteilen des Pumpenmodells müssen unterschiedliche Bohrarbeiten geplant und ausgeführt werden. Die nachfolgenden Bohrversuche untersuchen die Zusammenhänge zwischen Bohrertyp, Einstellgrößen und Werkstoff beim Bohren.

Zur Herstellung von Durchgangsbohrungen mit 12 mm Durchmesser in Flachmaterial aus Aluminium und einer aus Baustahl stehen 3 Bohrertypen zur Auswahl.

a) Bestimmen Sie den Bohrertyp und die Schnittwerte!

Bohrertyp	Abbildung	Seitenspanwinkel χ	Schnittwerte	Baustahl	Aluminium
N	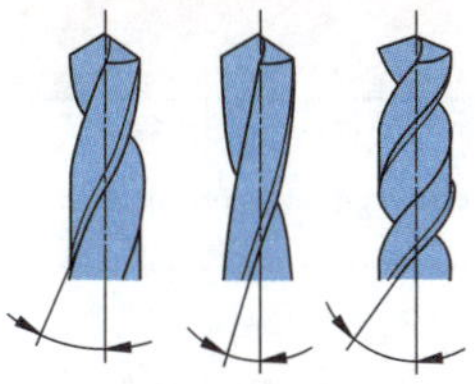	19° ... 40°	v_c in m/min	30	90
H		10° ... 19°	n in min^{-1}	710	2240
W		27° ... 45°	f in mm	0,22	0,29

43 b) Untersuchen Sie den Einfluss des Keilwinkels β auf die Vorschubkraft F_f und das Schnittmoment M_c!

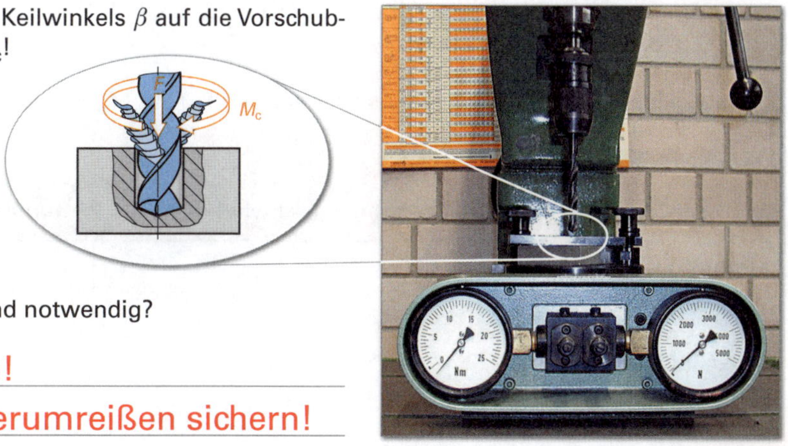

c) Welche Sicherheitsmaßnahmen sind notwendig?

Werkstücke sicher einspannen!
Spannvorrichtungen gegen Herumreißen sichern!

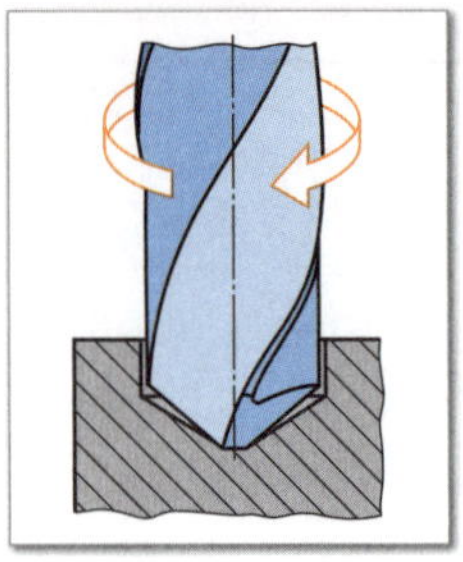

Werkstoff		Typ W	Typ N	Typ H
Aluminium	M_c in mm	1	1,5	2,1
	F in mm	300	950	1500
Baustahl	M_c in mm	5	7	8,5
	F in mm	1100	2300	3000

Erkenntnis: Weiche Werkstoffe, wie Aluminium mit Typ W, Baustahl mit Typ N und spröde, sowie harte Werkstoffe, z. B. Guss mit Typ H, bohren.

44 a) Untersuchen Sie den Einfluss der Schnittgeschwindigkeit v_c auf das Drehmoment M_c, die Vorschubkraft F_f und auf die Spanbildung!

Schnittgeschwindigkeit v_c in $\frac{m}{min}$	10	15	20	25
Vierkant 20 DIN 1014 - Baustahl - Vorschub *f* = 0,1 mm – Bohrer ø12 mm aus HSS				
Drehzahl *n* in min^{-1}	260	390	520	650
Drehmoment M_c in Nm	7	7,5	7,5	7,5
Vorschubkraft F_f in N	2000	2100	2300	2300
Spanbildung	Scherspäne			

b) Erstellen Sie ein Diagramm und tragen Sie darin Ihre Ergebnisse ein!

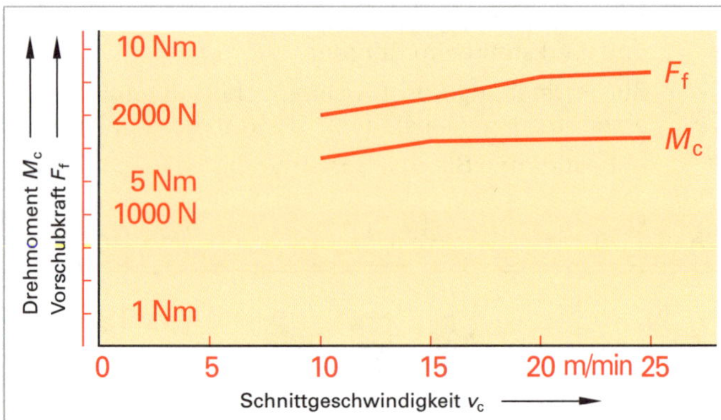

Erkenntnis: Die Schnittgeschwindigkeit hat nur einen geringen Einfluss auf die Vorschubkraft und das Drehmoment.

45 Beschreiben Sie den Zusammenhang von Seitenspanwinkeln χ, Keilwinkel β und Werkstoff!

Je größer der Seitenspanwinkel ist, desto kleiner ist der Keilwinkel.
Je kleiner der Keilwinkel ist, desto weicher muss der Werkstoff sein.

46 a) Untersuchen Sie den Einfluss des Vorschubs *f* auf M_c, F_f und auf die Spanbildung!

Vorschub *f* in mm	0,1	0,2	0,3
Vierkant 20 DIN 1014 - Baustahl - Schnittgeschwindigkeit v_c = 25 m/min – Bohrer ø12 mm (HSS)			
Drehzahl *n* in min^{-1}	650	650	650
Drehmoment M_c in Nm	7	12	15
Vorschubkraft F_f in N	2300	3300	4300
Spanbildung	Scherspäne	Scherspäne	Bröckelspäne

b) Erstellen Sie ein Diagramm und tragen Sie darin Ihre Ergebnisse ein!

Erkenntnis: Je größer der Vorschub ist, desto größer sind die Schnittkräfte. Die Zunahme erfolgt proportional zum Vorschub.

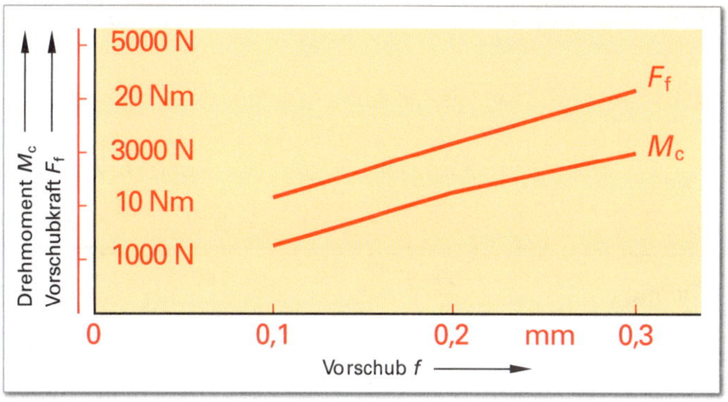

47 In einem Flachstahl 20 x 40 aus Baustahl sollen 2 Bohrungen mit dem Durchmesser 12 mm (1-mal Durchgangsbohrung, 1-mal Grundlochbohrung 15 mm tief) hergestellt worden.

a) Welcher Bohrertyp ist erforderlich? Normal Typ N

b) Bestimmen Sie dazu die Schnittwerte für einen Bohrer aus HSS! v_c = 30 m/min n = 710 min^{-1} f = 0,22 mm

48 Untersuchen Sie den Einfluss der Vorbohrung bzw. des Bohreranschliffs auf die Vorschubkraft F_f und das Schnittmoment M_c! Tragen Sie Ihre Ergebnisse in die Tabelle ein!

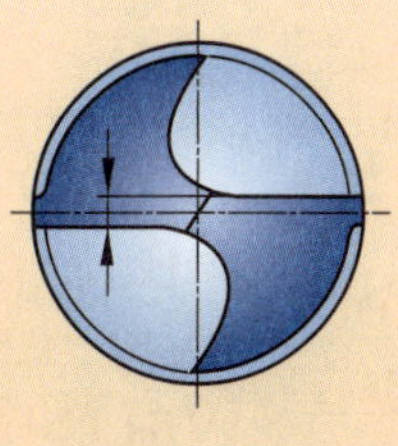	Ohne Vorbohrung I	Bohrer ausgespitzt II	3 mm Vorbohrung III	6 mm Vorbohrung IV
	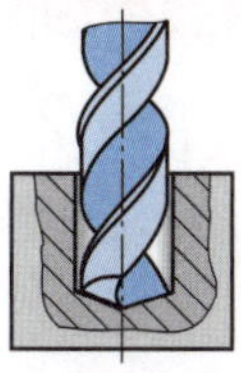	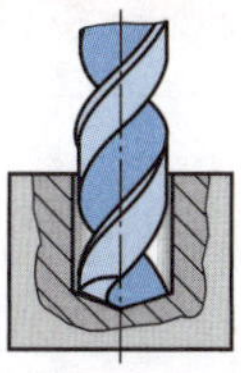	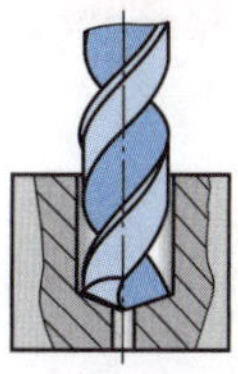	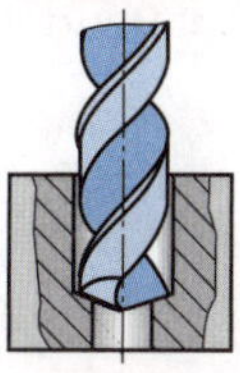
Schnittmoment M_c in Nm	7,0	7,0	6,0	3,5
Vorschubkraft F_f in N	2300	1800	1000	600
Spanbildung	Spiralspan	Spiralspan	Wirrspan	Wirrspan

Erkenntnisse aus Vergleich Versuch I und II: Die Ausspitzung verkleinert die Querschneidenlänge und die Vorschubkraft.

Erkenntnisse aus Vergleich Versuch III und IV: Je größer die Vorbohrung ist, desto geringer sind das Drehmoment und die Vorschubkraft.

49 Übertragen Sie Ihre Ergebnisse in das Diagramm und messen Sie die Länge der Querschneide für die 3 Bohrer mithilfe eines Messschiebers!

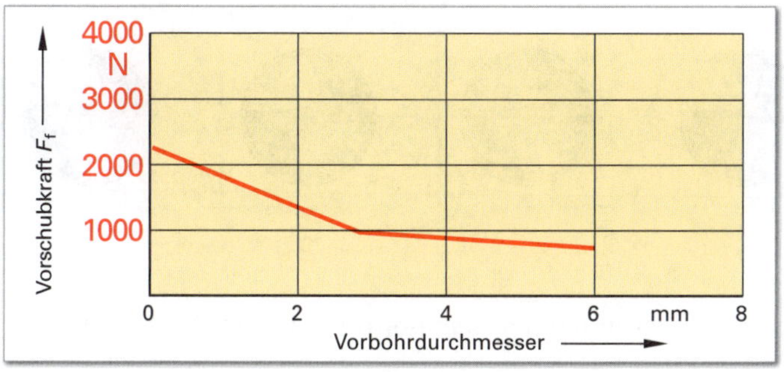

handelsüblich	Form A	Form B
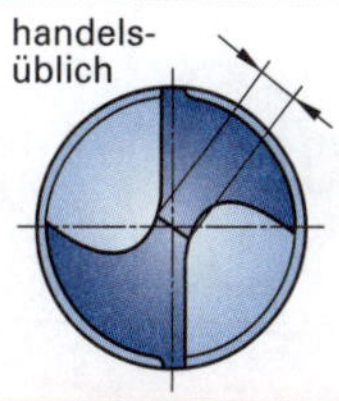	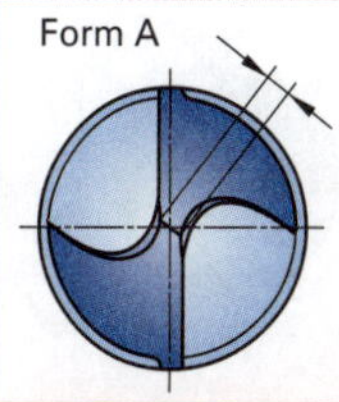	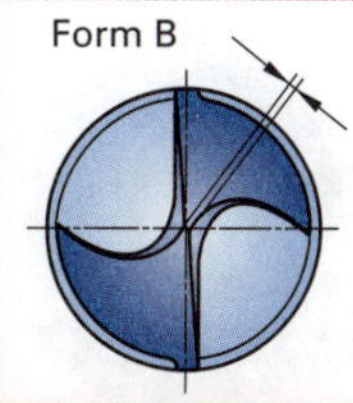
Länge der Querschneide l_x für Bohrer ø12 mm		
2,5	1,0	0,3

■ 50 Wie groß soll ein Vorbohrdurchmesser mindestens sein? > Querschneidenlänge

■ 51 Untersuchen Sie die Auswirkungn von fehlerhaften Bohreranschliffen!

a) Ordnen Sie die 7 verschieden angeschliffenen Bohrer den entsprechenden Bildnummern zu und bestimmen Sie den Spitzenwinkel σ, den Querschneidenwinkel ψ und den Seitenspanwinkel ψ_f für den Bohrertyp N!

1	2	3	4	5	6	7
Richtig angeschliffen	σ = 90°	σ = 140°	ψ = 35°	ψ = 75°	außermittig	asymmetrisch
σ = 118° ψ = 55° ψ_f = 19°... 45°	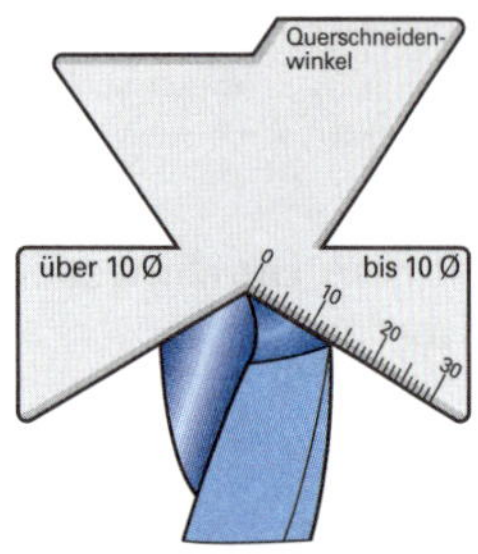		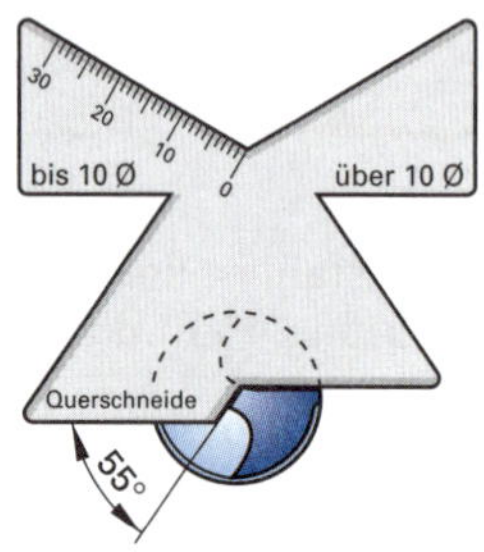		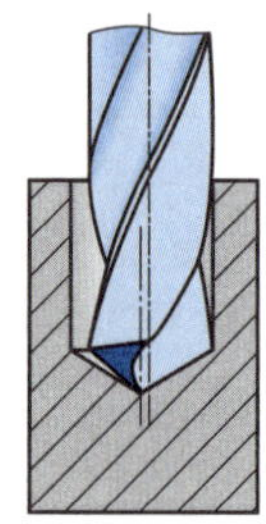	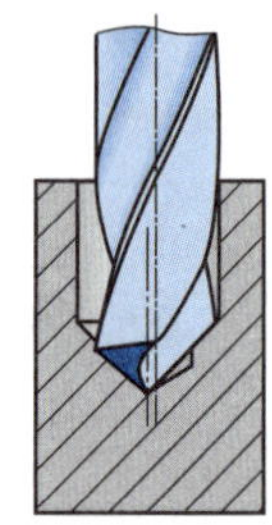

b) Bestimmen Sie für die Bearbeitung von Aluminium mit einem Bohrer aus HSS die Schnittwerte (ca. $\frac{1}{3}$ der Tabellenwerte)!

Bohrerdurchmesser: 10 mm; v_c = 30 m/min n = 750 min^{-1}

c) Bohren Sie in den Flachstahl je eine Grundbohrung 20 mm tief und messen Sie den Bohrungsdurchmesser!

d) Welche Besonderheiten treten während des Bohrvorgangs auf?

e) Beurteilen Sie die Spanbildung und Skizzieren Sie jede Bohrung im Vollschnitt und in der Draufsicht!

Besondere Eigenheiten beim Bohren	Bohrer reißt	Bohrer verläuft	sehr große Vorschub-kraft	Bohrer rattert und reißt	Bohrer verläuft	Bohrer verläuft und rattert
Bohrungs-ø	12,0	12,3	12,2	12,1	12,8	13,1
Spanbildung	gleich-mäßig	gleich-mäßig	gleich-mäßig	gleich-mäßig	ein-seitig	ein-seitig
Skizze	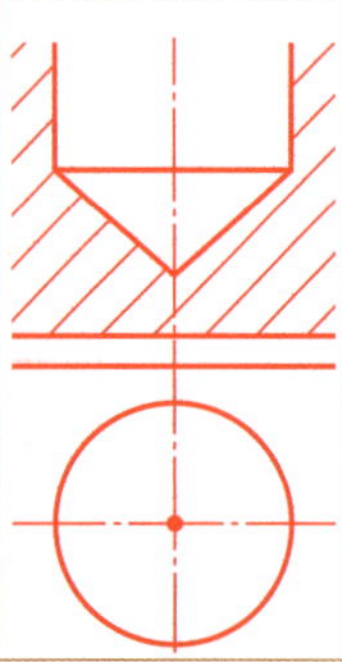	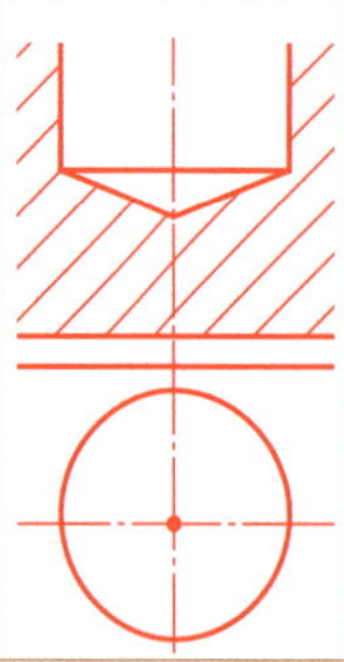	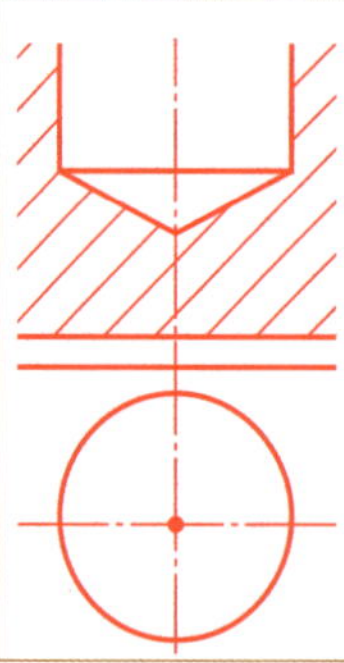	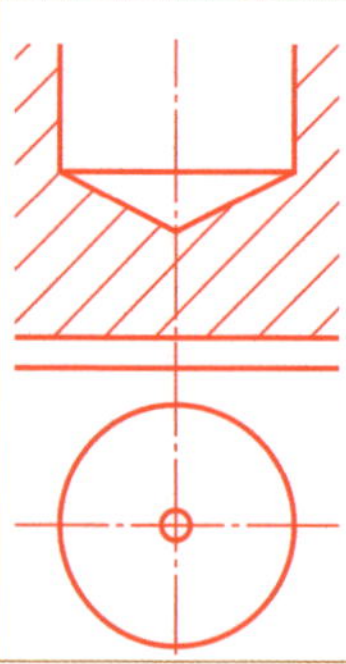	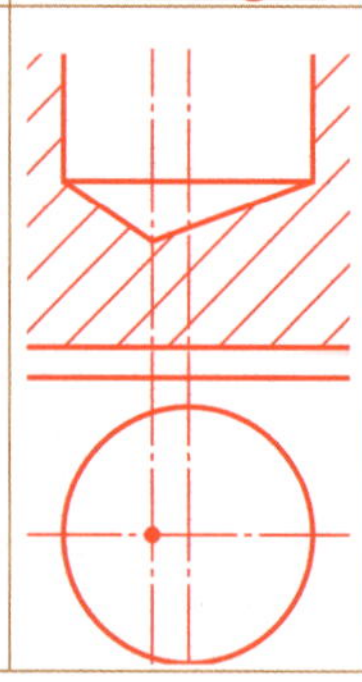	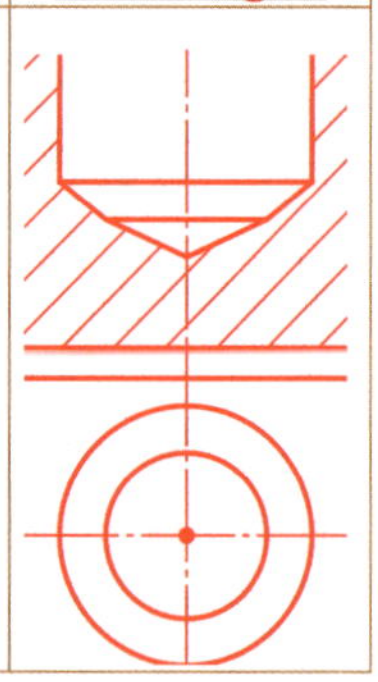

■ 52 Vergleichen Sie die abgebildeten Bohrspitzen mit Ihren Bohrern aus den vorhergehenden Versuch und ordnen Sie die Nummern passend zu!

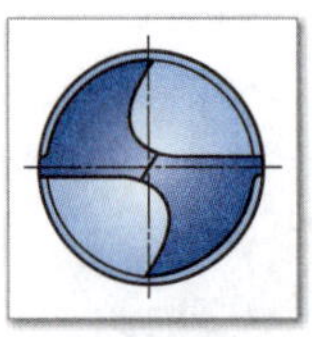	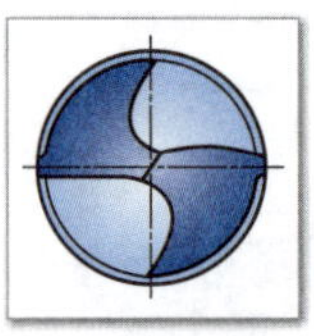	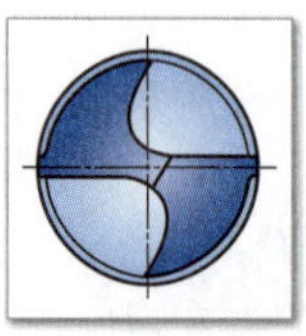	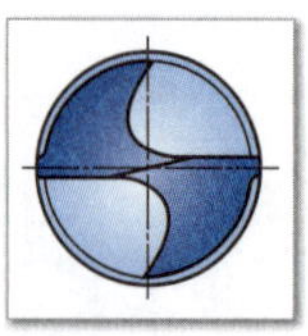	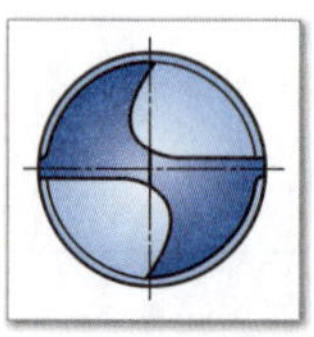	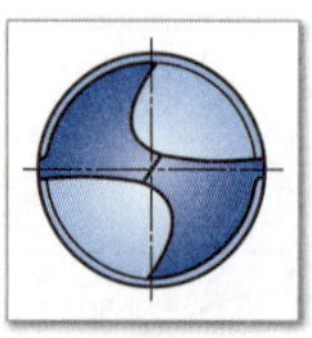	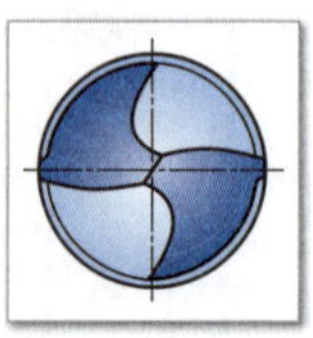
1	7	6	5	4	3	2

■ 53 Erstellen Sie eine Zusammenfassung der wichtigsten Neuerungen der Stahlnormung nach DIN EN 10025 mit Powerpoint.

Lernfeld 2

Fertigen von Bauteilen mit Maschinen

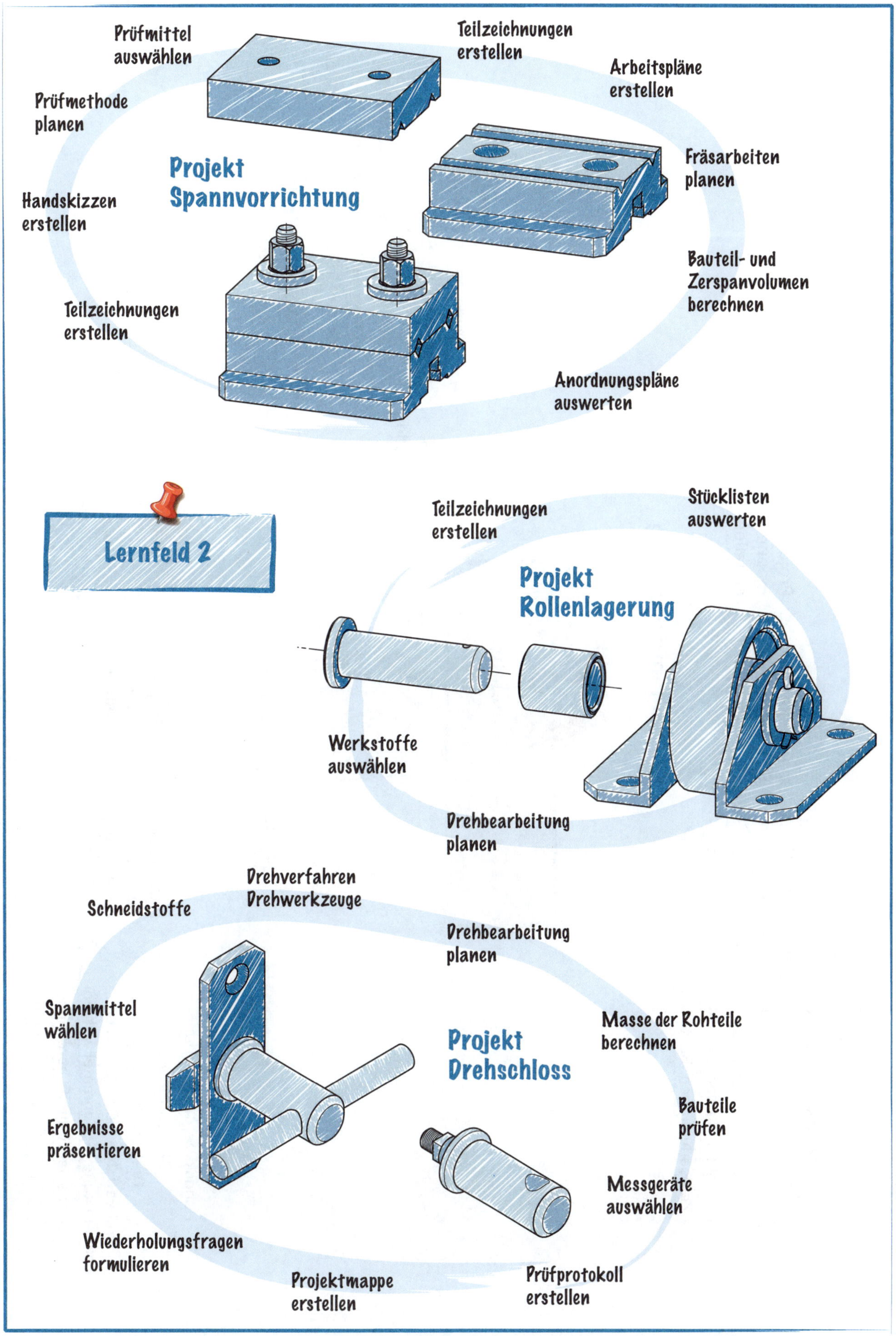

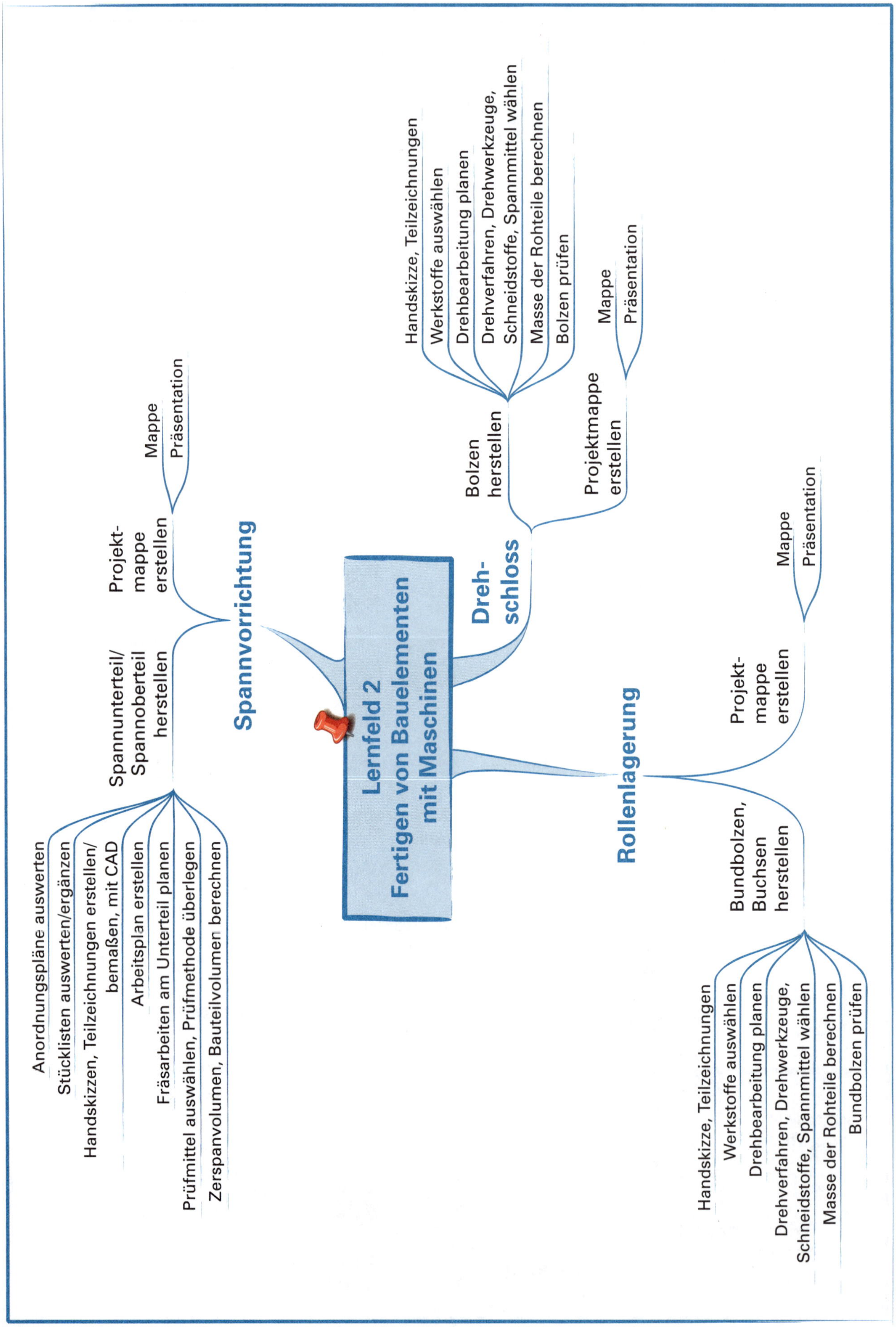
Lernfeld 2
Fertigen von Bauelementen mit Maschinen
Spannvorrichtung
Spannunterteil/ Spannoberteil herstellen
Anordnungspläne auswerten
Stücklisten auswerten/ergänzen
Handskizzen, Teilzeichnungen erstellen/ bemaßen, mit CAD
Arbeitsplan erstellen
Fräsarbeiten am Unterteil planen
Prüfmittel auswählen, Prüfmethode überlegen
Zerspanvolumen, Bauteilvolumen berechnen
Projekt- mappe erstellen
Mappe
Präsentation
Dreh- schloss
Bolzen herstellen
Handskizze, Teilzeichnungen
Werkstoffe auswählen
Drehbearbeitung planen
Drehverfahren, Drehwerkzeuge, Schneidstoffe, Spannmittel wählen
Masse der Rohteile berechnen
Bolzen prüfen
Projektmappe erstellen
Mappe
Präsentation
Rollenlagerung
Bundbolzen, Buchsen herstellen
Handskizze, Teilzeichnungen
Werkstoffe auswählen
Drehbearbeitung planen
Drehverfahren, Drehwerkzeuge, Schneidstoffe, Spannmittel wählen
Masse der Rohteile berechnen
Bundbolzen prüfen
Projekt- mappe erstellen
Mappe
Präsentation

Dimetrische Projektion

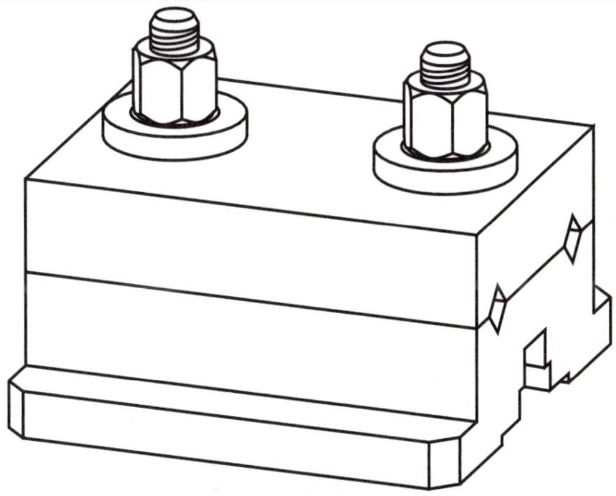

Explosionsdarstellung

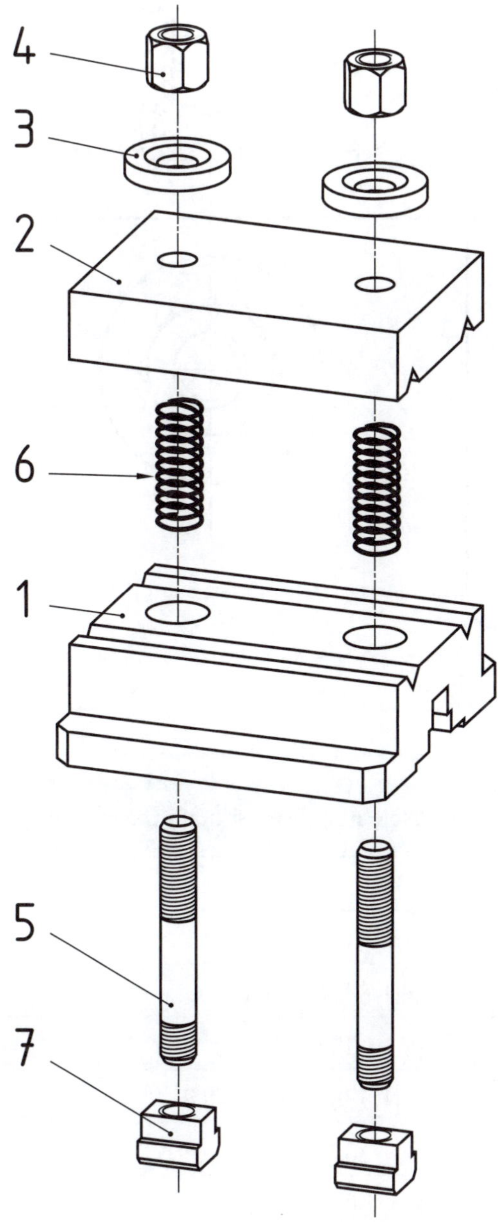

Gesamtzeichnung

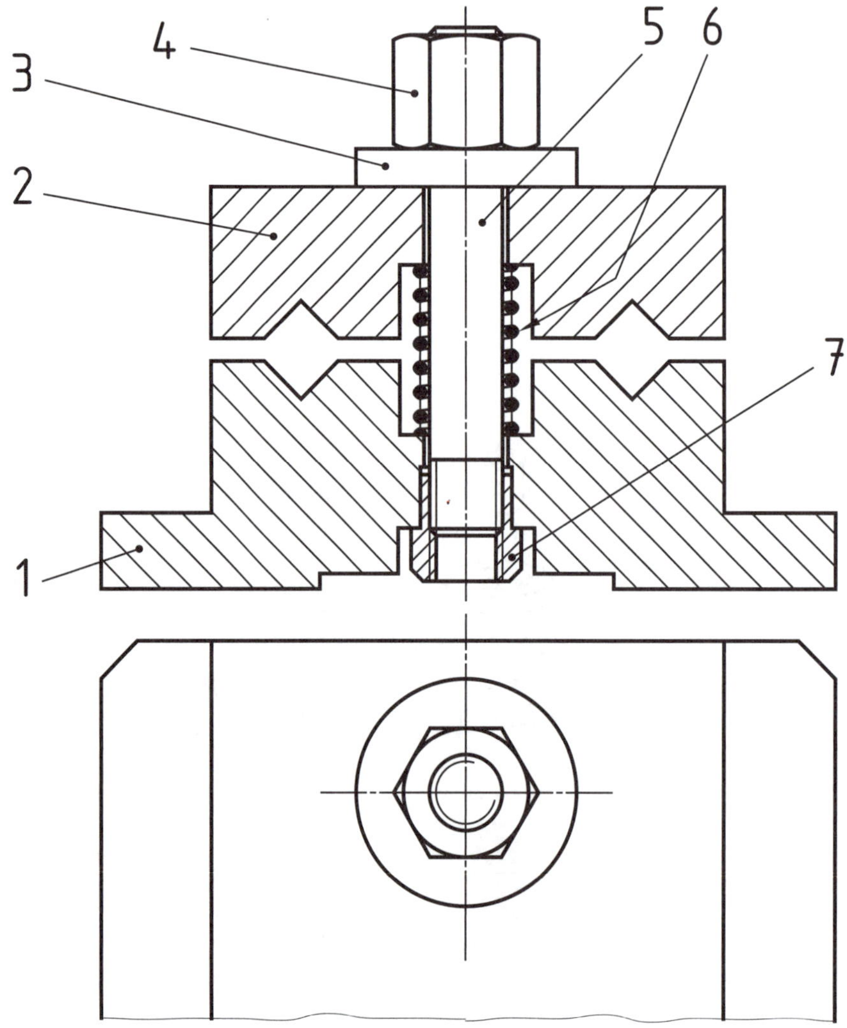

Pos.-Nr.	Menge/Einheit	Benennung	Werkstoff/Norm-Kurzbezeichnung	Bemerkung
1	1	Spannunterteil	C60U	gehärtet
2	1	Spannoberteil	C60U	gehärtet
3	2	Kegelpfanne	DIN 6319-G10,5	
4	2	Sechskantmutter	ISO 4033-M10-8	
5	2	Stiftschraube	DIN 938-M10x70-8.8	
6	2	Druckfeder	DIN 2098-1,6x12,5x36	
7	2	Mutter	DIN 508-M10x12	

Projektbeschreibung

Beim Fertigen von Bauteilen mit Maschinen werden Spannvorrichtungen eingesetzt. Die hier von der Schülerwerkstatt zu fertigende Spannvorrichtung kann zum Spannen kleiner Werkstücke, z. B. auf Fräs- oder Bohrmaschinen verwendet werden.

Projektaufgaben

In der Vorbereitung des Fertigungsauftrages sind die Arbeitsunterlagen auszuwerten und verschiedene Planungsschritte durchzuführen.

1 Die Pos.-Nummern 3 bis 7 werden als Normteile bezogen. Ergänzen Sie in der Stückliste die fehlenden Angaben.

2 Welche Aufgabe hat die Pos. 6?

Nach dem Aufschrauben der Sechskantmuttern (Pos. 4) drücken die Druckfedern (Pos. 6) das Spannoberteil nach oben. In dieser Lage des Spannoberteils können die Werkstücke mühelos der Vorrichtung entnommen bzw. in die Vorrichtung eingelegt werden.

3 Welche Querschnittsformen können die in der Vorrichtung zu spannenden Werkstücke haben?

Es können runde, vier- und achtkantige Werkstücke gespannt werden.

4 Aus welchem Grund ist das Spannunterteil (Pos. 1) im unteren Bereich breiter als das Spannoberteil (Pos. 2)?

An den links und rechts hervorstehenden Teilen des Spannunterteils (Pos. 1) kann die Vorrichtung auf den Maschinentisch gespannt werden.

5 Warum befindet sich auf der Seite der Maschinentisch-Auflage von Pos. 1 eine verhältnismäßig breite Nut?

Je größer Auflageflächen sind, desto größer ist die Gefahr, dass sich zwischen ihnen und dem Maschinentisch Späne und Schmutz befinden. Auflageflächen sollen deshalb nicht größer als nötig sein.

6 In den Skizzen der Pos. 3, 5 und 7 sind statt der Maße Buchstaben eingetragen. Tragen Sie in die Tabelle die Maße der Bauteile mithilfe eines Tabellenbuches

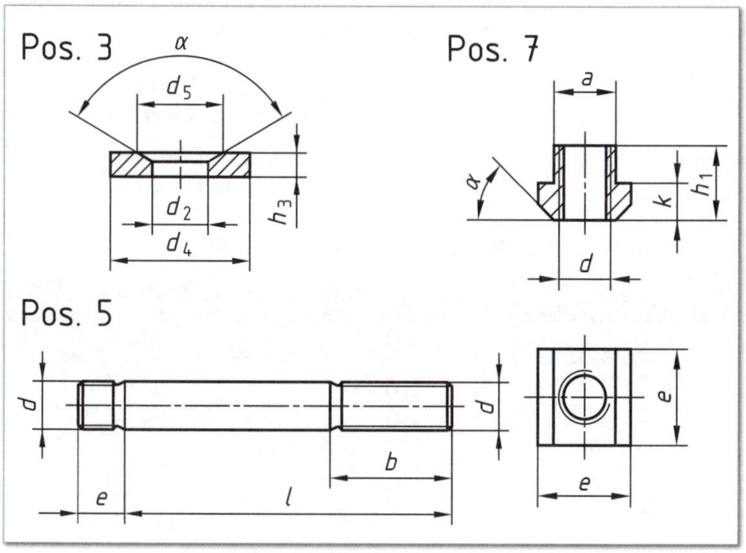

Pos. 3	Pos. 5	Pos. 7
d_2 = 12H13	e = 10 mm	d = M10
d_4 = 30 mm	b = 26 mm	a = 12 mm
d_5 = 18,5 mm	l = 70 mm	e = 18 mm
h_3 = 5 mm	d = M10	k = 7 mm
α = 120 °	–	h_1 = 14 mm
–	–	α = 45°

7 Nebenstehende Abbildung zeigt das Spannoberteil (Pos. 2) der Spannvorrichtung.

a) Messen Sie die fehlenden Maße und tragen Sie die Maßzahlen in die Zeichnung ein. Runden Sie auf volle Millimeter.

b) Welche Bedeutung hat die Angabe ø18?

Der Durchmesser der dargestellten Senkung beträgt 18 Millimeter.

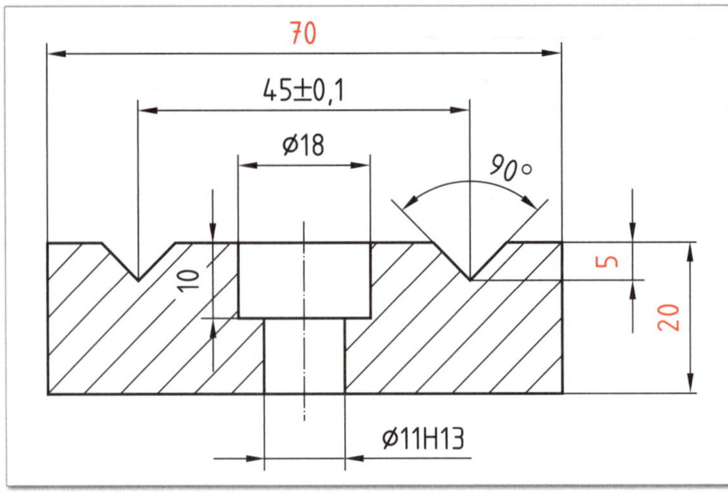

8 a) Tragen Sie die vollständige Bezeichnung und die Zahlenwerte für das Maß 45 ± 0,1 hinter dem jeweiligen Kurzzeichen ein.

Kurzzeichen	vollständige Bezeichnung	Zahlenwert
N	Nennmaß	45 mm
ei	unteres Abmaß	– 0,1 mm
G_u	Mindestmaß	44,9 mm
es	oberes Abmaß	+ 0,1 mm
G_o	Höchstmaß	45,1 mm
T	Toleranz	0,2 mm

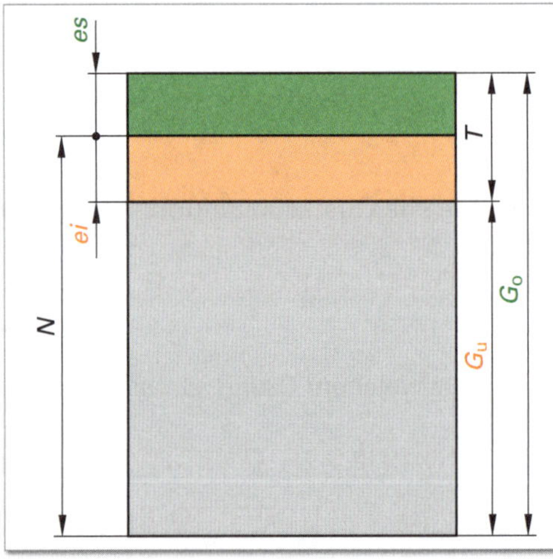

b) Wie lässt sich die Größe der Toleranz berechnen? $T = G_o - G_u$ = 45,1 mm – 44,9 mm = 0,2 mm

c) Umschreiben Sie den Begriff „Mindestmaß": kleinstzulässiges Maß

d) Umschreiben Sie den Begriff „Höchstmaß": größtzulässiges Maß

9 „Die Toleranz ist immer eine positive Zahl!" Wieso stimmt diese Aussage?

Es wird von einem größeren Wert (G_o) ein kleinerer Wert (G_u) abgezogen → positive Zahl

10 Die Kurzzeichen für das obere und untere Abmaß (*es* und *ei*) gelten für die Außenmaße, auch „Wellenmaße" genannt. Geben Sie das Kurzzeichen für die Abmaße von Innenmaßen (Bohrungsmaße) an.

a) Oberes Abmaß, Bohrung: *ES*

b) Unteres Abmaß, Bohrung: *EI*

Franz.: Écart supérieur
Deutsch: Oberer Abstand
Franz.: Écart inférieur
Deutsch: Unterer Abstand

11 Geben Sie ein Maß mit Abmaßen an, bei dem das Nennmaß außerhalb der Toleranz liegt: z. B. 30 + 0,5 /+0,2

12 Bestimmen Sie die Höchst- und Mindestmaße für untenstehende Maße des Spannoberteils.

Benennung	Maß	Toleranz	Höchstmaß	Mindestmaß
Längenmaß	70	± 0,3	70,3	69,7
Höhenmaß	20	± 0,2	20,2	19,8
Nuttiefe	5	± 0,1	5,1	4,9
Bohrungsdurchmesser	11H13	+0,27	11,27	11,00
Nutwinkel	90°	± 0° 20′	90° 20′	89° 40′

13 Ergänzen Sie die Vorderansicht des Spannunterteils (Pos. 1, Fräsbearbeitung, noch ohne Bohrungen) und zeichnen Sie die Draufsicht. Die Zeichnung ist normgerecht zu bemaßen. Die Nutarbeiten entsprechen den Maßen für T-Nuten nach DIN 650. Alle anderen Maße können der Gesamtzeichnung der Spannvorrichtung (Seite 46) entnommen werden. Allgemeintoleranzen nach ISO 2768-m.
Die Auflageflächen für die Werkstücke sowie die Auflagefläche auf dem Maschinentisch dürfen den *Ra*-Wert von 3,2 µm nicht überschrieten. Bei allen anderen Oberflächen beträgt der maximale Mittenrauwert *Ra* = 12,5 µm.

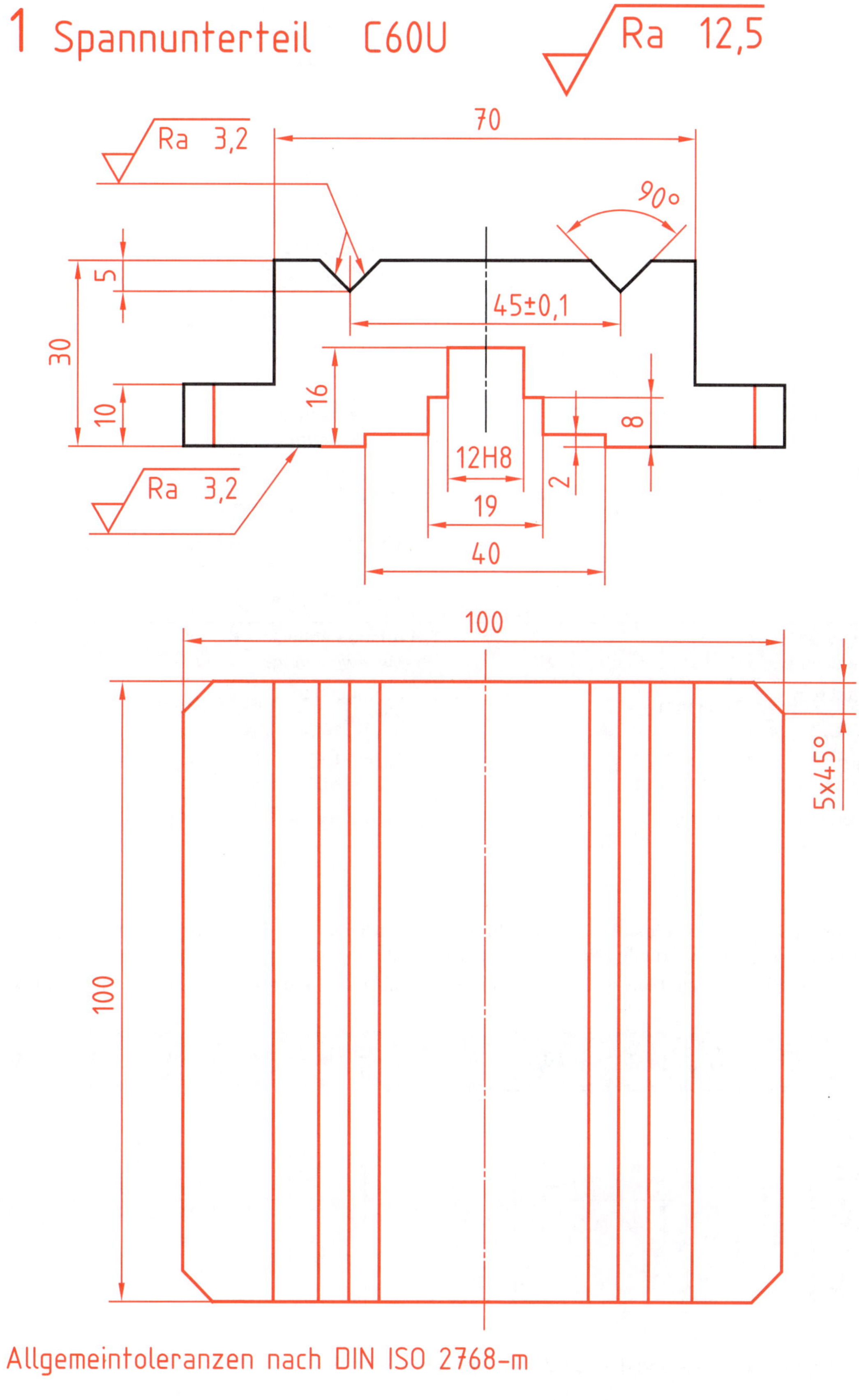

14 Sie haben die Aufgabe, ein Spannunterteil der Spannvorrichtung zu prüfen.

a) Wählen Sie für den jeweiligen Prüfvorgang ein geeignetes Werkzeug aus.

b) Entscheiden Sie, ob das geprüfte Maß innerhalb der Toleranzen liegt und ob Nacharbeit nötig ist.

① Ausgewähltes Messwerkzeug:	Messschieber
Festgestelltes Istmaß:	70,2 mm
Ergebnis:	Das Maß liegt in der Toleranz (± 0,3 mm)

② Ausgewähltes Messwerkzeug:	BMS für Innenmessung
Festgestelltes Istmaß:	11,95 mm
Ergebnis:	Das Maß ist zu klein. Es muss nachgearbeitet werden

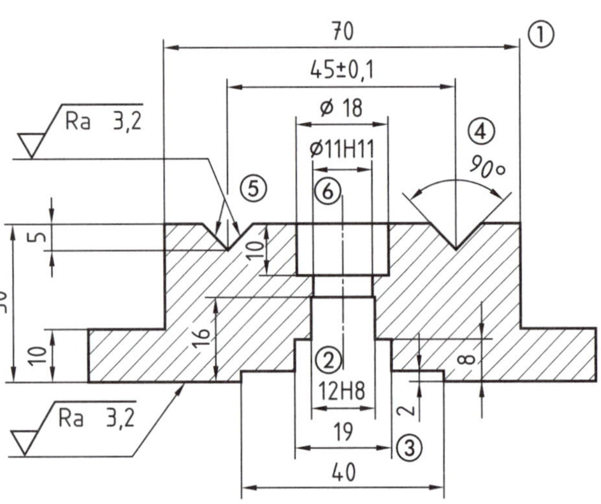

③ Ausgewähltes Messwerkzeug:	Messschieber
Festgestelltes Istmaß:	18,7 mm
Ergebnis:	Das Maß ist zu klein. Es muss nachgearbeitet werden.

④ Ausgewähltes Messwerkzeug:	Universalwinkelmesser
Festgestelltes Istmaß:	90°, 10′
Ergebnis:	Das Maß liegt in der Toleranz (± 0° 20′)

⑥ Ausgewähltes Messwerkzeug:	Innenmessschraube
Festgestelltes Istmaß:	11,03 mm
Ergebnis:	Das Maß liegt in der Toleranz (O ... 110 µm)

⑤ Ausgewähltes Messwerkzeug:	Messschieber
Festgestelltes Istmaß:	9,9 mm
Ergebnis:	Das Maß liegt in der Toleranz (± 0,2 mm)

15 Für das Spannunterteil (Pos. 1) wird ein Prüfprotokoll erstellt. Zur Erfassung der Werkstückabmessungen kommen analoge bzw. digitale Messschieber zum Einsatz.

a) Erstellen Sie zu jedem Maß drei Messreihen und berechnen Sie daraus jeweils den Mittelwert $\bar{x}$.

Messstelle	70	45 ± 0,1	5	30	10	16	8	2	19	40	100	(5 x 45°)
Messreihe 1												
Messreihe 2												
Messreihe 3												
Messreihe $\bar{x}$												

b) Setzen Sie die Tabelle und die Berechnung von $\bar{x}$ mit Excel um.

16 Die Messschieber unterliegen selbst bei richtigem Gebrauch einem nachweisbaren Verschleiß. Dadurch ergeben sich zwangsläufig Abweichungen beim Messen. Die Kontrolle der Messgenauigkeit von Messschiebern ist deshalb in regelmäßigen Abständen durchzuführen.

a) Überprüfen Sie mit der Lichtspaltmethode die Parallelität der Messschenkel ihres Messschiebers!

b) Vergleichen Sie die Größe des Lichtspaltes Ihres Messschiebers mit der Dicke eines Papierblattes!

c) Überprüfen Sie die Anzeigegenauigkeit Ihres Messschiebers mit einem Parallelendmaß 20 mm!

d) Beurteilen Sie Ihren Messschieber bezüglich der festgestellten Parallelität der Messschenkel und der Anzeigegenauigkeit durch die beiden Überprüfungsmethoden!

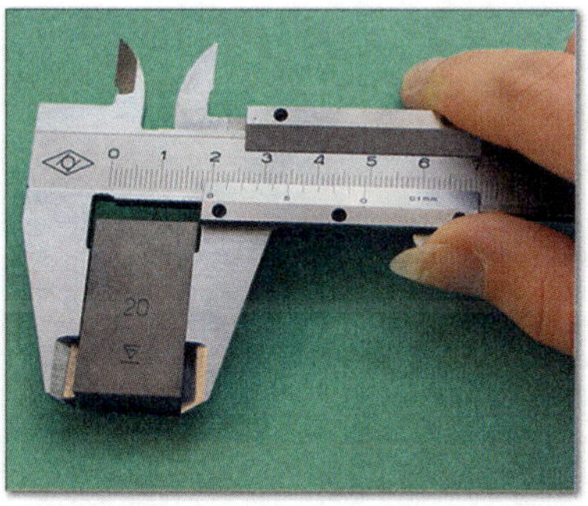

Lichtspalt und Parallelität sind: 2 µm ... 3 µm o.k.

17 Warum beträgt der Abstand vom Nutgrund der 19 mm breiten Nut bis zum Nutgrund der 12 mm breiten Nut 8 mm, obwohl das entsprechende Maß der Mutter (Pos. 7) lediglich 7 mm beträgt?

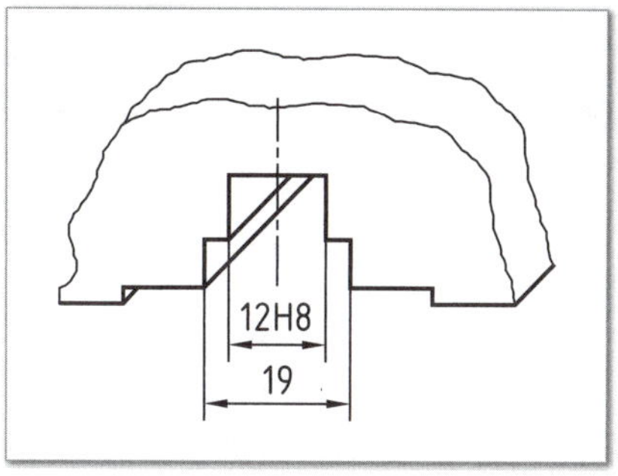

Durch den größeren Abstand wird gewährleistet, dass die Mutter (Pos. 7) am Nutgrund der 19 mm breiten Nut anliegt (größere Auflagefläche).

18 Wie groß sind die Grenzabmaße der

a) 40 mm breiten Nut b) 12H8 mm breiten Nut?

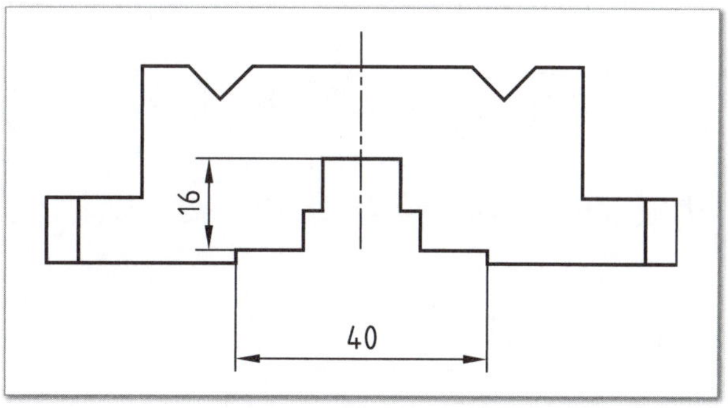

Die Breitentoleranzen betragen für die
40 mm breite Nut: ± 0,3 mm
12H8 mm breite Nut: + 0,027 mm.

19 Welche Prüfmittel verwenden Sie zur Prüfung der

a) Breite der 40 mm breiten Nut

b) Tiefe der Nut 12H8?

Messschieber (Messflächen für Innenmessung) für die Breite der 40 mm brei- Nut. Messschieber (Tiefenmessstange) für die Tiefe der Nut 12H8.

20 Wie fertigen Sie die 5 x 45°-Fasen? Beschreiben Sie dabei, wie Sie das Werkstück spannen.

Der Maschinenschraubstock wird um 45° verdreht. In ihm wird das Werkstück auf Anschlag gespannt. Nach dem Fräsen der 1. Nut wird das Werkstück um 180° gedreht; die 2. Fase wird gefräst. Anschließend wird das Werkstück gewendet; die Fasen 3 und 4 werden entsprechend gefertigt.

21 Nach dem Fräsen sollen Maße und Form des Werkstücks geprüft werden.

a) Wie prüfen Sie den Abstand der Nuten zueinander? Beschreiben und skizzieren Sie Ihren Vorschlag.

In die Nuten werden Messzylinder mit gleichem Durchmesser gelegt. Mit einem Messschieber wird das Maß *x* ermittelt. Der Abstand beträgt $a = x + d$

Skizze:

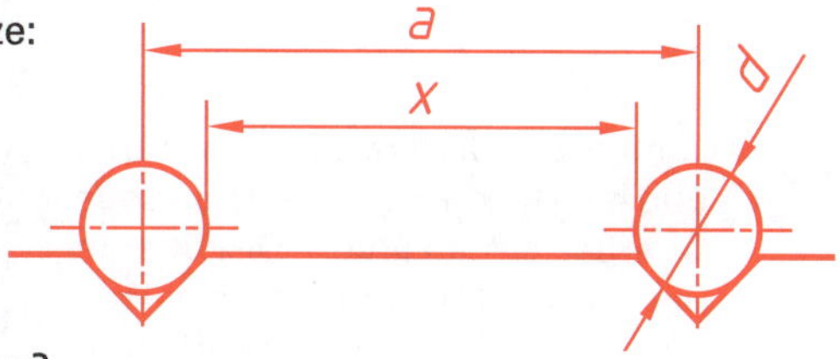

b) Wie kann die Parallelität der Nuten zueinander geprüft werden?

Das in die Skizze eingezeichnete Maß *x* wird an beiden Enden des Spannunterteils geprüft und verglichen.

22 Vervollständigen Sie die nachfolgende Tabelle zum Gegenlauf- und Gleichlauffräsen.

a) Tragen Sie in die Skizzen mit Bewegungspfeilen (⇒) die Schnitt- und Vorschubbewegungen ein.

b) Tragen Sie in die Skizzen mit Kraftpfeilen (→) die auf das Werkstück wirkende Kraft ein.

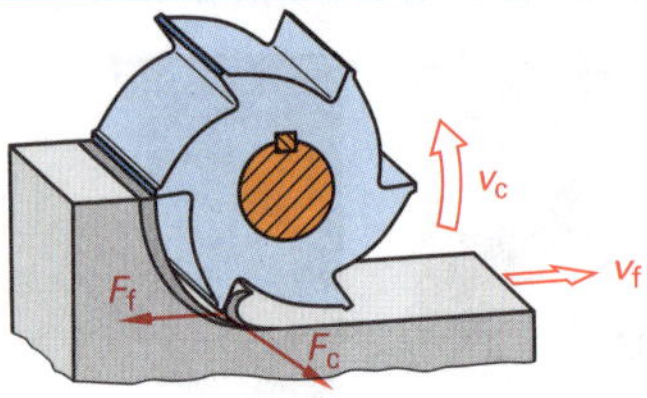

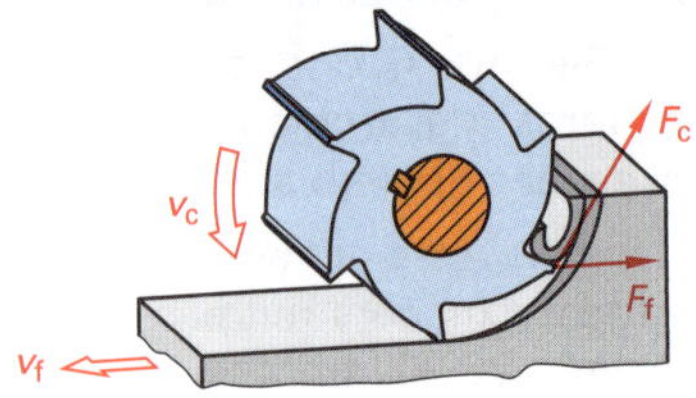

Gleichlauffräsen	Fräsverfahren	Gegenlauffräsen
sehr gute Oberfläche spielfreier Vorschubantrieb nötig	Vor- und Nachteile	gut geeignet für Werkstücke mit harter Randzone hoher Schneidenverschleiß

23 Nach welchen Unterscheidungskriterien werden Fräswerkzeuge eingeteilt.

Fräswerkzeuge werden nach Art und Form ihrer Schneiden und ihrem jeweiligen Einsatzzweck unterschieden.

24 Ordnen Sie den folgenden Fräsarbeiten am Spannunterteil (Pos. 1) die richtigen Fräswerkzeuge zu.

a) Nennen Sie in der Tabelle für die dargestellten Arbeiten geeignete Fräswerkzeuge. Führen Sie die jeweiligen Fräserwerkstoffe (HSS bzw. HM) mit auf.

b) Markieren Sie die Flächen in der jeweiligen Zeichnung in Rot, die durch die Fräswerkzeuge bearbeitet werden können.

Fräswerkzeuge		Fräsarbeit
Prismenfräser aus HSS	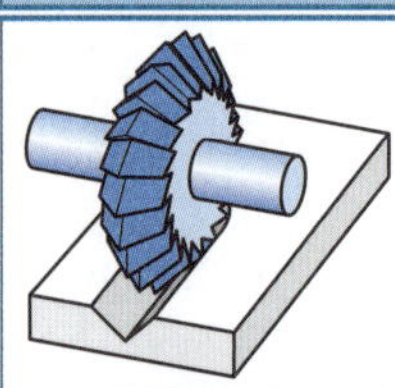	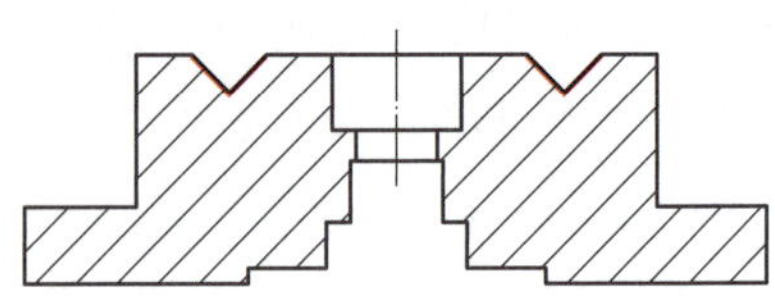
Eckfräskopf, Walzenstirnfräser mit Wendeschneidplatten (HM) oder Walzenstirnfräser aus HSS		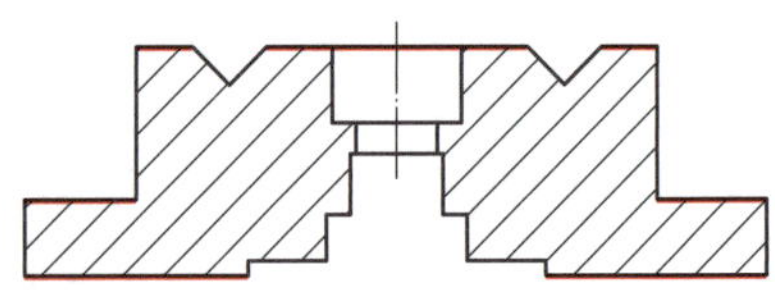
Scheibenfräser, Schlitzfräser aus HSS oder HM		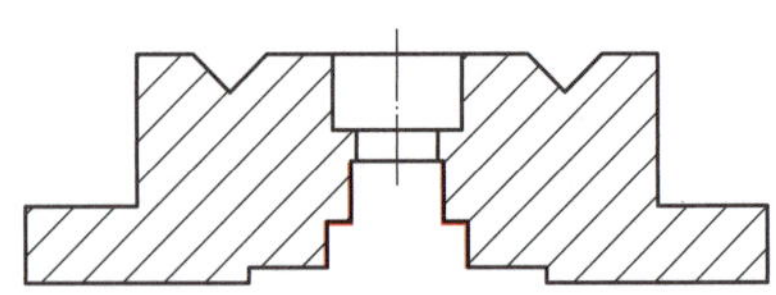

25 Für die drei Bearbeitungsfälle aus Aufgabe 24 sollen die Schnittwerte bestimmt werden.

Führen Sie die Fräsarbeiten durch und beurteilen Sie die entstandene Oberflächenqualität. Diskutieren Sie die qualitativen Unterschiede für verschiedene Schnittwerte und Schneidstoffe.

Werkzeuge	v_c	n	f_z	v_f
Prismenfräser HSS, ø80, 32 Zähne	$24 \frac{m}{min}$	$95 \frac{1}{min}$	0,04 mm	$121 \frac{mm}{min}$
Walzenstirnfräser HM, ø80, 6 Zähne	$210 \frac{m}{min}$	$835 \frac{1}{min}$	0,1 mm	$501 \frac{mm}{min}$
Scheibenfräser HSS, ø100, 16 Zähne	$24 \frac{m}{min}$	$76 \frac{1}{min}$	0,08 mm	$97 \frac{mm}{min}$

26 Das Maß 12H8 am Spannunterteil haben Sie als Arbeitsausschuss eingestuft. Der Kollege an der Fräsmaschine behauptet aber, sein Fertigungsmaß sei in Ordnung.

Zählen Sie Ursachen auf, die zu Abweichungen zwischen Istmaß und Messwert führen können, und sortieren Sie nach:

Ursachen zufälliger Messabweichungen	Ursachen systematischer Messabweichungen
Schmutz auf den Messflächen	Abweichungen der Skala
Grat am Werkstück	Abnutzung der Messflächen
Verkanten der Messflächen	falsch eingestellte Messkraft
Gefühlsratsche wird nicht benutzt	Steigungsfehler des Gewindes

27 Bei der Überprüfung Ihrer Bügelmessschraube mit einem Endmaß 15,000 mm fällt Ihnen folgender Sachverhalt auf: Die Bügelmessschraube zeigt den Messwert 14,98 mm.

Wählen Sie unter den folgenden möglichen Erklärungen diejenigen aus, die unter logischen Gesichtspunkten in Frage kommen. Begründen Sie Ihre Entscheidung.

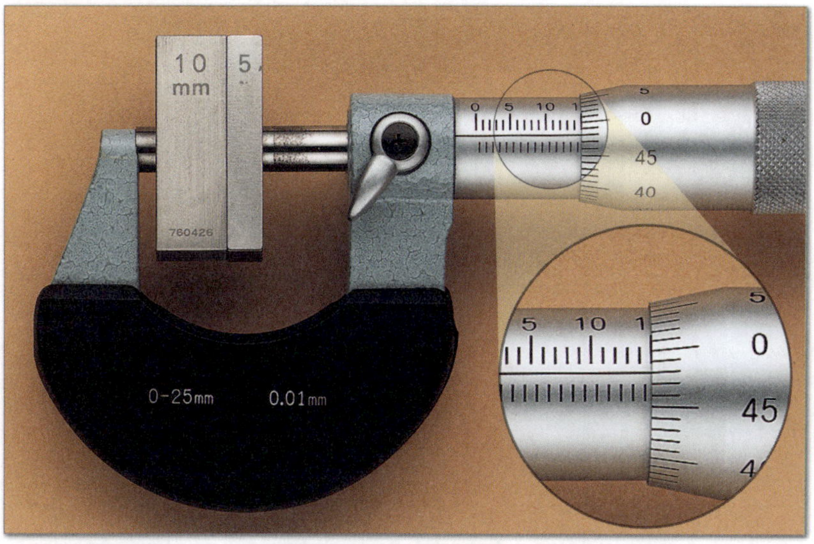

a) Das Endmaß ist zu warm.
~~Möglich~~ / **nicht möglich**, weil das Endmaß bei Erwärmung länger würde → Es müsste sich ein Maß > 15,00 mm ergeben.

b) Der Bügel der Messschraube wurde auseinander gebogen. **Möglich** / ~~nicht möglich~~, weil sich dadurch die Spindel weiter eindrehen lässt → Maß < 15,00 mm.

c) Es befindet sich Schmutz zwischen Endmaß und Messflächen. ~~Möglich~~ / **nicht möglich**, weil dann die Dicke des Schmutzpartikels zur Endmaßlänge hinzukäme → Maß > 15,00 mm.

d) Die Messflächen sind abgenutzt. **Möglich** / ~~nicht möglich~~, weil dadurch das Endmaß in die „Lücke" rutscht → Spindel lässt sich weiter eindrehen → Maß < 15,00 mm.

e) Die Messkraft ist zu gering. ~~Möglich~~ / **nicht möglich**, weil dadurch die Messspindel weniger weit eingedreht wäre → Maß > 15,00 mm.

28 Hatte der Kollege mit seiner Behauptung vielleicht doch Recht ? (s. Aufgabe 26)
Überprüfen Sie, ob das Maß 12H8 aus Aufgabe 14 doch innerhalb der Toleranz liegt, und geben Sie eine entsprechende Begründung:

Die Messschraube zeigt 0,02 mm zu wenig an! Das Maß ② ist demnach 11,93 mm groß und muss nachgearbeitet werden.

29 Wieviel Prozent des Rohvolumens werden bei der Fertigung des Spannunterteils zerspant, wenn das Ausgangsmaterial die Abmessungen 105 x 35 x 105 hat und Bohrungen sowie Fasen nicht berücksichtigt werden?

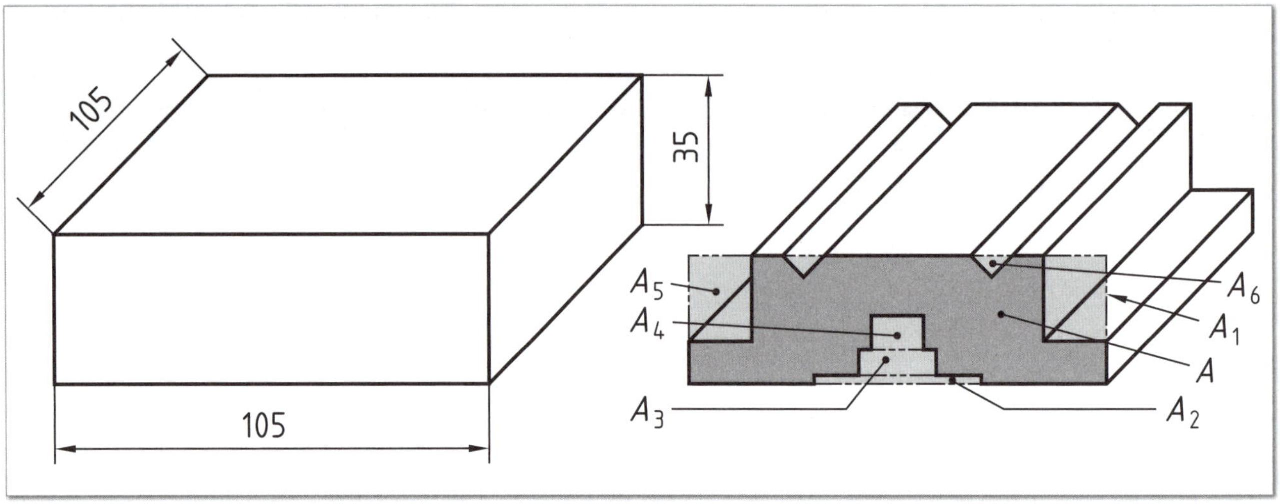

$V_{roh} = b \cdot h \cdot l = 105\text{ mm} \cdot 35\text{ mm} \cdot 105\text{ mm} = 385875\text{ mm}^3 \approx 386\text{ cm}^3$

$A_1 = b \cdot h = 100\text{ mm} \cdot 30\text{ mm} = 3000\text{ mm}^2$

$A_2 = 40\text{ mm} \cdot 2\text{ mm} = 80\text{ mm}^2$

$A_3 = 19\text{ mm} \cdot 6\text{ mm} = 114\text{ mm}^2$

$A_4 = 12\text{ mm} \cdot 8\text{ mm} = 96\text{ mm}^2$

$A_5 = 2 \cdot 15\text{ mm} \cdot 20\text{ mm} = 600\text{ mm}^2$

$A_6 = 2 \cdot \frac{l \cdot b}{2} = 2 \cdot \frac{10\text{ mm} \cdot 5\text{ mm}}{2} = 50\text{ mm}^2$

$A = A_1 - A_2 - A_3 - A_4 - A_5 - A_6$

$A = 3000\text{ mm}^2 - 80\text{ mm}^2 - 114\text{ mm}^2 - 96\text{ mm}^2 - 600\text{ mm}^2 - 50\text{ mm}^2 = 2060\text{ mm}^2$

$V = A \cdot l = 2060\text{ mm}^2 \cdot 100\text{ mm} = 206000\text{ mm}^3 = 206\text{ cm}^3$

Somit wurden zerspant $100\,\% - \frac{100\,\% \cdot 206\text{ cm}^3}{386\text{ cm}^3} \approx 47\,\%$

30 Berechnen Sie die Masse des Spannunterteils.

$m = V \cdot \varrho = 206\text{ cm}^3 \cdot 7{,}85\text{ g/cm}^3 = 1617{,}1\text{ g} \approx 1{,}6\text{ kg}$

31 Um Kosten zu senken muss u. a. mit dem Werkstoff sparsam umgegangen werden. Schlagen Sie Einsparungsmöglichkeiten vor.

- Die Bohrungen zur Aufnahme der Druckfedern (Pos. 6) könnten weniger tief sein. Dadurch wäre eine geringere Bauteilhöhe möglich.
- Die seitlichen Laschen zum Spannen mit Pratzen könnten entfallen; dafür müssten seitliche Nuten, in die anders geformte Pratzen eingreifen könnten, angebracht werden.

32 Zeichnen Sie das Spannoberteil (Pos. 2) in Vorderansicht und Seitenansicht (ohne Bohrungen) im Maßstab 1:1 und bemaßen sie normgerecht.

Form und Lage der Nuten zum Spannen der Werkstücke sind gleich wie die Nutabmessungen im Spannunterteil (Pos. 1). Die Auflageflächen für die zu spannenden Werkstücke dürfen einen *Ra*-Wert von 2,3 µm nicht überschreiten. Bei allen anderen Flächen beträgt der maximale *Ra*-Wert 12,5 µm. Allgemeintoleranzen nach DIN ISO 2768-m.

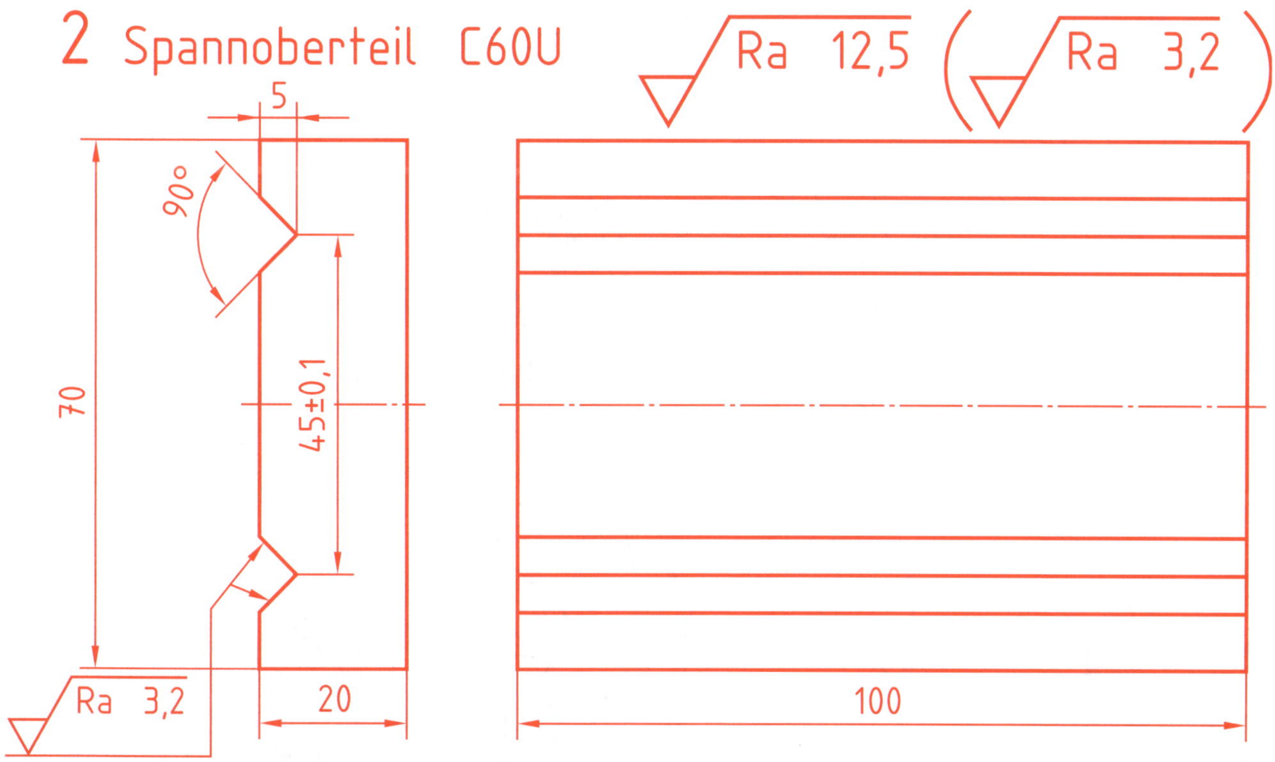

Allgemeintoleranzen nach DIN ISO 2768-m

33 In der Spannvorrichtung sollen runde Werkstücke gespannt werden. Die Werkstück-Durchmesser sind nach DIN ISO 2768-m gefertigt.

a) Wie groß müssen die Werkstückdurchmesser mindestens sein, damit sie in der vorliegenden Spannvorrichtung gespannt werden können? Ermitteln Sie zeichnerisch (Maßstab 10:1) den in der Vorrichtung spannbaren Mindest-Durchmesser.

Es können Durchmesser ab 8 mm gespannt werden.

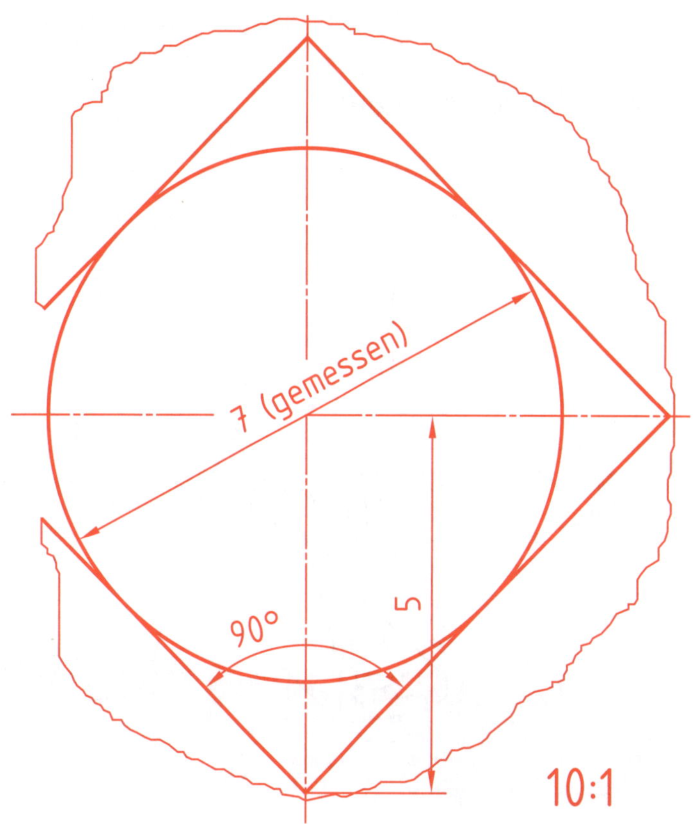

b) Ermitteln Sie rechnerisch den Werkstück-Mindestdurchmesser, der noch in der Vorrichtung gespannt werden kann. (Annahme: die von Ihnen in obiger Zeichnung eingetragenen Maße sind Istmaße).

$$e^2 = d^2 + d^2;\ d = \sqrt{\frac{e^2}{2}}$$

$$d = \sqrt{\frac{(10\,mm)^2}{2}} = 7{,}07\,mm$$

34 Fassen Sie die Arbeitsergebnisse zusammen und dokumentieren Sie diese in einem Umdruck und/oder einem Plakat z. B. zu den Fräserarten und Fräsverfahren bzw. präsentieren Sie die Ergebnisse elektronisch mit Powerpoint oder in PDF-Form.

Dimetrische Projektion

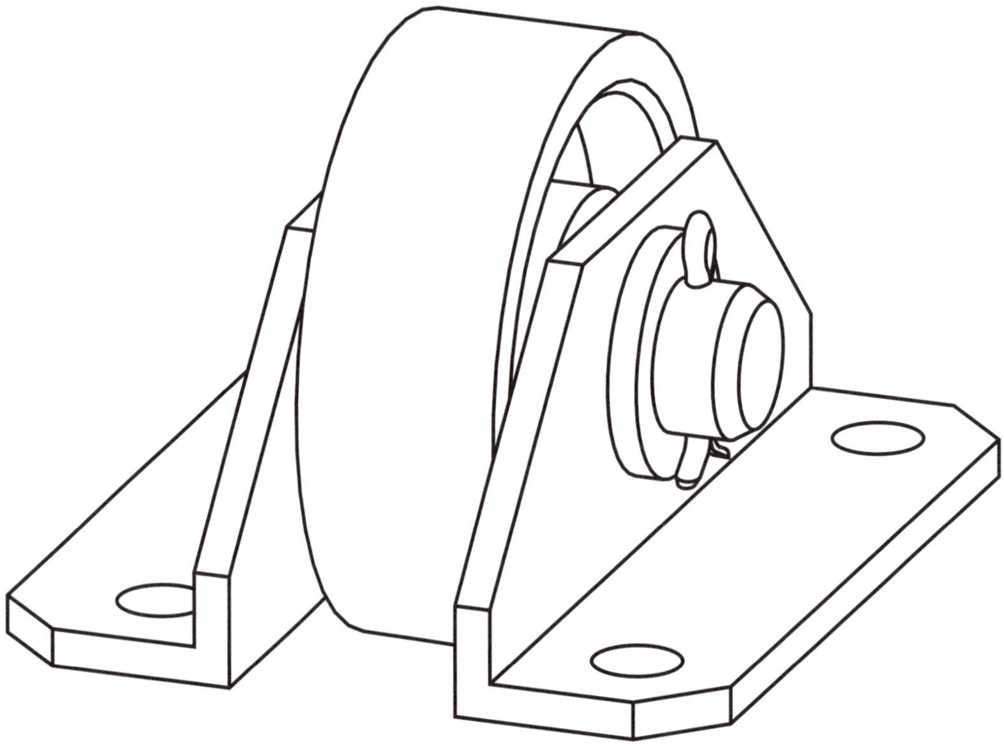

Explosionsdarstellung

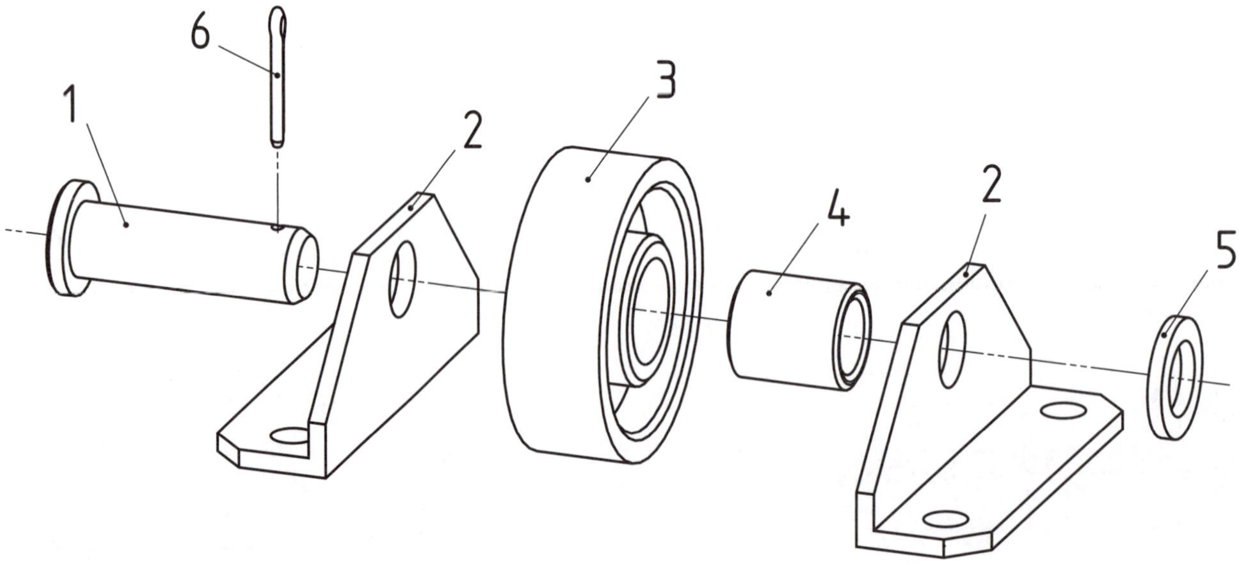

Gesamtzeichnung

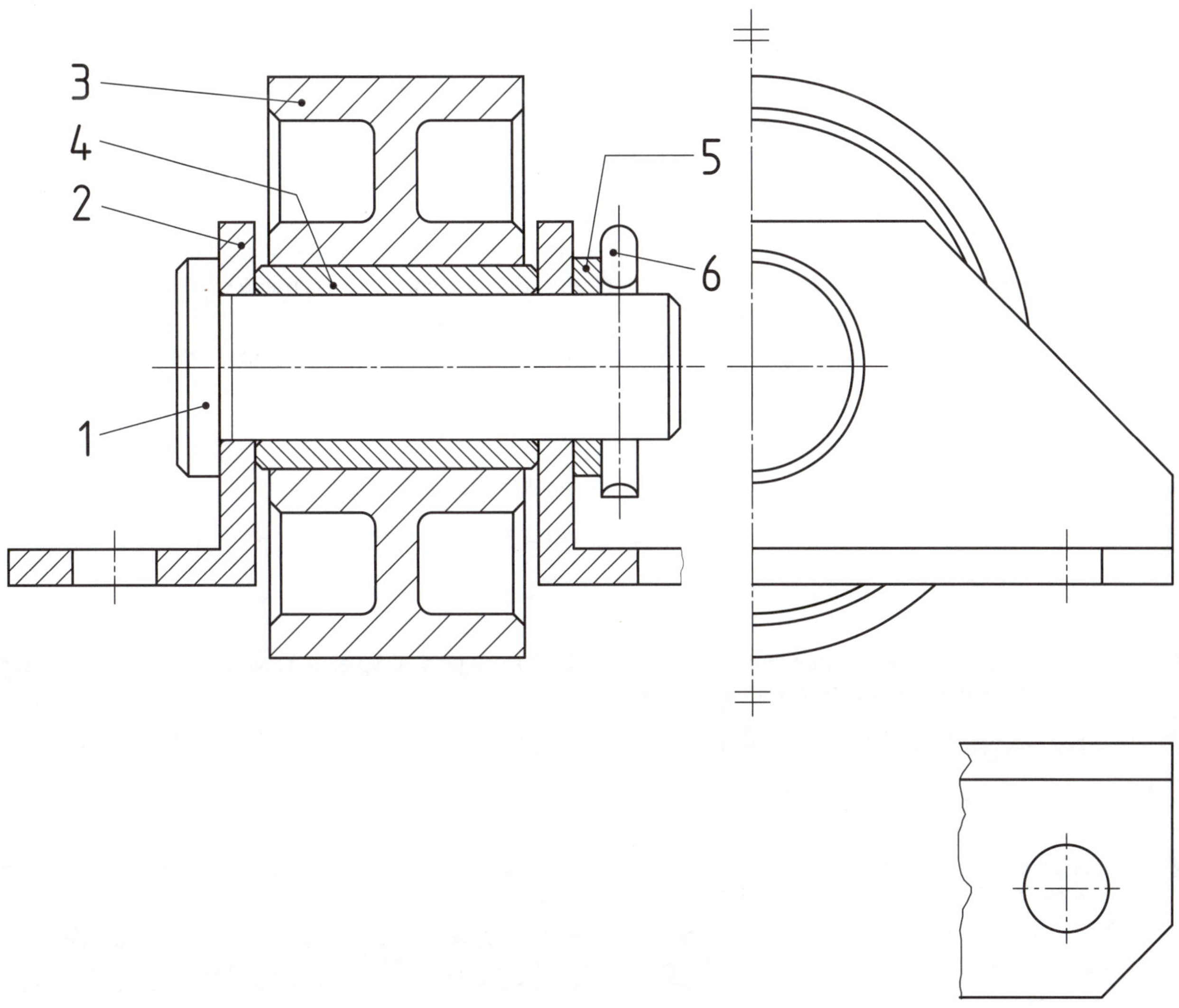

Pos.-Nr.	Menge/ Einheit	Benennung	Werkstoff/Norm-Kurzbezeichnung	Bemerkung
1	1	Bundbolzen	C45E	Splintloch bei Montage gebohrt
2	2	Winkel	S275JR	Halbzeug LS 50x5 DIN 1022
3	1	Rolle	EN-GJL-150	
4	1	Buchse	CuZn40Pb2	in Rolle eingepresst
5	1	Scheibe	ISO 8738-20-160HV	
6	1	Splint	DIN EN ISO 1234-5x32-St	

Projektbeschreibung

Als Bestandteil einer Transporteinrichtung für großflächige Werkstücke sind Rollenlagerungen herzustellen. Die Rollenlagerung wird jeweils auf einer zweiteiligen, geneigten Unterlage mit vier Schrauben befestigt.

Projektaufgaben

In der Vorbereitung des Fertigungsauftrages sind die vorhandenen Arbeitsunterlagen auszuwerten, Planungsschritte durchzuführen und weitere Fertigungsunterlagen zu erstellen.

1 Vervollständigen Sie normgerecht die Eintragungen im Stücklistenvordruck Seite 57. Die Werkstoffe sind mit ihrem Kurznamen (Bezeichnung) einzutragen, die Normteile mit ihrer normgerechten Kurzbezeichnung.

Folgende Informationen sind bekannt:

- Bundbolzen aus Stahl mit Werkstoffnummer 1.1191; Eintrag in Spalte Bemerkung: Splintloch bei Montage gebohrt.
- Splint nach DIN EN ISO 1234 mit 5 mm Durchmesser und einer Länge von 32 mm aus Stahl.
- Winkel aus Stahl mit Werkstoffnummer 1.0044; Eintrag in Spalte Bemerkung: Halbzeug LS50x5 DIN 1022.
- Rolle aus Gusseisen mit Lamellengraphit mit Werkstoffnummer EN-JL1040.
- Buchse aus Kupfer-Zink-Blei-Legierung mit Werkstoffnummer CW617N; Eintrag in Spalte Bemerkung: In Rolle eingepresst.
- Scheibe nach DIN EN 28738 mit d_1 = Bolzendurchmesser Pos. 1; Härteklasse 160HV

2 Warum ist die Buchse (Pos. 4) aus einer Kupfer-Zink-Blei-Legierung gefertigt?

Der Werkstoff CuZn40Pb2 hat bessere Gleiteigenschaften als Stahl oder Gusseisen und ist gut zerspanbar.

3 Warum muss zwischen dem Bundbolzen (Pos. 1) und der Buchse (Pos. 4) Spiel und zwischen der Buchse (Pos. 4) und der Rolle (Pos. 3) Übermaß vorhanden sein?

Pos. 4 muss sich auf Pos. 1 leicht bewegen lassen, in Pos. 3 jedoch festsitzen. Pos. 3 und 4 drehen sich gemeinsam auf dem Bolzen Pos. 1

4 Ergänzen Sie die Tabelle mit den Werten für die Dichte bzw. dem Gewicht je Meter und berechnen Sie das Gewicht des Rohmaterials (Vollmaterial) für die Pos. 1 und 4.

Pos. 1 Bundbolzen Rd40 x 90 mm
Pos. 2 Winkel (2x) L50 x 5 x 130 mm
Pos. 3 Rolle Rd100 x 50 mm
Pos. 4 Buchse Rd40 x 50 mm

Pos.-Nr.	Formelzeichen	Tabellenwert	Pos.-Nr.	Formelzeichen	Tabellenwert
1	ϱ	7,85 kg/dm³	3	ϱ	7,25 kg/dm³
2	m	3,73 kg/m	4	ϱ	8,55 kg/dm³

$$m_1 = V \cdot \varrho = \frac{(0{,}4\ \text{dm})^2 \cdot \pi \cdot 0{,}9\ \text{dm}}{4} \cdot 7{,}85\ \frac{\text{kg}}{\text{dm}^3} = 0{,}888\ \text{kg}$$

$$m_2 = l \cdot m = 2 \cdot 0{,}13\ \text{m} \cdot 3{,}73\ \text{kg/m} = 0{,}970\ \text{kg}$$

$$m_3 = V \cdot \varrho = \frac{(1{,}0\ \text{dm})^2 \cdot \pi \cdot 0{,}5\ \text{dm}}{4} \cdot 7{,}25\ \frac{\text{kg}}{\text{dm}^3} = 2{,}847\ \text{kg}$$

$$m_4 = V \cdot \varrho = \frac{(0{,}4\ \text{dm})^2 \cdot \pi \cdot 0{,}5\ \text{dm}}{4} \cdot 8{,}55\ \frac{\text{kg}}{\text{dm}^3} = 0{,}537\ \text{kg}$$

$$m_{ges} = 0{,}888\ \text{kg} + 0{,}970\ \text{kg} + 2{,}847\ \text{kg} + 0{,}537\ \text{kg} = 5{,}242\ \text{kg}$$

5 Bei der Rollenlagerung sind verschiedene Passungen zu fertigen, um die Funktion der Baugruppe zu gewährleisten.

a) Kennzeichnen Sie die Stellen in der Explosionsdarstellung farbig, die als Passungen ausgeführt sein müssen.

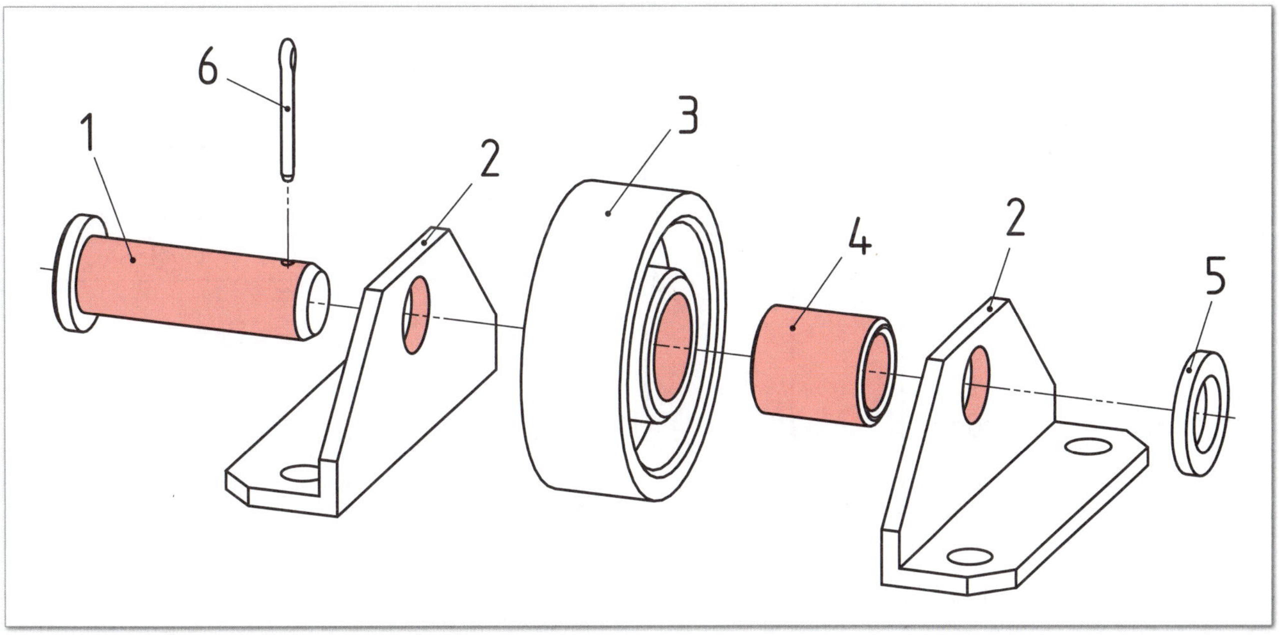

b) Beschreiben Sie, welche Merkmale die Passungen in den folgenden zwei Beispielen aufweisen müssen, um die Funktion der Vorrichtung zu gewährleisten.

c) Welche Passungen kommen zur Anwendung?

Passung zwischen	Merkmale	Passungsart
den Teilen 1 und 4	Die Buchse (Pos. 4) soll sich auf dem Bundbolzen (Pos. 1) mit wenig Spiel drehen lassen.	Spielpassung
den Teilen 3 und 4	Die Rolle (Pos. 3) und die Buchse (Pos. 4) müssen fest miteinander verbunden sein.	Übermaßpassung

d) Wählen Sie jeweils eine geeignete Passung aus dem ISO-Passungssystem für die beiden Beispiele aus und geben Sie die dazugehörigen Werte an.

Kurzzeichen	G_{uW}	G_{oW}	G_{uB}	G_{oB}	$P_ü / P_s$
Bedeutung / Passung	Mindestmaß der Welle	Höchstmaß der Welle	Mindestmaß der Bohrung	Höchstmaß der Bohrung	Spiel oder Übermaß
20H8/h9	19,948	20,000	20,000	20,033	P_{SM} = 0 µm; P_{SH} = 85 µm;
20H7/r6	28,028	28,041	28,000	28,021	$P_{ÜH}$ = – 41 µm; $P_{ÜM}$ = – 7 µm;

6 Welchen Vorteil bietet das Passungssystem Einheitsbohrung?

Weniger Einsatz von Reibwerkzeugen; einfache Qualitätskontrolle durch den Einsatz von Lehren möglich; Wellen sind einfacher „anzupassen" als Bohrungen.

6 Für die Nennmaße mit Toleranzklassen ø20H8, ø20h9, ø28H7 und ø28r6 sind Toleranzfelder zeichnerisch dargestellt.

Prüfen Sie die Darstellungen und berichtigen Sie mit Rotstift falsche Eintragungen. Stellen Sie mögliche Fehlerursachen fest und protokollieren Sie diese.

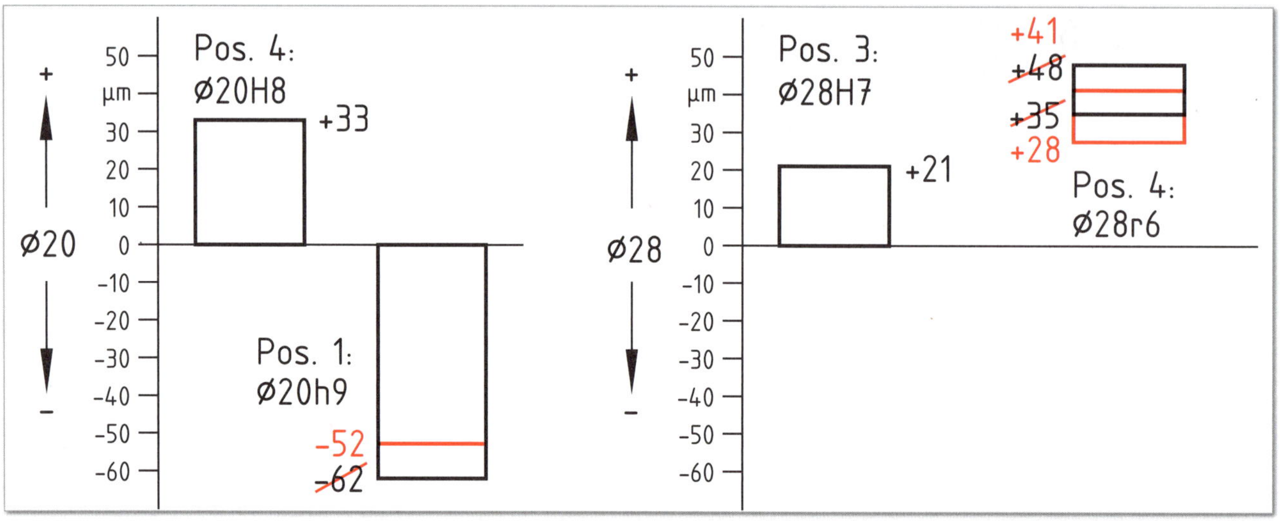

Die Darstellung für ø20H8 und ø28H7 sind richtig.

Bei ø20h9 gehört das untere Grenzabmaß zum Nennmaßbereich 30 bis 50 mm.

Bei ø28r6 wurden die Abmaße der Toleranzklasse s6 eintragen.

7 Sind für Passmaße (Nennmaße mit Toleranzklasse) keine Grenzlehren vorhanden, dann können zum Prüfen Messschrauben eingesetzt werden.

Berechnen Sie hierzu die Grenzabmaße in Millimeter und tragen Sie diese in den Bildern normgerecht nach DIN 406 Teil 12 in Klammern ein.

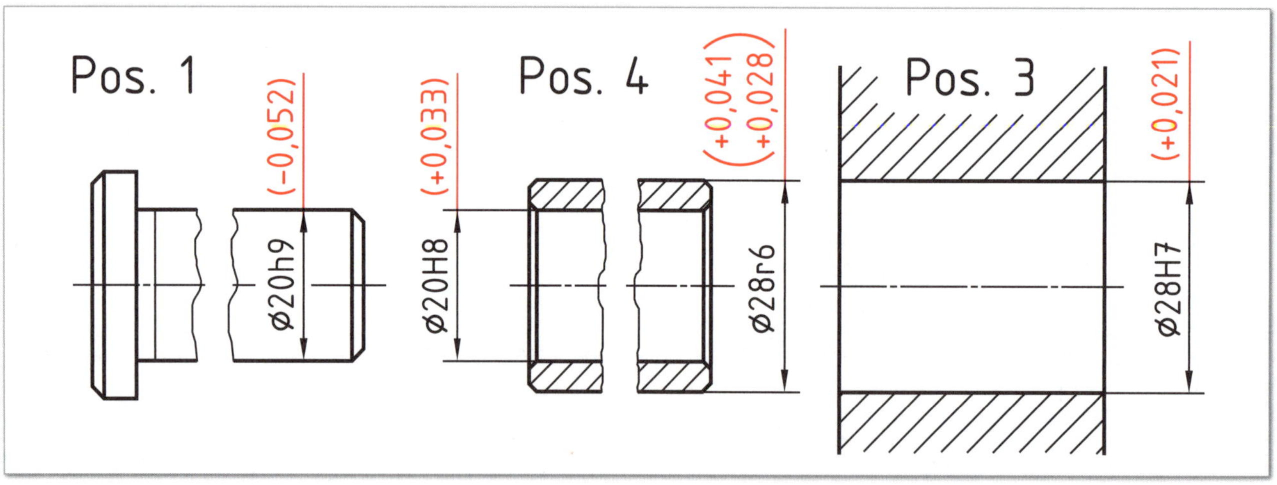

8 Beim Bundbolzen (Pos. 1) ist am Übergang vom Durchmesser 20 zum Bund ein Freistich DIN 509, Form E.

Zur NC-Programmierung ist anstelle der Tiefe t_1 der mittlere Durchmesser des Freistichs erforderlich. Bestimmen Sie den Mindestdurchmesser d_{min}, den Höchstdurchmesser d_{max} und den Mittelwert d_m des Freistich-Durchmessers.

$$d_{min} = d - 2 \cdot t_{1max} = 20\ \text{mm} - 2 \cdot 0{,}4\ \text{mm} = 19{,}2\ \text{mm}$$

$$d_{max} = d - 2 \cdot t_{1min} = 20\ \text{mm} - 2 \cdot 0{,}3\ \text{mm} = 19{,}4\ \text{mm}$$

$$d_m = \frac{d_{max} + d_{min}}{2} = \frac{19{,}4\ \text{mm} + 19{,}2\ \text{mm}}{2} = 19{,}3\ \text{mm}$$

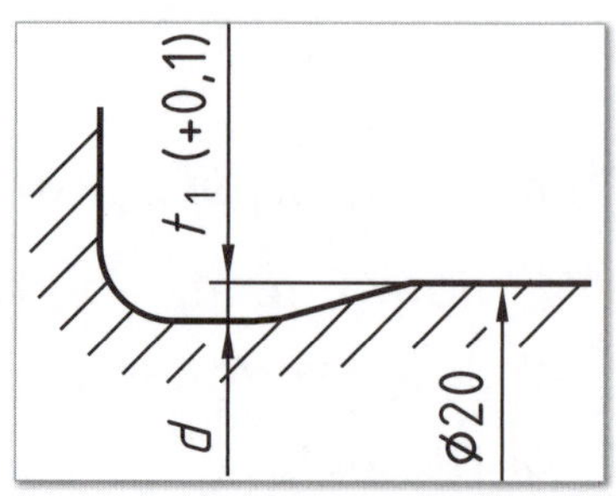

9 Um die Maße ø20H7 bzw. ø28r6 der Buchse (Pos. 4) zu prüfen, reicht die Messgenauigkeit von Messschiebern nicht mehr aus. Bei der Überprüfung dieser Passmaße müssen Prüfmittel herangezogen werden, die eine Maßkontrolle im Bereich von Millimetern (0,01 mm) zulassen. Hierzu zählen Messgeräte, wie z. B. die Bügelmessschraube, oder auch Maßlehren, wie z. B. ein Grenzlehrdorn bzw. eine Grenzrachenlehre.

Welches Prinzip liegt der Funktionsweise der Messschrauben zu Grunde?

Die Steigung des Gewindes ist die Grundlage für die Maßverkörperung.
Messgegenstand und Maßverkörperung liegen hintereinander!

10 Ordnen Sie den Zahlen die entsprechenden Begriffe zu:

① Messflächen
② Messspindel
③ Messtrommel
④ Klemmhebel
⑤ Gefühlsratsche
⑥ Stahlbügel
⑦ Wärmedämmplatten

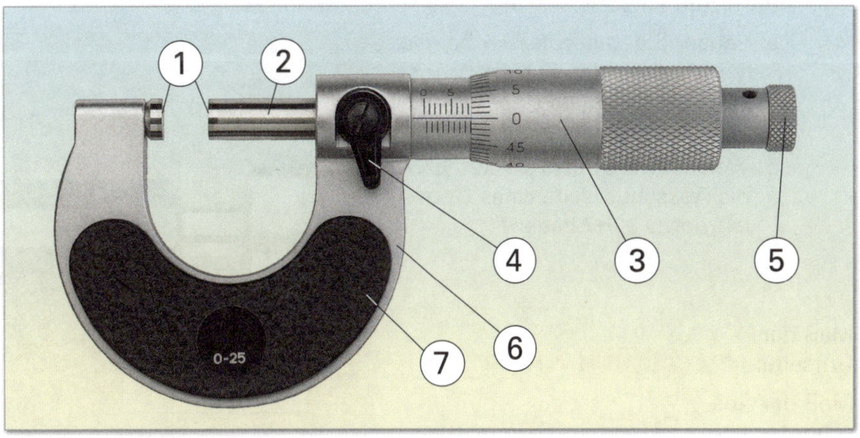

11 Erklären Sie den praktischen Nutzen der Gefühlsratsche an Messschrauben.

Die Rutschkupplung der Gefühlsratsche stellt sicher, dass die Messkraft immer gleich groß ist.

12 Erklären Sie, wie die Ablesung einer Messschraube mit der Steigung $P = 0{,}5$ mm erfolgt.

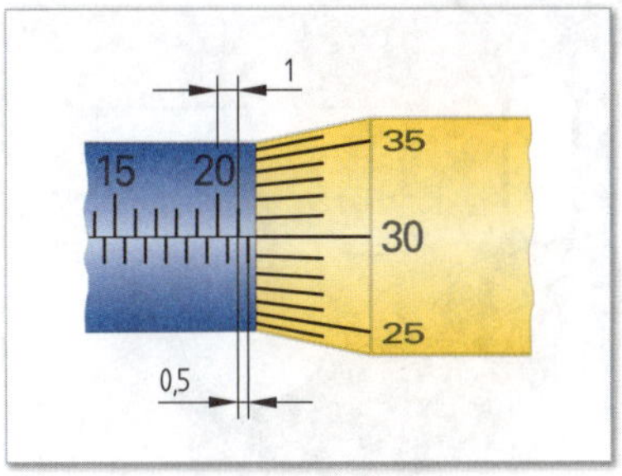

1. Bestimmung der ganzen mm: 21 mm
2. Ist der nächste $\frac{1}{2}$ mm überschritten: + 0,5 mm
3. Bestimmung der $\frac{1}{100}$ mm: + 0,30 mm

Summe (Messwert) = 21,80 mm

13 Tragen Sie die Messergebnisse unter der entsprechenden Abbildung ein:

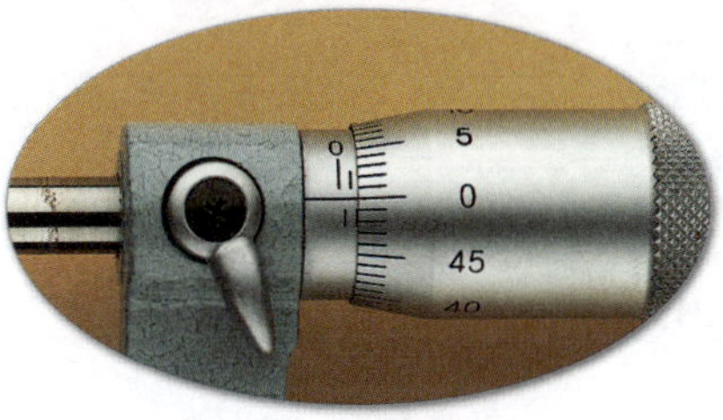

Ergebnis: 1,50 mm

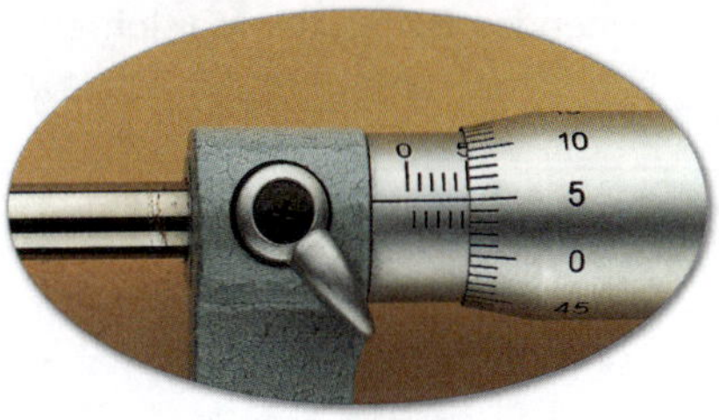

Ergebnis: 5,05 mm

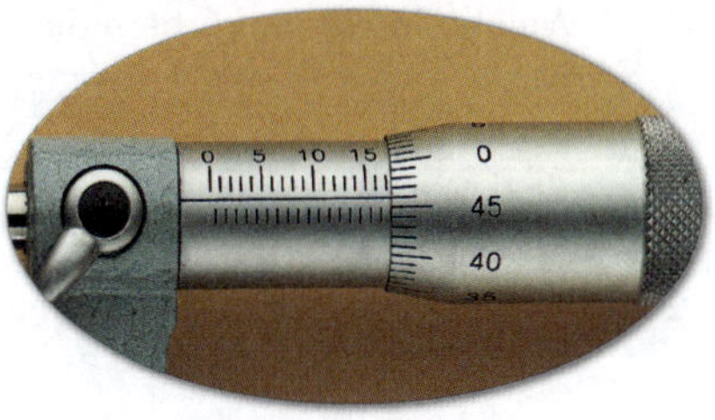

Ergebnis: 17,46 mm

14 Verwenden Sie für die folgende Übung eine Bügelmessschraube für Messbereich von 0 - 25 mm.
Messen Sie folgende Gegenstände und notieren Sie sich das Istmaß in µm und in mm.

Gegenstand	Maß in µm	Maß in mm	Gegenstand	Maß in µm	Maß in mm
ø eines Haares	50	0,05	Alufolie (Dicke)	20	0,02
Endmaß 10 mm	10000	10,00	eig. Beispiel		

15 Ziehen Sie mit einem breiten Filzstift eine Linie auf die Alufolie und wiederholen Sie die Dickenmessung!

Ergebnis: $\approx \frac{1}{100}$ mm mehr als vorher

Sie haben jetzt ein wenig das Gefühl dafür bekommen, was es bedeutet, auf ein hundertstel oder gar auf wenige tausendstel Millimeter genau zu arbeiten.

16 Wenn in einer Serienfertigung Bohrungen auf Maßhaltigkeit geprüft werden müssen, kommt der Grenzlehrdorn zum Einsatz.

a) Heben Sie mit roter Farbe die Kennzeichen der Gut- bzw. Ausschussseite im Bild hervor und benennen Sie die jeweilige Seite.

b) Welches Maß muss die Gut- bzw. die Ausschussseite eines Grenzlehrdorns 30H7 haben?

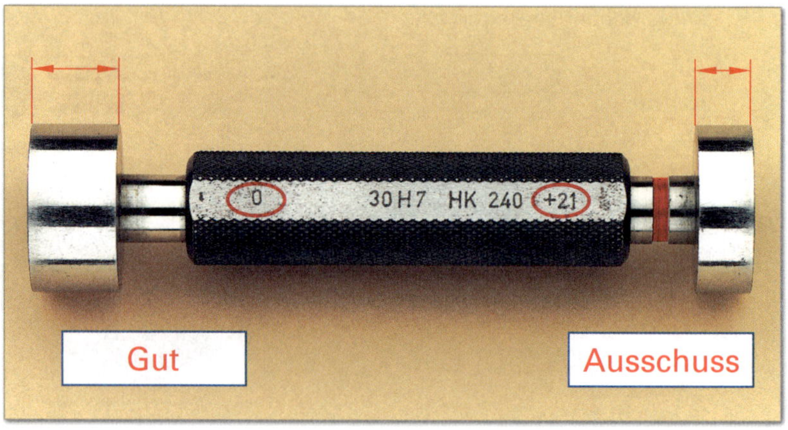

Maß der Gutseite: 30,000 mm

Maß der Ausschussseite: 30,021 mm

17 Wenn in Serie Drehteile auf Maßhaltigkeit geprüft werden müssen, findet man Grenzrachenlehren vor.

a) Heben Sie auch hier die Unterscheidungsmerkmale von Gut- bzw. Ausschussseite mit roter Farbe hervor und benennen Sie die Seiten.

b) Welches Maß muss die Gut- bzw. die Ausschussseite einer Grenzrachenlehre 24f7 haben?

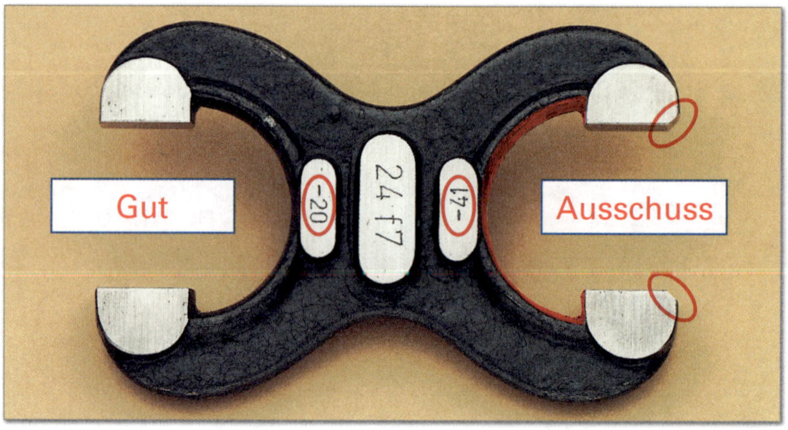

Maß der Gutseite: 23,980 mm

Maß der Ausschussseite: 23,959 mm

18 Welche Maße verkörpern die entsprechenden Seiten der Maßlehren.

Lehre	Gutseite	Ausschussseite
Grenzlehrdorn	Mindestmaß der Bohrung	Höchstmaß der Bohrung
Grenzrachenlehre	Höchstmaß der Welle	Mindestmaß der Welle

19 Vervollständigen Sie folgende Tabelle:

Zu prüfen:	Gutseite	Ausschussseite	Prüfergebnis
Bohrung	„passt“	„passt nicht“	Gut
Bohrung	„passt nicht“	„passt nicht“	zu klein → Nacharbeit
Welle	„passt“	„passt“	zu klein → Ausschuss
Welle	„passt“	„schnäbelt an“	Gut

20 Fertigen Sie eine Skizze des Bundbolzens (Pos. 1) ungefähr im Maßstab 1:1 an.

Werkstückform: Die Werkstückform und die Maße können der Gesamtzeichnung entnommen werden und müssen auf die übrigen Bauteile abgestimmt sein. Der Eintrag der Maße und Fertigungsangaben ist normgerecht vorzunehmen. Am Übergang zum Bund befindet sich ein Freistich DIN 509 der Form E; er soll sinnbildlich eingetragen werden. Das Splintloch ist ohne Lagermaß einzuzeichnen und mit der Bemerkung „Durchmesser 5 bei Montage gebohrt" zu versehen. Die Fasen sind 1,6 x 45°.

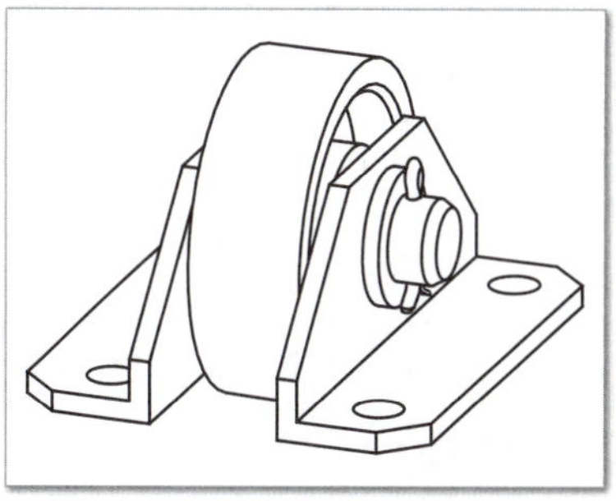

Toleranzen: Der Durchmesser 20 hat die Toleranzklasse h9. Die Grenzabmaße für ø20h9 sind in der Tabelle einzutragen. Maße ohne Toleranzangaben sind mit Toleranzklasse mittel nach DIN ISO 2768 auszuführen.

Oberflächen: Alle Oberflächen sind spanend gefertigt. Der *Ra*-Höchstwert für den Durchmesser 20 ist 3,2 µm, für alle übrigen Flächen ist ein einheitlicher *Ra*-Höchstwert selbst zu bestimmen.

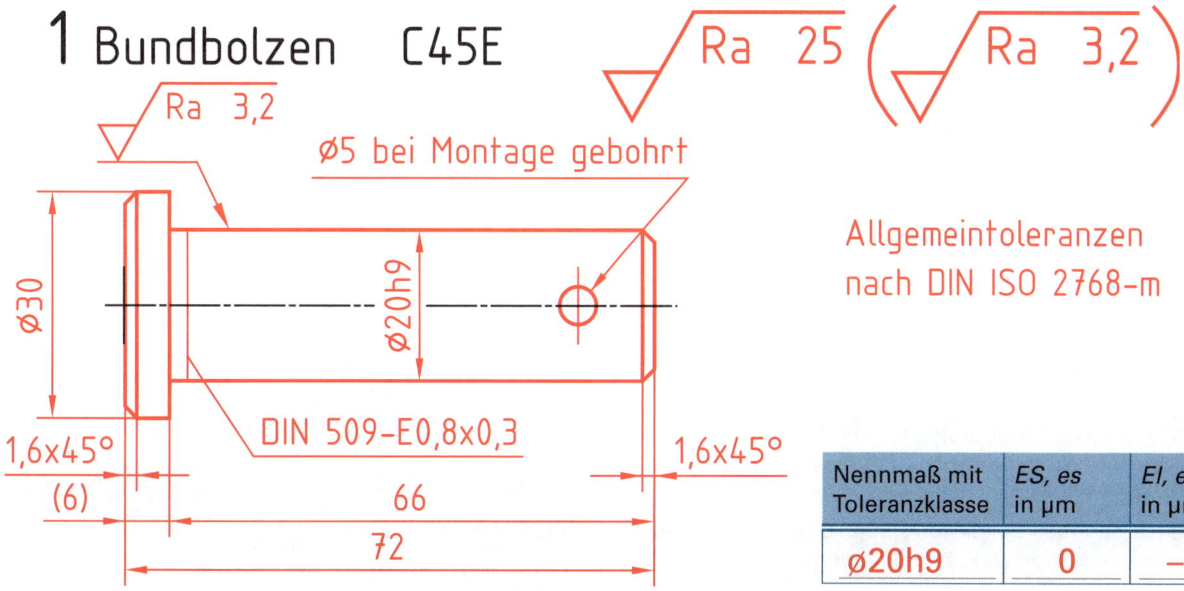

Nennmaß mit Toleranzklasse	*ES, es* in µm	*EI, ei* in µm
ø20h9	0	– 52

21 Fertigen Sie eine Skizze der Buchse (Pos. 4) ungefähr im Maßstab 1:1 an.

Werkstückform: Die Werkstückform und die Maße können der Gesamtzeichnung entnommen werden und müssen auf die übrigen Bauteile abgestimmt sein. Der Eintrag der Maße und Fertigungsangaben ist normgerecht vorzunehmen. Die Fasen sind 1 x 45°.

Toleranzen: Der Außendurchmesser hat die Toleranzklasse r6, der Innendurchmesser die Toleranzklasse H8. Die Grenzabmaße für die beiden Nennmaße mit Toleranzklasse sind in der Tabelle einzutragen. Maße ohne Toleranzangaben sind mit Toleranzklasse mittel nach DIN ISO 2768 auszuführen.

Oberflächen: Alle Oberflächen sind spanend mit einem *Ra*-Höchstwert von 3,2 µm gefertigt.

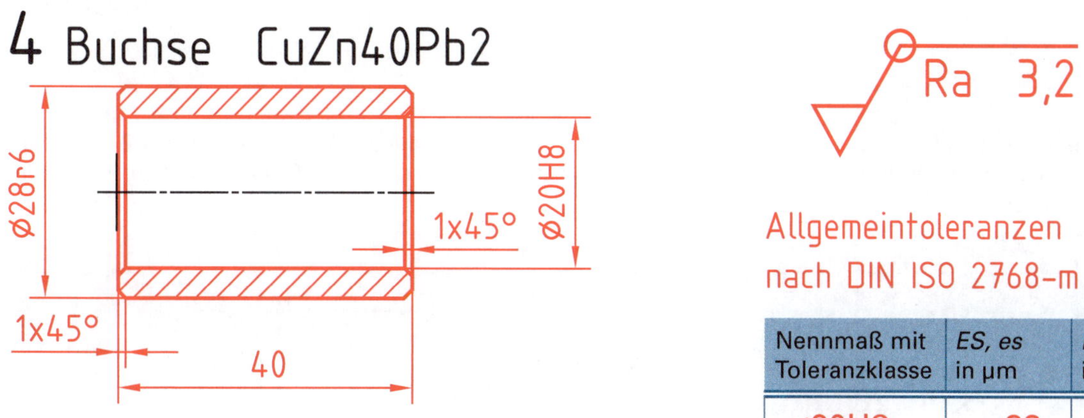

Nennmaß mit Toleranzklasse	*ES, es* in µm	*EI, ei* in µm
ø20H8	+ 33	0
ø20r6	+ 41	+ 28

22 Bei der Herstellung der Buchse (Pos. 4) für die Rollenlagerung muss der Außendurchmesser mit dem Passmaß 28r6 gefertigt werden. Außerdem ist eine hohe Oberflächengüte (Ra = 3,2 µm) gefordert. Ein mit dieser Aufgabe betrauter Auszubildender ließ die Drehmaschine beim letzten Arbeitsgang mit einer Drehzahl von $n = 500\ \text{min}^{-1}$ arbeiten. Die Oberfläche war danach von schlechter Qualität.

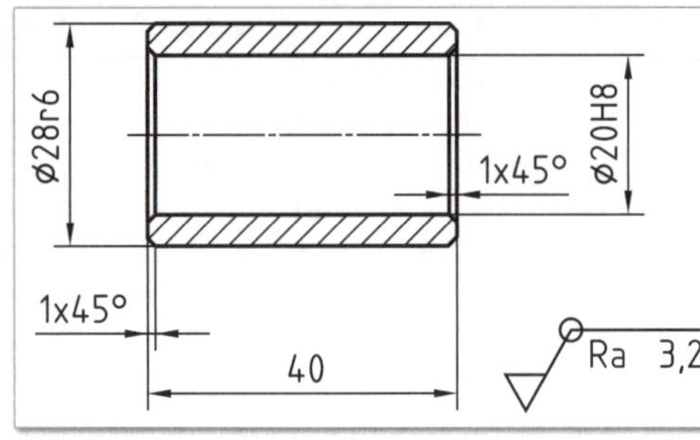

a) Welche Größen lassen sich an einer Drehmaschine einstellen, um Einfluss auf das Arbeitsergebnis zu nehmen?

Drehzahl (n)
Vorschub (f)
Schnitttiefe (a)

b) Verdeutlichen Sie diese Einstellmöglichkeiten durch Eintragen von Pfeilen in der nebenstehenden Zeichnung.

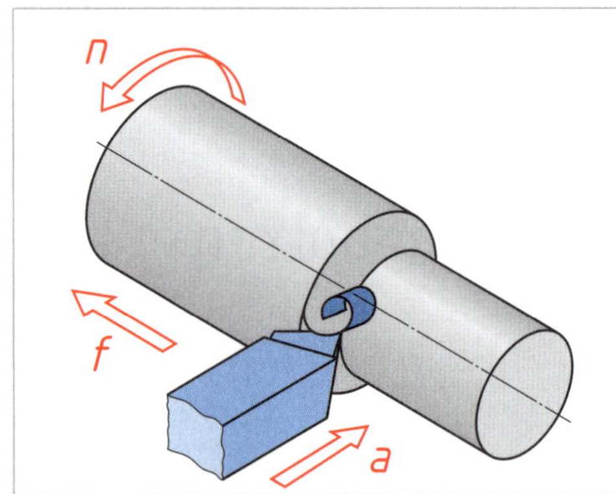

23 Nebenstehend ist ein Diagramm abgebildet, welches den Einfluss der Schnittgeschwindigkeit auf die Oberflächengüte beim Zerspanungsprozess wiedergibt.

a) Formulieren Sie diesen Zusammenhang zwischen der Schnittgeschwindigkeit und der Oberflächenqualität in einem kurzen Merksatz.

Mit zunehmender Schnittgeschwindigkeit wird die Oberflächenqualität besser!

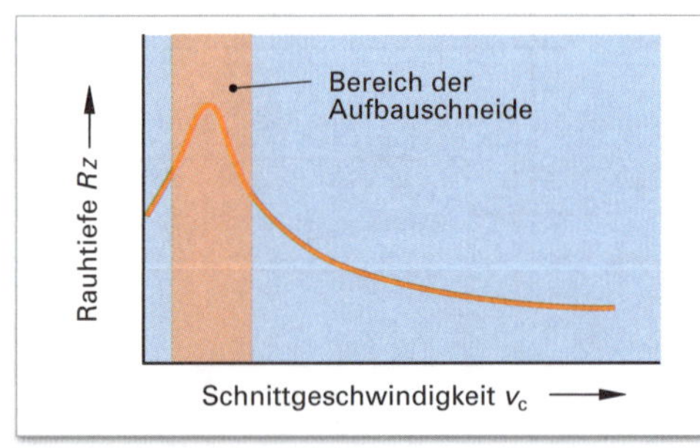

24 Wie hätte der Auszubildende die Einflussgrößen an der Drehmaschine wählen müssen, um eine bessere Oberfläche an seinem Werkstück zu erhalten?

a) Beschreiben Sie die jeweiligen Einstellungen für das Schlichten in Worten (z. B. hoch, niedrig, ...)

Schnittgeschwindigkeit	Vorschub	Schnitttiefe
hoch	niedrig	klein

b) Ermitteln Sie anhand der vorgegebenen Zeichnung mithilfe eines Tabellenbuches die genauen Einstelldaten zur Bearbeitung des Außendurchmessers der Buchse. Bei der Bearbeitung soll ein HSS-Drehmeißel zum Einsatz kommen.

$v_c = 125\ \frac{\text{m}}{\text{min}}$ $a = 0{,}5\ \text{mm}$ $f = 0{,}3\ \text{mm}$

c) Berechnen Sie mithilfe der oben ermittelten Werte nun die Drehzahl, die der Auszubildende zur Bearbeitung des Ansatzes an der Drehmaschine einstellen muss, wenn die gefordert gute Oberfläche erreicht werden soll.

$$n = \frac{v_c}{\pi \cdot d} = \frac{125\ \frac{\text{m}}{\text{mm}} \cdot 1000\ \frac{\text{m}}{\text{mm}}}{3{,}14 \cdot 28\ \text{mm}} = 1421{,}75\ \frac{1}{\text{min}}$$

$$n \approx 1420\ \frac{1}{\text{min}}$$

25 Die Buchse (Pos. 4) für die Rollenlagerung ist zu fertigen. Zu ihrer Herstellung müssen verschiedene Arbeitsschritte ausgeführt werden.

Ermitteln Sie hierzu die jeweils fehlenden Daten und vervollständigen Sie die Tabelle.

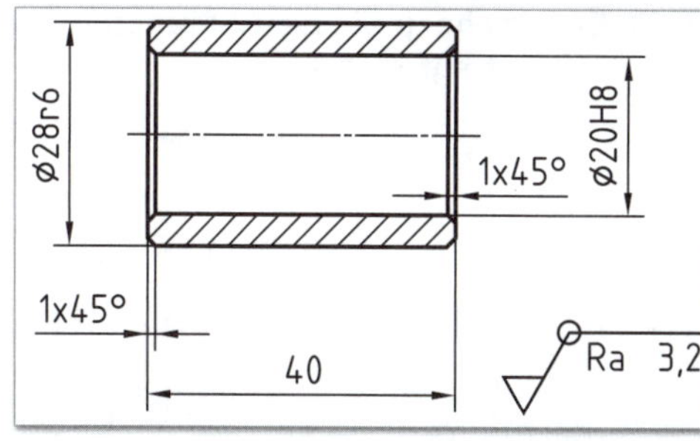

Arbeitsschritte	Arbeitsvorgang	Werkzeug, Drehverfahren		Vorschub, Drehzahl
Stirnfläche plandrehen	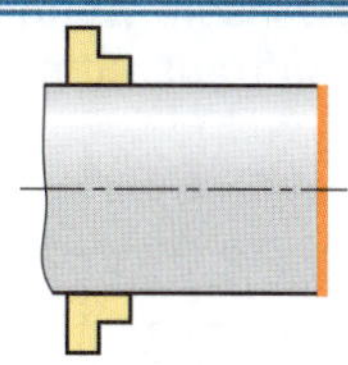	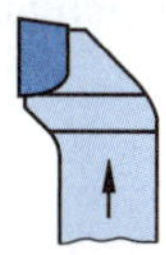	Abgesetzer Seitendrehmeißel Querdrehen	$f = 0{,}1$ mm; $n = 1600\ \frac{1}{\text{min}}$
Außendurchmesser ⌀28 vordrehen	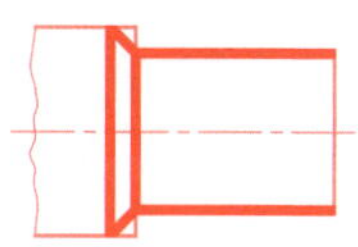	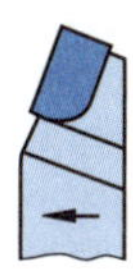	Gerader Drehmeißel Längsdrehen (Schruppen)	$f =$ 0,6 mm $n =$ $1060\ \frac{1}{\text{min}}$
Außendurchmesser ⌀28r6 fertigdrehen	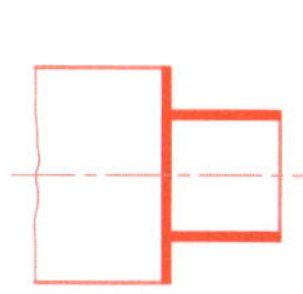		Abgesetzter Seitendrehmeißel (Fertig-) Längsdrehen (Schlichten)	$f =$ 0,3 mm $n =$ $1420\ \frac{1}{\text{min}}$
Buchse auf Länge 40 mm abstechen	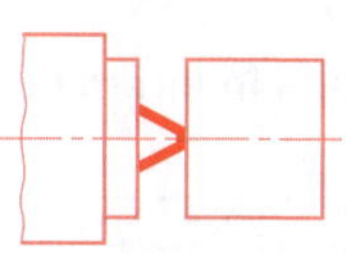		Stechdrehmeißel Abstechen der Buchse	$f =$ Hand $n =$ $160\ \frac{1}{\text{min}}$

26 Beschreiben Sie einen weiteren notwendigen Arbeitsschritt, um die Buchse fertig zu stellen.

Arbeitsschritt	Werkzeug	Vorschub / Drehzahl
Reiben der Bohrung ⌀20H8	Maschinenreibahle	0,25 mm / $200\ \frac{1}{\text{min}}$

27 Zum Herstellen der Buchse (Pos. 4) sollen die Fertigungskosten ermittelt werden. Der Messingwerkstoff wird als Stangenmaterial geliefert.

a) Erstellen Sie einen Arbeitsplan für die Fertigbearbeitung und schätzen Sie die reinen Fertigungszeiten ab.

Arbeitsplan:	
Vorgang	Bearbeitungszeit t_e
Sägen Länge 42 mm	30 s
Plandrehen 1. Stirnseite; Anfasen	15 s
Zentrieren; Längsdrehen ⌀28r6	30 s
Bohren ⌀19,7; Reiben 20H8	40 s
Plandrehen 2. Stirnseite; Anfasen	15 s
Umspannen	60 s
Gesamtzeit	**190 s**

27 b) Berechnen Sie die Auftragszeit $T = t_r + m \cdot t_e$ für die Bearbeitung von m = 500 Buchsen. Die Gesamtrüstzeit t_r beträgt 35 min.

T = 35 min + 500 · 1,58 min

T = 825 min ≙ 13 Stunden 45 Minuten

c) Wie hoch sind die Fertigungslohnkosten für die Fertigung der 500 Buchsen, wenn der Akkordrichtsatz des Arbeiters 14 €/h ist. Die Fertigungslohnkosten ergeben sich aus der Auftragszeit mal dem Akkordrichtsatz.

Fertigungslohnkosten = Auftragszeit x Akkordrichtsatz

Fertigungslohnkosten = 825 min · 14 €/60 min

= 192,50 €

28 Untersuchen Sie den Zusammenhang von Werkstoffen und Zerspankraft!

$$n = \frac{1000 \cdot v_c}{\pi \cdot d}$$

a) Tragen Sie die Werkstoffe und Spanungsbedienungen ein!
b) Spannen Sie die Proben in das Drei-Backen-Futter der Drehmaschine ein!
c) Bestimmen Sie die Drehzahl n und stellen Sie diesen Wert an der Drehmaschine ein!
d) Drehen Sie an jede Probe per Handvorschub einen Ansatz!
e) Beurteilen Sie den erforderlichen Kraftaufwand und vermerken Sie ihn in Ihrem Protokoll!

Schnittgeschwindigkeit v_c in $\frac{m}{min}$		80	Schnitttiefe a in mm		2,5
Probendurchmesser d in mm		40	Drehzahl n in min^{-1}		630
Werkstoff	EN-AC-AlSi9	A-Cu	CuZn37	C45	10S20
Kraftaufwand	gering	gering	mittel	hoch	mittel

Erkenntnis: Zum Zerspanen von Werkstoffen mit höherer Festigkeit wird eine größere Kraft benötigt.

29 Auf die Schneide eines HSS-Drehmeißels wirkt eine Kraft von F ≙ 2500 N (1 cm ≙ 1000 N), wie nebenstehend dargestellt. Wie groß sind die senkrecht nach unten wirkende Teilkraft F_1 und die waagerecht wirkende Teilkraft F_2?

Vervollständigen Sie die nebenstehende Zeichnung indem Sie ein Kräfteparallelogramm zeichnen. Lesen Sie die Größe der Teilkräfte ab.

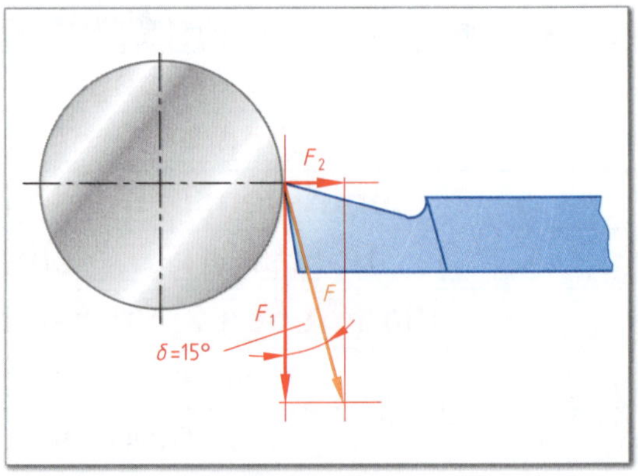

F_1 = 2400 N

F_2 = 650 N

30 Untersuchen Sie den Zusammenhang von Werkstoff, Oberflächengüte und Spanform!

a) Beachten Sie die Hinweise aus Aufgabe 28!

b) Drehen Sie an jede Probe mit automatischem Vorschub einen Ansatz!

c) Beurteilen Sie die Oberflächengüte und die Form der entstandenen Späne! Tragen Sie Ihre Beobachtungen ein!

Vorschub f in mm
0,1

Werkstoff	AC-AlSi9	A-Cu	CuZn37	C45	10S20
Oberfläche	schlecht	schlecht	mittel	gut	sehr gut
Spanform	Bandspan	Bandspan	Wirrspan	Schraubenbruchspan	Spiralspanstück

Erkenntnis: Beim Zerspanen von NE-Metallen entstehen unter den konkreten Bedingungen schlechtere Oberflächen und ungünstigere Spanformen.

31 An einer Welle aus 11SMnPb30 (Automatenstahl) soll, wie nebenstehend abgebildet, ein Span mit einer Schnitttiefe von 5 mm durch Drehen abgenommen werden. Die Schnittgeschwindigkeit v_c beträgt 50 $\frac{m}{min}$.

a) Berechnen Sie für die beiden abgebildeten Drehmeißel den jeweiligen Spanwinkel γ.

b) Bei einer weiteren Dreharbeit wirkt eine Zerspankraft von $F = 8000$ N unter einem Winkel δ von 20° auf einen Drehmeißel, der die gleichen Winkel aufweist wie der oben abgebildete Drehmeißel. Zeichnen Sie ein Kräfteparallelogramm und ermitteln Sie hieraus die jeweiligen Teilkräfte F_1 und F_2.

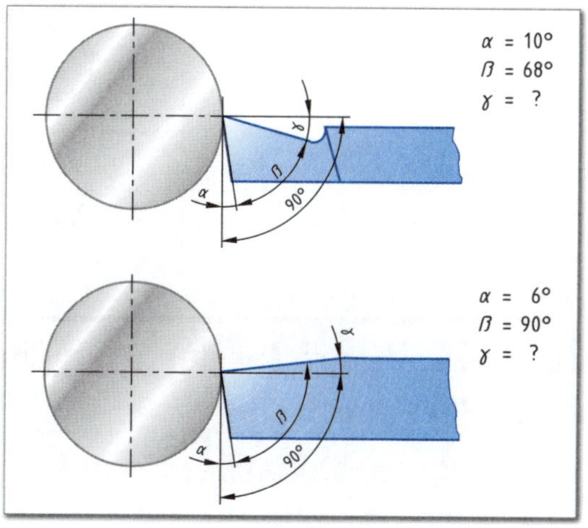

a) $\alpha + \beta + \gamma = 90°$

$\gamma_1 = 90° - \alpha - \beta = 90° - 10° - 68° = 12°$

$\gamma_2 = 90° - \alpha - \beta = 90° - 6° - 90° = -6°$

b) 1 cm ≙ 2000 N

F ≙ 4 cm ≙ 8000 N

F_1 ≙ 3,75 cm ≙ 7500 N

F_2 ≙ 1,35 cm ≙ 2700 N

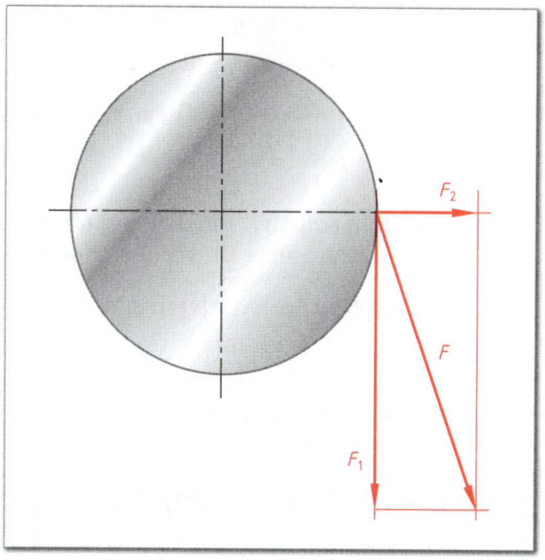

32 Eine Welle aus C45 mit einem Durchmesser von 25 mm soll einen Absatz von ø20 x 30 erhalten.

a) Bestimmen Sie die fehlenden Einstellwerte für einen Drehmeißel mit Hartmetallwendeschneideplatte!

b) Untersuchen Sie in der Versuchsreihe die Einflüsse der Schneidengeometrie auf die Spanbildung und die Oberfläche!

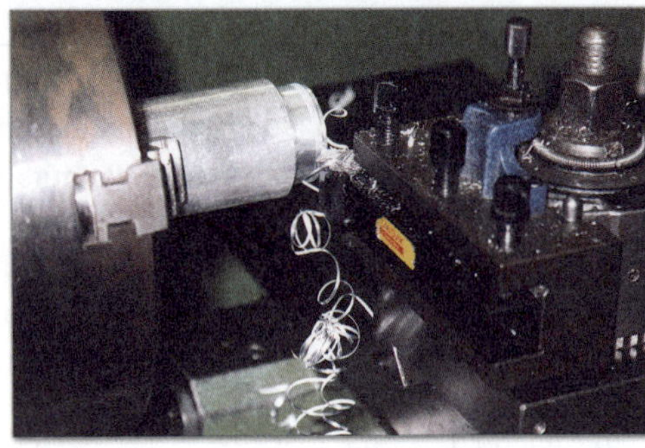

Schnittwerte: Für C45 und ø25 mm	Spanwinkel γ		Spanform	Beschreibung der Oberfläche
v_c = 100 m/min	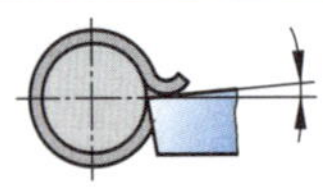	– 5°	Reißspan	glatt
n = 1250 min^{-1}	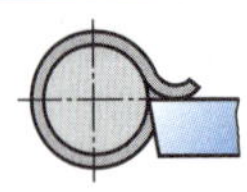	0°	Reißspan	sehr rau
f = 0,10 mm	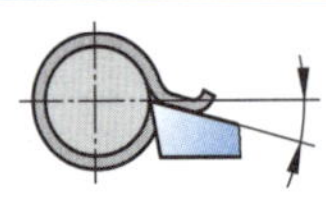	15°	Scherspan	rau
a = 2,5 mm	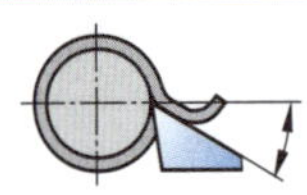	30°	Fließspan	glatt

Erkenntnis: Je größer der Spanwinkel ist, desto besser sind die Spanbildung und die Oberfläche.
Ausnahme: Negativer Spanwinkel (schabend)

Vergleichen Sie Ihre Versuchsergebnisse mit den Angaben im Tabellenbuch!

c) Welche Bereiche werden für die Schnittwerte im Tabellenbuch vorgeschlagen?

v_c = 240 m/min ... 350 m/min; f = 0,07 mm ... 0,5 mm; a = 0,3 mm ... 7,5 mm

d) Warum sollten Sie in den vorhergehenden Versuchen die nächst kleinere Drehzahl n eingestellt haben, wenn die ausgewählte Drehzahl an der Maschine nicht einstellbar war?

Um eine Überschreitung von v_c zu vermeiden.

e) Berechnen Sie die Schnittgeschwindigkeit v_c aufgrund der eingestellten Drehzahl n für einen Durchmesser von 80 mm!

$v_c = d \cdot \pi \cdot n/1000$ = 80 mm $\cdot \pi \cdot$ 1400 min^{-1}/1000 = 352 m/min

f) Welche Drehzahl ist einzustellen, wenn anstelle eines HM-Drehmeißels ein Drehmeißel aus HSS eingesetzt wird?

v_c = 55 m/min n = 200 min^{-1}

33 Die Auswahl der Schnittwerte ist neben der Werkzeugwahl die wichtigste Aufgabe um fachgerechte Ergebnisse zu erhalten.

a) Ermitteln Sie in drei Versuchsreihen den Einfluss der Schnittgeschwindigkeit, des Vorschubs und der Schnitttiefe auf ein Versuchsdrehteil aus Baustahl auf die entstehende Oberfläche!

b) Bestimmen Sie die Drehzahl *n* mithilfe einer Tabelle oder eines Diagramms! (Baustahl; HSS)

Versuchsdrehteil

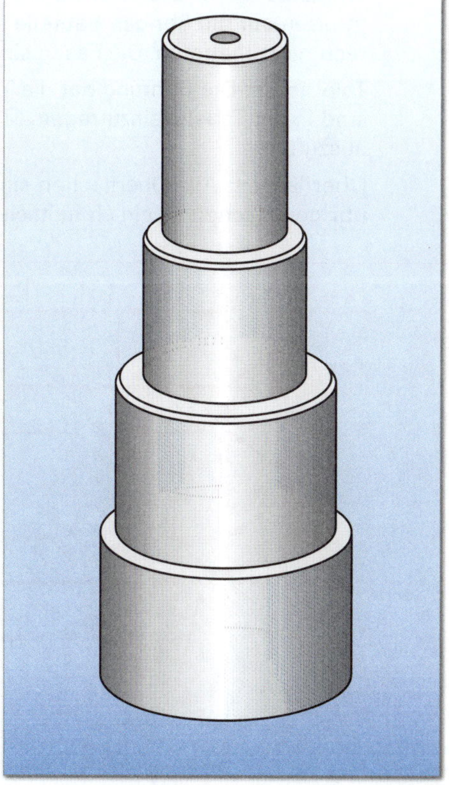

d = 25 mm

Einfluss der Schnittgeschwindigkeit v_c			
f = 0,05 mm a = 1,5 mm	v_c = 20 m/min n = ______ min^{-1}	v_c = 60 m/min n = ______ min^{-1}	v_c = 100 m/min n = ______ min^{-1}
Spanform	Wirrspan	Wirrspan	Wirrspan
Oberfläche	rau	gut	sehr gut

Erkenntnis: Je größer die Schnittgeschwindigkeit ist, desto besser ist die Oberfläche.

Einfluss des Vorschubes f			
v_c = 60 m/min a = 1,5 mm	f = 0,02 mm	f = 0,08 mm	f = 0,16 mm
Spanform	Wirrspan	Wirrspan	Scherspan
Oberfläche	sehr gut	mittel	riefig

Benennen Sie den Drehmeißel!

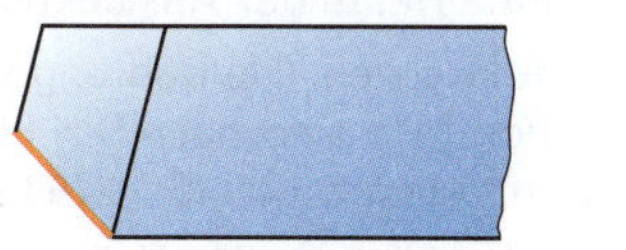

Rechter gerader Drehmeißel

Erkenntnis: Je kleiner der Vorschub ist, desto besser sind die Oberfläche und die Fließspanbildung.

Einfluss der Schnitttiefe a			
v_c = 60 m/min a = 0,05 mm	a = 0,5 mm	a = 1,0 mm	a = 2,0 mm
Spanform	Wirrspan	Wirrspan	Wirrspan
Oberfläche	gut	gut	gut

Tragen Sie die Kenngrößen für f und a ein!

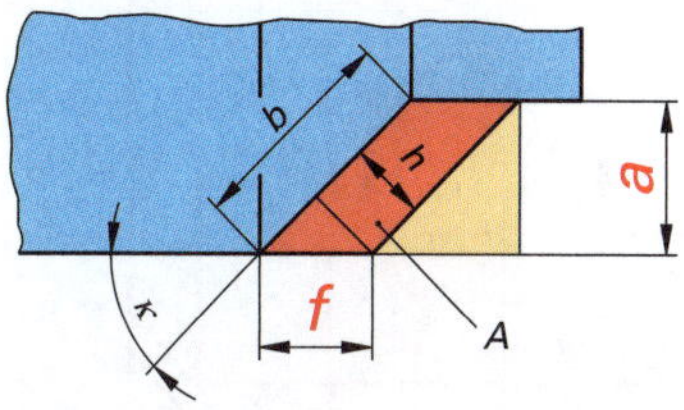

Erkenntnis: Die Schnitttiefe hat nur einen geringen Einfluss auf die Oberflächengüte und die Spanbildung.

34 Fertigen Sie eine Freihandskizze der oberen Hälfte der Rolle (Pos. 3) im Vollschnitt ungefähr im Maßstab 1:1 an.

Werkstückform: Die Werkstückform und die Maße können der Gesamtzeichnung entnommen werden und müssen auf die übrigen Bauteile abgestimmt sein. Der Eintrag der Maße und Fertigungsangaben ist normgerecht vorzunehmen. Die Fasen sind 1 x 45°.

Toleranzen: Die Bohrung hat die Toleranzklasse H7. Die Grenzabmaße für das Nennmaß mit Toleranzklasse H7 sind in der Tabelle einzutragen. Maße ohne Toleranzangaben sind mit Toleranzklasse mittel nach DIN ISO 2768 auszuführen.

Oberflächen: Alle Oberflächen sind spanend gefertigt. Der *Ra*-Höchstwert für die Bohrung ist 3,2 µm, für alle übrigen Flächen ist ein einheitlicher *Ra*-Höchstwert selbst zu bestimmen.

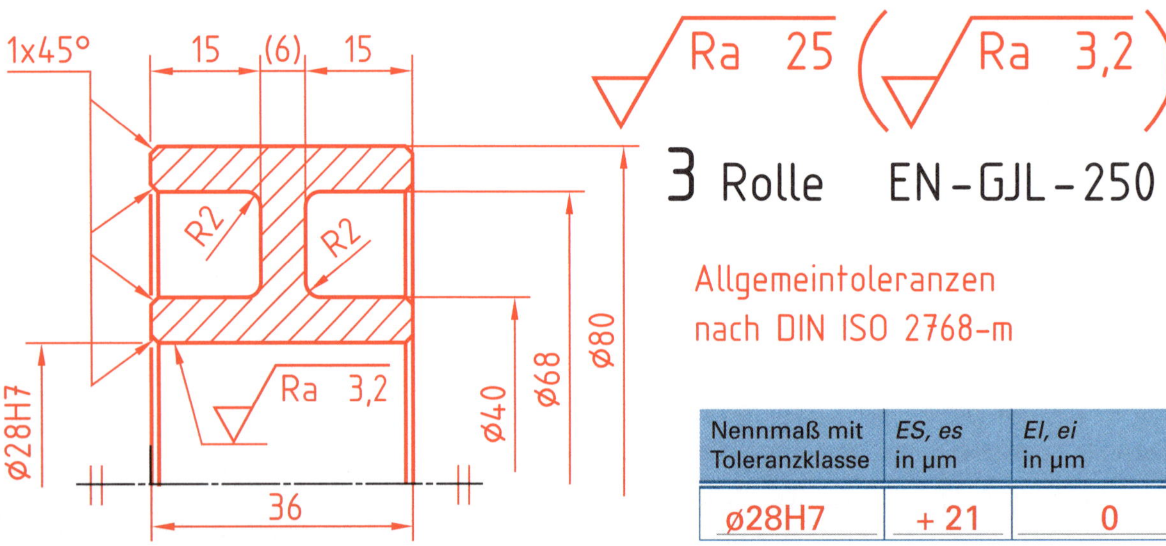

Nennmaß mit Toleranzklasse	*ES, es* in µm	*EI, ei* in µm
ø28H7	+ 21	0

35 Fertigen Sie eine Freihandskizze des Winkels (Pos. 3) ungefähr im Maßstab 1:1.

Werkstückform: Die Werkstückform und die Maße können der Gesamtzeichnung entnommen werden und müssen auf die übrigen Bauteile abgestimmt sein. Der Eintrag der Maße und Fertigungsangaben ist normgerecht vorzunehmen. Darzustellen sind: links Winkelquerschnitt im Vollschnitt (wie Gesamtzeichnung), rechts eine Hälfte der Ansicht (wie Gesamtzeichnung).

Toleranzen: Die Bohrung zur Aufnahme von Pos. 1 hat die Toleranzklasse H8. Die Durchgangslöcher für Schrauben M10 sind nach DIN EN 20273 Reihe grob zu fertigen. Maße ohne Toleranzangaben sind mit Toleranzklasse mittel nach DIN ISO 2768 auszuführen.

Oberflächen: Die Halbzeugmaße verbleiben im Anlieferungszustand. Der *Ra*-Höchstmaß für die Bohrung mit der Toleranzklasse H8 ist 3,2 µm; für alle übrigen Flächen ist eine einheitliche Oberflächenangabe selbst zu bestimmen.

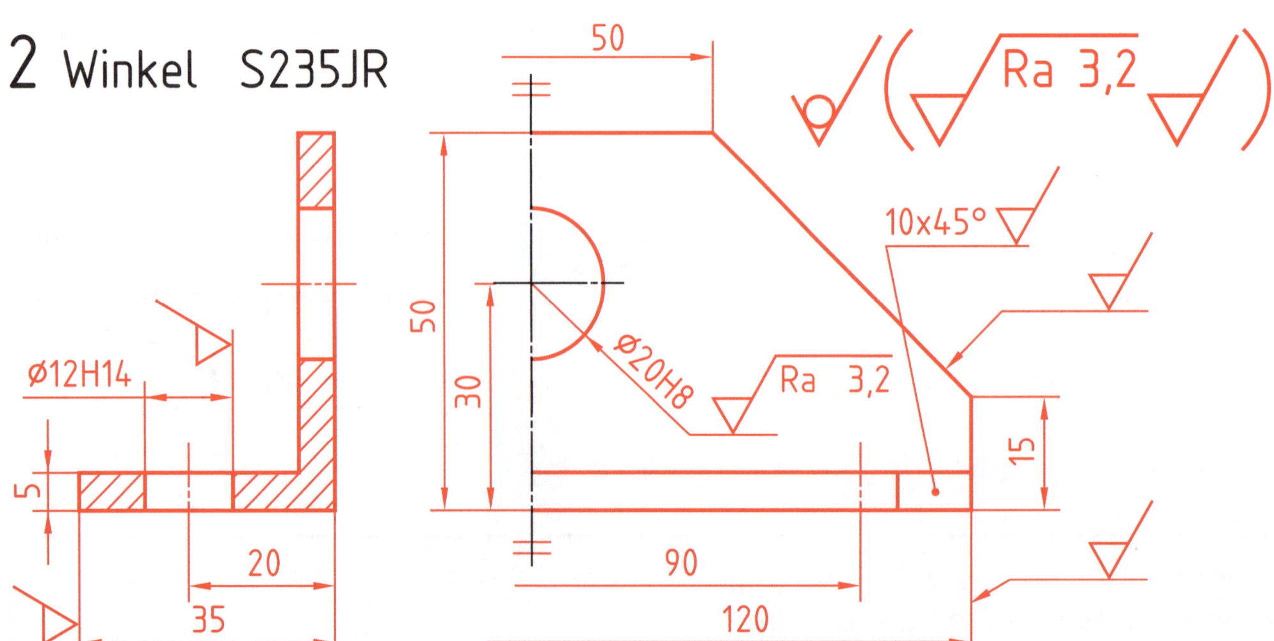

36 In einer Ausbildungswerkstatt sollen 24 der nebenstehend dargestellten Winkel (Pos. 2) für die Rollenlagerung aus unlegiertem Baustahl (S235JR) gefertigt werden. Die Aufgabe für die Auszubildenden besteht darin, alle nach der technische Zeichnung geforderten Bohrungen fachgerecht herzustellen.

a) Tragen Sie in der nachstehenden Tabelle die Benennungen für die dargestellten Arbeitsgänge ein.

b) Tragen Sie in die zweite Zeile der Tabelle ein, ob die jeweiligen Werkzeuge bei der Herstellung der Bohrungen des Winkels benötigt werden oder nicht.

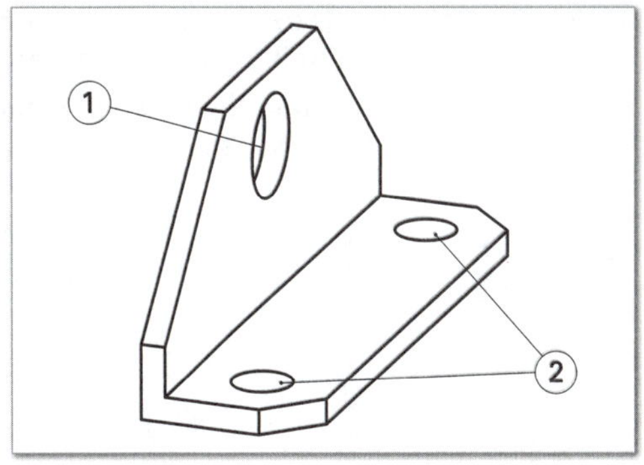

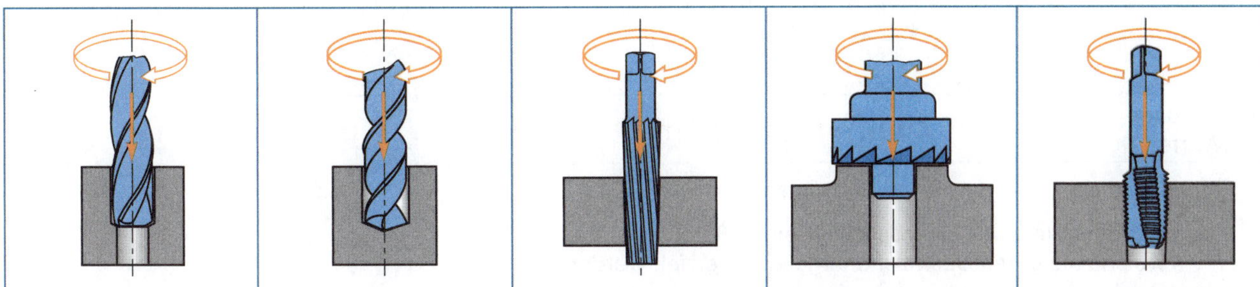

Aufbohren	Bohren ins Volle	Profilreiben	Planansenken	Gewindebohren
nicht benötigt	benötigt	nicht benötigt	nicht benötigt	nicht benötigt

37 Welche Werkzeuge benötigen Sie für die Herstellung der Bohrungen ① und ② des Winkels?
Geben Sie die Werkzeuge und den dazugehörigen Durchmesser an:

Bohrung ①: Zentrierbohrer; Spiralbohrer ø8 mm und ø19,8 mm; Reibahle ø20H8.

Bohrung ②: Zentrierbohrer; Spiralbohrer ø11,8 mm; Reibahle ø12H11 zur Herstellung der Passbohrung.

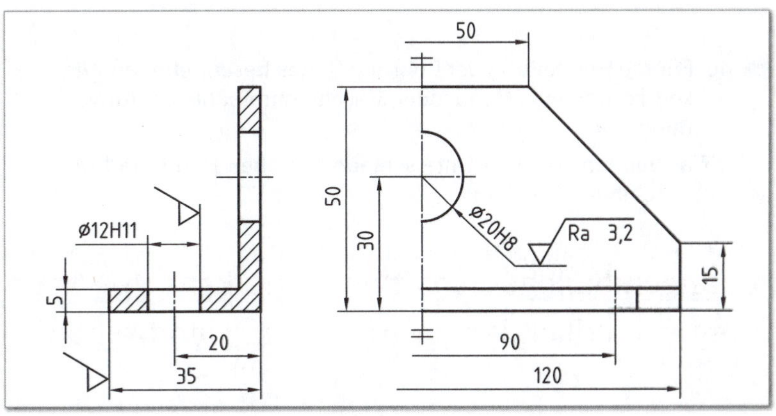

38 Ermitteln Sie die Drehzahl, die für den Spiralbohrer zum Vorbohren bei der Bearbeitung der Bohrung ① einzustellen ist.

Spiralbohrer ø8 mm;

$$n = \frac{v_c}{\pi \cdot d} = \frac{32\ \frac{\text{m}}{\text{min}}}{3{,}14 \cdot 0{,}008\ \text{m}}$$

$$= \underline{\underline{1273{,}9}}\ \frac{1}{\text{min}}$$

Schnittgeschwindigkeitstabelle

Werkstoff	Bohrtiefe	v_c in $\frac{\text{m}}{\text{min}}$	f in mm für d bis 10 mm
Stahl $R_m \le 700\ \frac{\text{N}}{\text{mm}^2}$	bis 5 · d 5 ... 10 · d	32 25	0,08 ... 0,16 0,06 ... 0,12
Stahl $R_m > 700\ \frac{\text{N}}{\text{mm}^2}$	bis 5 · d 5 ... 10 · d	20 16	0,08 ... 0,16 0,06 ... 0,12
Stahl $R_m > 250\ \frac{\text{N}}{\text{mm}^2}$	bis 5 · d 5 ... 10 · d	16 12,5	0,1 ... 0,2 0,08 ... 0,16
Al-Legierung	bis 5 · d 5 ... 10 · d	63 50	0,12 ... 0,25 0,1 ... 0,2

39 Die Bohrung ① des Winkels ist durch Bohren allein nicht in der geforderten Qualität herstellbar. Sie muss zusätzlich durch Reiben bearbeitet werden.

a) Vervollständigen Sie unten stehende Tabelle mit den gemittelten Rautiefen (*Rz*), welche durch Bohren und Reiben erreichbar sind.

	Bohren	Reiben
Oberflächenprofil	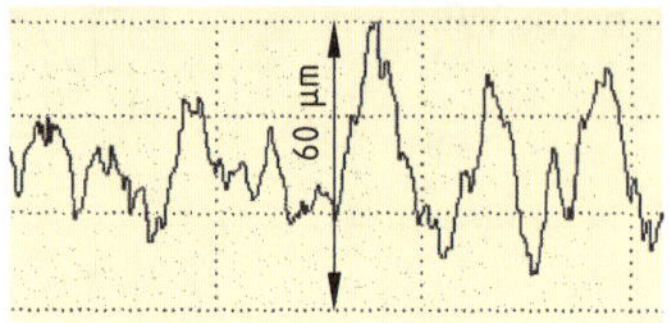	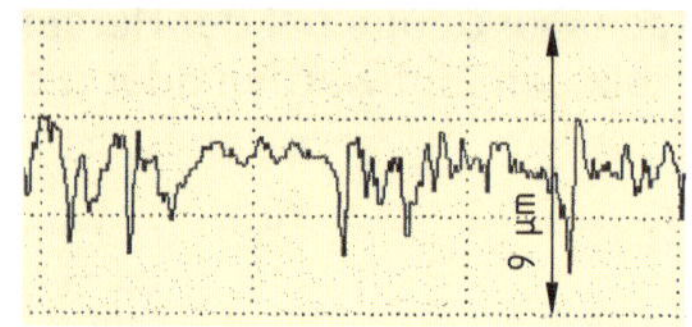
erreichbare *Rz*-Werte	40 µm bis 160 µm	4 µm bis 10 µm

b) Nennen Sie zwei Eigenschaften einer Reibahle, durch welche die guten Oberflächenergebnisse erzielt werden.

ungleiche Zahneinteilung

schabende Wirkung der Schneiden

c) Tragen Sie die Teilung mit Winkelangaben in nebenstehender Darstellung der Schneiden einer Reibahle ein.

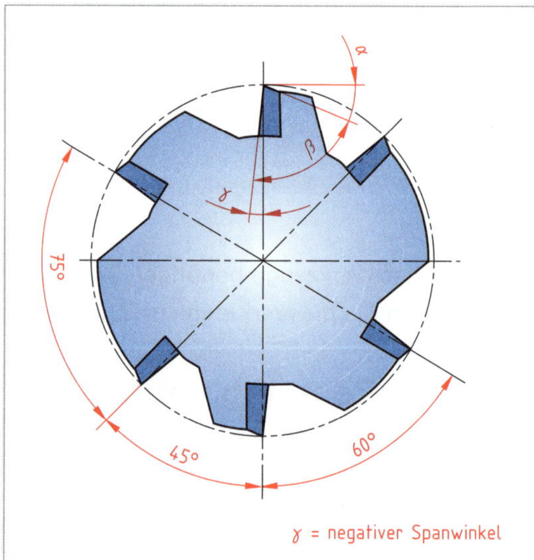

40 Für die Herstellung der Bohrung ① des beschriebenen Winkels kommt eine Hand- oder Maschinenreibahle zur Anwendung.

a) Nennen Sie zwei Unterschiede zwischen Hand- und Maschinenreibahlen:

unterschiedliche Schaftform (Vierkant ⟷ kegeliger Schaft)

unterschiedlich langer Anschnitt (Handreibahle mit langem Abschnitt)

b) Wählen Sie für die Aufgabenstellung eine Reibahlenart aus und begründen Sie kurz Ihre Antwort.

Der Einsatz einer Maschinenreibahle ist hier sinnvoll, da insgesamt 24 Bohrungen gerieben werden müssen.

41 Bei der Auswahl geeigneter Werkzeuge für die Fertigung bestimmter Bauteile, wie z. B. der Einzelteile für die Rollenlagerung, kommt der Beurteilung der Schneidstoffe entscheidende Bedeutung zu.

Nennen Sie fünf wesentliche Eigenschaften, die heute von den Schneidstoffen einer Werkzeugschneide verlangt werden, um optimale Arbeitsergebnisse zu erzielen.

hohe Verschleißfestigkeit

hohe Zähigkeit

hohe Warmhärte

geringe Stoßempfindlichkeit

wesentlich größere Härte als das Werkstück

42 Vervollständigen Sie mithilfe Ihres Fachkunde- und Tabellenbuches die nachstehende Tabelle zu den gebräuchlichsten Schneidstoffen und ihren jeweiligen Eigenschaften.

Schneidstoffe		HSS	HM	Schneidkeramik
Werkstoff		hochlegierte Stähle mit Zusätzen von Co, Cr, Mo, V und W	gesinterter Werkstoff aus Kobalt und W- bzw. Ti-Carbid	gesinterter Werkstoff mit Hauptbestandteil Al-Oxid
Vorzüge		hohe Zähigkeit freie Schneidenform	hohe Härte hohe Wärmhärte	sehr hart und verschleißfest
Warmhärte		bis 600 °C	bis 1000 °C	bis 1500 °C
zulässige Schnittgeschwindigkeit v_c	Bohren (in Stahl)	$14 \frac{m}{min}$ bis $36 \frac{m}{min}$	$70 \frac{m}{min}$	—
	Drehen (bei Stahl)	$30 \frac{m}{min}$ bis $70 \frac{m}{min}$	$160 \frac{m}{min}$ bis $350 \frac{m}{min}$	$150 \frac{m}{min}$ bis $400 \frac{m}{min}$ beim Schlichten
Einsatzbeispiele		Bohrer	Wendeschneidplatten	Wendeschneidplatten
Anwendung		für fast alle Bearbeitungen bei kleiner Schnittgeschwindigkeit	für fast alle Bearbeitungen bei hoher Schnittgeschwindigkeit	für Schlichtbearbeitung bei sehr hoher Schnittgeschwindigkeit

43 Nebenstehendes Diagramm zeigt die Warmhärte verschiedener Schneidstoffe.

Ordnen Sie den dargestellten Warmhärteverläufen die Nummern der folgenden Schneidstoffe zu.

① Schneidkeramik ② Diamant
③ HSS ④ Hartmetall

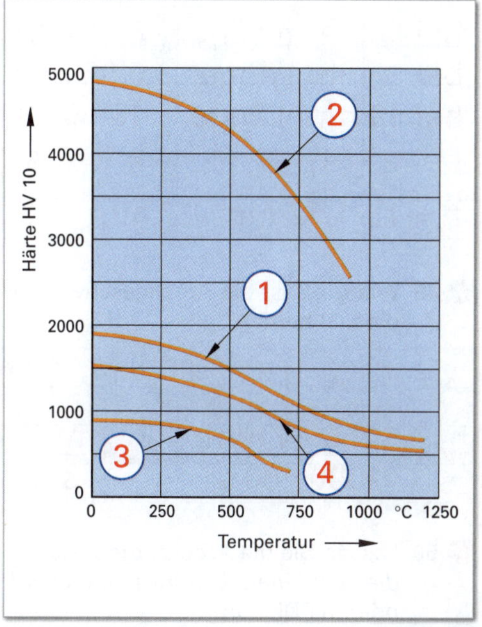

44 Nennen Sie drei Möglichkeiten, die Schneidtemperatur beim Zerspanungsprozess in einem Temperaturbereich zu halten, der eine gute Zerspanung zulässt.

Die richtige Schnittgeschwindigkeit einhalten.
Einen entsprechenden Schneidenwerkstoff wählen.
Kühlschmiermittel zugeben.

45 Ermitteln Sie mithilfe eines Tabellenbuches die Zerspanungsbedingungen für das Fertigbearbeiten der Pos. 1, 3 und 4 der Rollenlagerung mit Werkzeugen aus beschichtetem Hartmetall.

Um eine Standzeit von mehr als 60 Min. zu erzielen, sind die Richtwerte für die Schnittgeschwindigkeit mit dem Faktor 0,6 zu korrigieren.

Tragen Sie die fehlenden Werte in die Tabelle ein. Die verwendete Gusseisensorte hat eine Brinellhärte > 250 HB.

Pos.-Nr.	Bearbeitung	Durchmesser	Werkstoff	Schneidstoff	v_c in m/min	f in mm	n in min^{-1}
1	Außendrehen	30	C45E	HC-P10	300	0,1 ... 0,3	3183
3	Außendrehen	80	EN-GJL-250	HC-K10	200	0,1 ... 0,4	796
3	Reiben	28	EN-GJL-250	HC	25	0,63 ... 1,0	284
4	Außendrehen	28	CuZn40Pb2	HC-K10	300	0,1 ... 0,6	3410
4	Reiben	20	CuZn40Pb2	HC	33	0,5 ... 0,8	525

46 Von mehreren Rollenlagerungen werden jeweils die Winkel (Pos. 2) mit U-Profilen DIN 1026-U50 (Pos. 7) gefügt. Dadurch wird eine Rollbahn für flache Bauteile zusammengestellt.

a) Wie groß muss die Durchgangsbohrung in Pos. 2 und 7 gewählt werden?

Durchgangsbohrung: 11 mm

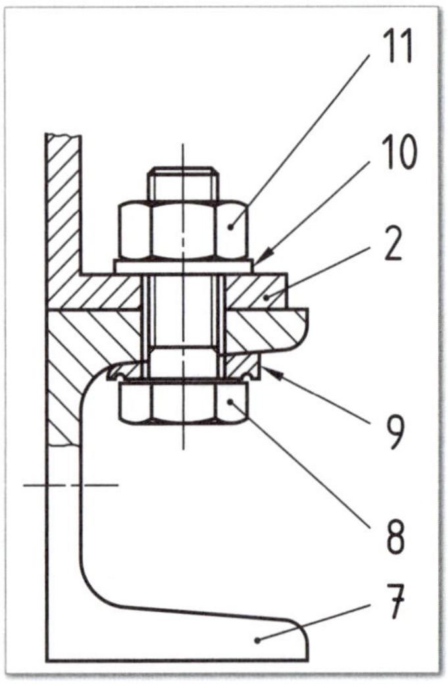

b) Ermitteln Sie die Normbezeichnung der Verbindungsteile und tragen Sie diese in die Liste ein.

Pos. 8: Sechskantschraube ISO 4017-M10x30-5,6

Pos. 9: Scheibe DIN 434-11

Pos. 10: Scheibe ISO 7091-10-100 HV

Pos. 11: Sechskantmutter ISO 4032-M10-6

47 Tragen Sie die Maße für Pos. 7 in die Tabelle ein.

h	b	s	c	t	Neigung	w_1	d_1
50	38	5	19	7	8 %	20	11

48 Berechnen Sie die Dicke t_1 an der Vorderkante des U-Profils.

Bei 100 mm Länge 8 mm Dickenunterschied
bei 1 mm Länge 0,08 mm Dickenunterschied
bei 19 mm Länge 19 · 0,08 mm
= 1,52 mm Dickenunterschied

$t_1 = t - 1{,}52\text{ mm} = 7\text{ mm} - 1{,}52\text{ mm} \approx 5{,}5\text{ mm}$

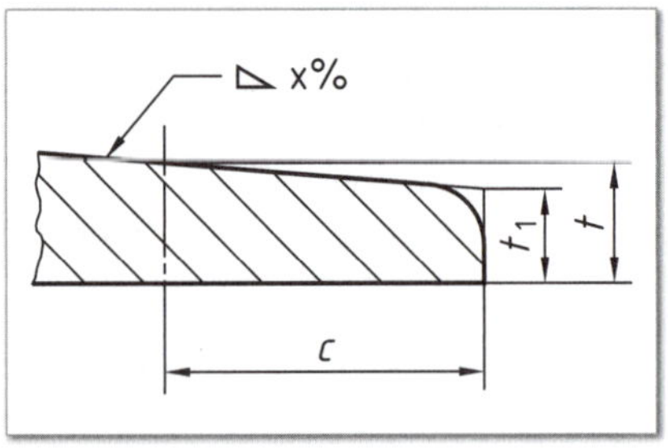

49 Wie groß ist die Abrollgeschwindigkeit der Bauteile in m/s und km/h, wenn die Drehzahl 50 min^{-1} der Rolle (Pos. 3) beträgt?

$v = \pi \cdot d \cdot n = \pi \cdot 80\text{ mm} \cdot 50\text{ min}^{-1}$

$v = \frac{12566{,}4\text{ mm}}{1000 \cdot 60\text{ s}} = 0{,}21\ \frac{\text{m}}{\text{s}} = \frac{0{,}21 \cdot 3600\text{ km}}{1000\text{ h}} = 0{,}75\ \frac{\text{km}}{\text{h}}$

50 Fassen Sie die Arbeitsergebnisse zu den Schneidstoffen (s. Aufg. 42, 43) zusammen und dokumentieren Sie diese in einem Umdruck und/oder Plakat bzw. präsentieren Sie die Ergebnisse elektronisch mit Powerpoint oder in PDF-Form.

Dimetrische Projektion

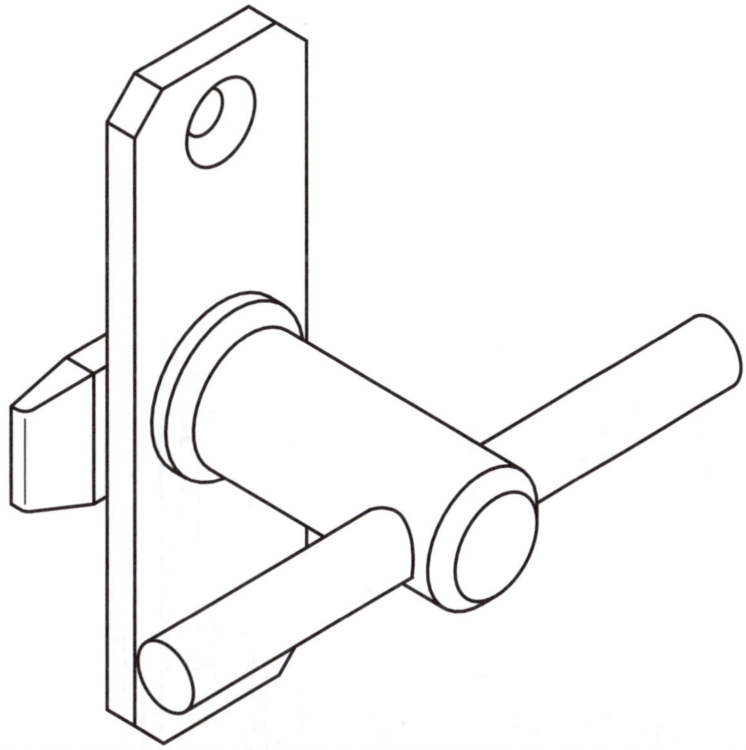

Explosionsdarstellung

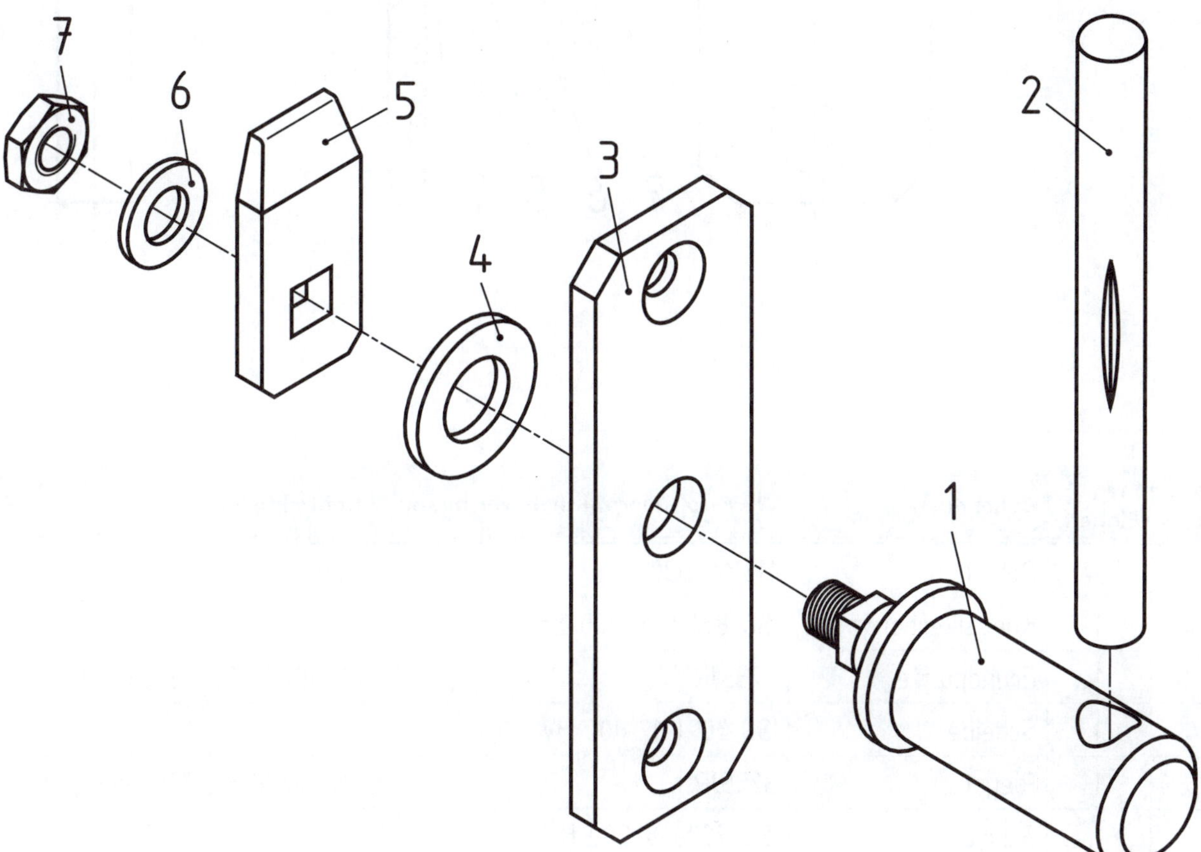

Gesamtzeichnung

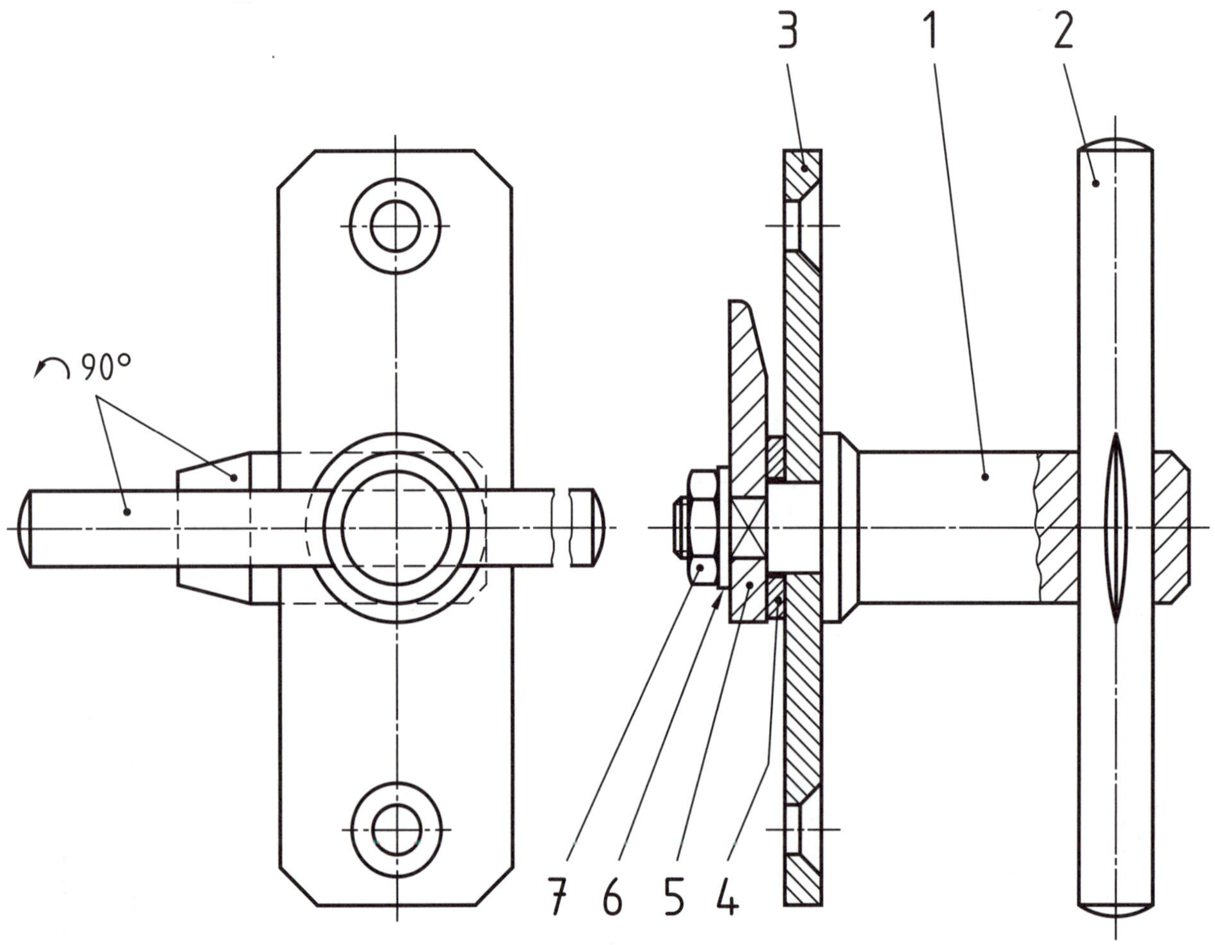

Pos.-Nr.	Mege/ Einheit	Benennung	Werkstoff/Norm-Kurzbezeichnung	Rohteilmaße
1	1	Bolzen	11SMnPb30	ø25x73lg
2	1	Knebelkerbstift	ISO 8742-10x100-St	
3	1	Grundplatte	S235JR	EN 10278-FL 32x5x103lg
4	1	Scheibe	ISO 7091-12-100 HV	
5	1	Riegel	S235JR	EN 10278-FL 20x5x45lg
6	1	Scheibe	ISO 7090-8-200 HV	
7	1	Sechskantmutter	ISO 4035-M8-05	

Projektbeschreibung

Zum einfachen Verriegeln von Türen und Klappen sollen in der Schülerwerkstatt mehrere einfache Drehschlösser nach den Unterlagen Seite 75 und Seite 76 hergestellt werden.

Projektaufgaben

In der Planung der Fertigungsaufgabe sind die vorhandenen Arbeitsunterlagen auszuwerten, Informationen zusammen zu stellen, Planungsschritte durchzuführen und weitere Fertigungsunterlagen zu erstellen.

1 Tragen Sie die Benennung für Pos. 2, 4, 6 und 7 in die Stückliste ein.

2 a) Wie lautet die frühere Werkstoffbezeichnung von S235JR? St37-2

b) Erläutern Sie die Werkstoffkurzbezeichnung des Bolzens (Pos. 1): 11SMnPb30

Automatenstahl, 0,11 % C; 0,3 % S;
geringe Mengen von Mn und Pb.

3 Tragen Sie unter Zuhilfenahme Ihres Tabellenbuches folgende Maße ein:

Pos. 4 ISO 7091-12-100 HV	Pos. 6 ISO 7090-8-200 HV	Pos. 7 ISO 4035-M8
h = 2,5 mm	h = 1,6 mm	SW = 13 mm
d_2 = 24 mm	d_2 = 16 mm	m = 4 mm

4 Wodurch unterscheidet sich Pos. 7 von einer Sechskantmutter ISO 4032-M8-6?

Kleinere Bauhöhe (m = 4 mm); geringere Festigkeitsklasse (05)

5 Bestimmen Sie das maximale und minimale Dickenmaß:

Grundplatte (Pos. 3) h_{min} = 4,925 mm; h_{max} = 5,0 mm

6 Welches Höchst- bzw. Mindestdickenmaß weißen Grundplatte (Pos. 3) und Scheibe (Pos. 4) zusammen auf, wenn die Dicke der Scheibe nach DIN EN ISO 7091 $h = 2{,}5 \pm 0{,}2$ beträgt?

h_{min} = 4,925 mm + 2,3 mm = 7,225 mm
h_{max} = 5,0 mm + 2,7 mm = 7,7 mm

7 Warum wurde anstelle von Pos. 2 kein Zylinderstift ISO 2338 verwendet?

Die Bohrung im Bolzen (Pos. 1) muss nicht gerieben werde, da die Anforderungen an Maßtoleranz und Oberflächengüte geringer sind.

8 Geben Sie zwei Senkschraubenformen an, die sich zur Befestigung des Drehschlosses an einer Metalltür eignen.

Senkschrauben ISO 2009
Senkschrauben ISO 10642

9 Welche Bedeutung hat das Diagonalkreuz beim Bolzen (Seite P1.2, Pos. 1)?

Es weist auf eine ebene Anfräsung hin; hier auf einen Vierkant.

10 Zeichnen Sie den Bolzen (Pos. 1) im Maßstab 2:1.

Verwenden Sie hierzu als Projektionsmethode die Pfeilmethode um eine erforderliche Seitenansicht anzuordnen.

Die in der Vorlage fehlenden Maße sind selbst zu bestimmen und zu tolerieren.

Allgemeintoleranzen nach DIN ISO 2768-mittel.

Der größte Durchmesser bleibt unbearbeitet, alle anderen Flächen erhalten einen *Rz*-Wert von max. 25 mm.

Hinweis: Vierkant 8 mm wird auf ø11-0,2 mm vorgedreht.

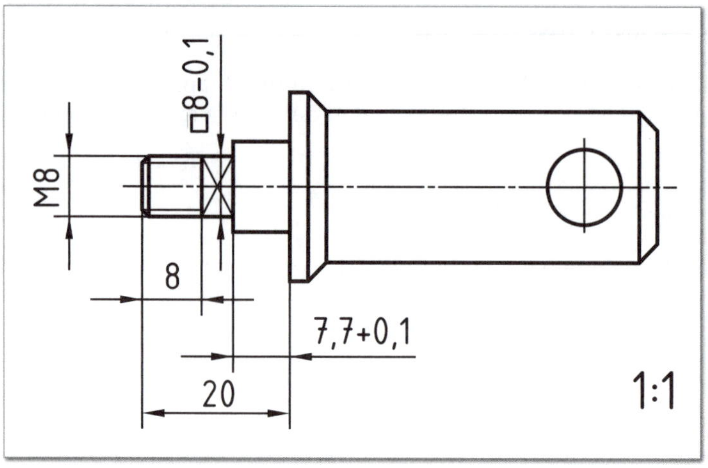

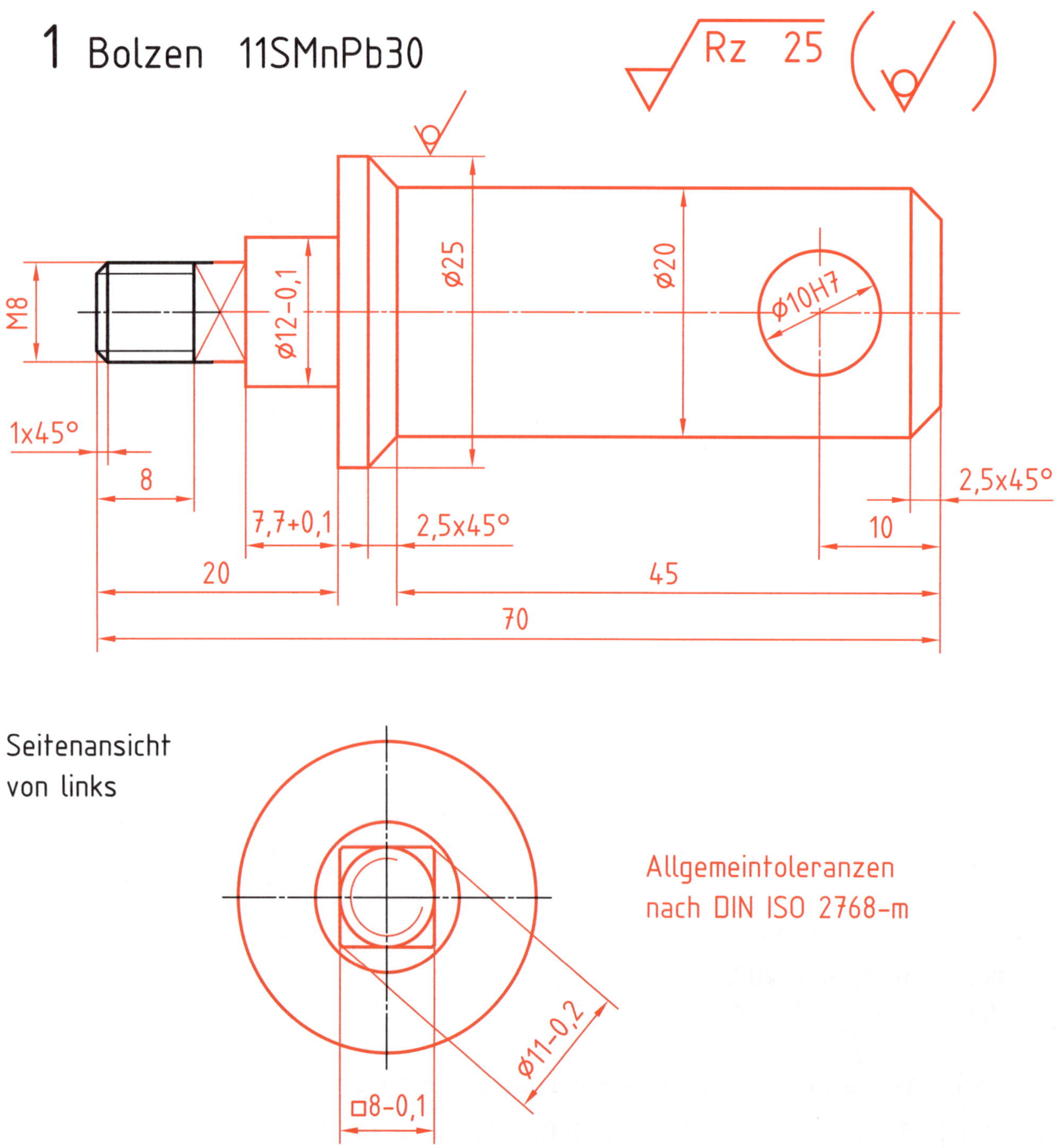

11 a) Erstellen Sie einen Fertigungsplan für die Drehbearbeitung des Bolzens (Pos. 1) und bestimmen Sie auf der unteren Hälfte des Blattes die erforderlichen Drehzahlen.

Fertigungsplan für Drehbearbeitung					
Werkstück: Bolzen Werkstoff: 11SMnPb30 Rohteil: DIN 668 Rd25x73		Teil-Nr.: Anzahl: 1			
Fertigungsschritt	Beschreibung	v_c (m/min)	n (1/min)	f (mm)	Spannmittel Werkzeug
1	Stirnseite plandrehen	75	900	0,1	gebog. Drehmeißel
2	Vordrehen ø20,1	75	900	0,3	gebog. Drehmeißel
3	Fertigdrehen ø20 mit Fasen 2,5 x 45°	90	1400	0,1	gebog. Drehmeißel
4	Umspannen				Dreibackenfutter
5	Plandrehen Länge 70	75	900	0,1	Seitendrehmeißel
6	Vordrehen ø12,1, Länge 20	75	900	0,3	Seitendrehmeißel
7	Vordrehen ø8,1 , Länge 8	75	1400	0,3	Seitendrehmeißel
8	Fertigdrehen ø12	90	2000	0,1	Schlichtdrehmeißel
9	Fertigdrehen ø11,5	90	2000	0,1	Schlichtdrehmeißel
10	Fertigdrehen ø8	90	2800	0,1	Schlichtdrehmeißel
11	Ausspannen				
12	Entgraten, reinigen, prüfen				

b) Berechnung einer erforderlichen Drehzahl mithilfe der Berechnungsformel:

$$n_1 = \frac{v_c}{\pi \cdot d} = \frac{75000\ \text{mm/min}}{\pi \cdot 25\ \text{mm}} = 954\ \frac{1}{\text{min}} \rightarrow \text{gewählt: } n_1 = 900\ \frac{1}{\text{min}}$$

c) Bestimmen aller weiteren erforderlichen Drehzahlen mit dem abgebildeten Drehzahldiagramm:

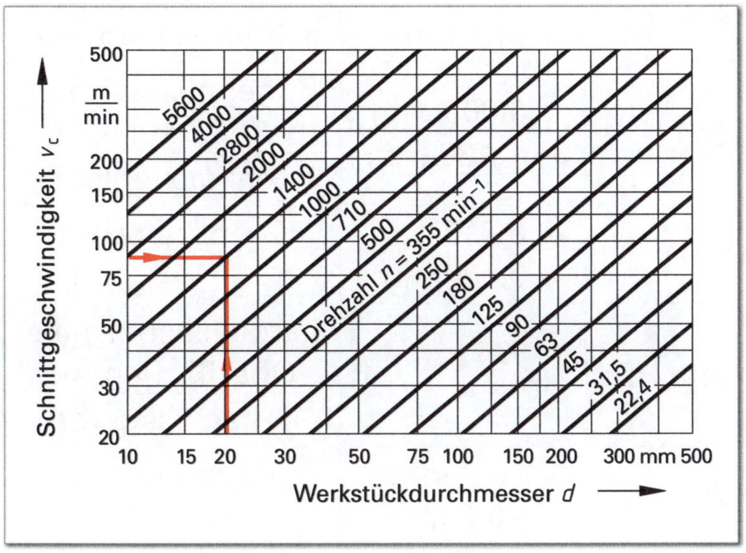

n_3 = 1400 1/min

n_8 = 2000 1/min

n_{10} = 2800 1/min

12 An einem gefertigten Bolzen (Pos. 1) des Drehschlosses sind die in der Zeichnung besonders gekennzeichneten Maße ② bis ⑥ zu prüfen.

Ermitteln Sie die entsprechenden Prüfmaße mit den jeweiligen Maßtoleranzen sowie die zu ihrer jeweiligen Fertigung erforderlichen Prüf- und Hilfsmittel und geben Sie diese in der nachstehenden Tabelle an. Maß ① dient als Bearbeitungsbeispiel.

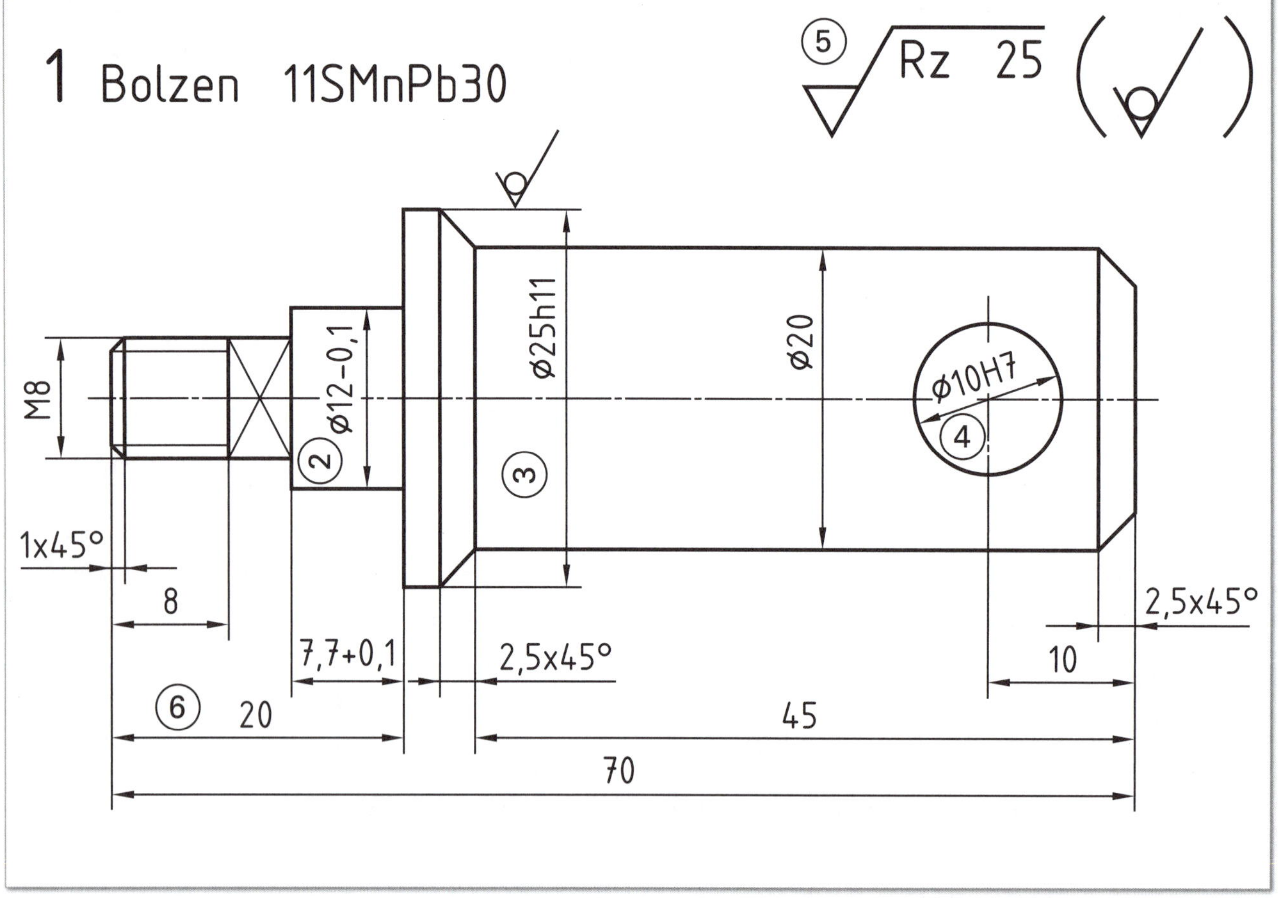

Lfd. Nr.	Maßbezeichnung	Maßangabe	Maßtoleranz	Prüfs-/Hilfsmittel
1	Durchmesserangabe	ø20	+ 0,2 mm – 0,2 mm	Messschieber FormA
2	Durchmesser-angabe	ø12–0,1	± 0,00 mm 0,1 mm	Bügelmess-schraube 0-25 mm
3	Durchmesser-angabe	ø25h11	± 0,000 mm + 0,130 mm	Bügelmessschrau-be 0-25 mm bzw. Grenzrachenlehre
4	Durchmesser-angabe	ø10H7	+ 0,015 mm ± 0,000 mm	Grenzlehrdorn
5	Oberflächen-angabe	Rautiefe Rz	25 µm	Vergleichsnormale (Oberflächenrau-heitsmessgerät)
6	Längen-angabe	20	+ 0,2 mm – 0,2 mm	Messschieber Form A

13 Da der vorstehende Handgriff des Drehschlosses häufig als störend empfunden wird, hat ein Kollege einen Verbesserungsvorschlag eingereicht. Danach soll der Griffteil vom Schloss getrennt werden und als Schlüssel, nach der unten dargestellten Skizze, ausgeführt werden.

Erstellen Sie eine Teilzeichnung in drei Ansichten für den von Ihnen abzuändernden (verkürzten) Bolzen (Pos. 1) im Maßstab 2:1. Oberflächen- und Toleranzangaben sind sinnvoll zu wählen.

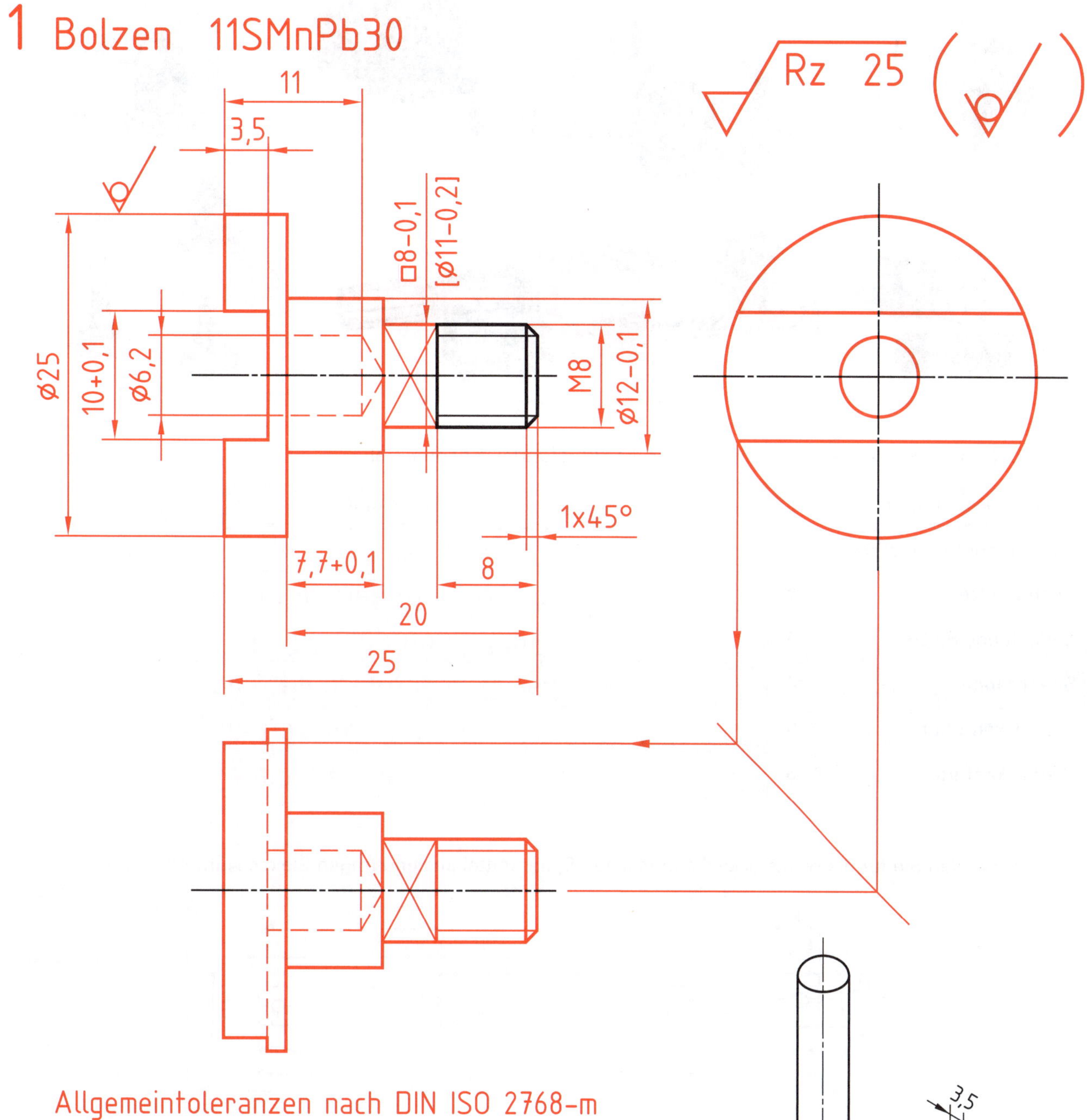

14 Als Zeichenaufgabe wurden drei Ansichten des Bauteils gezeichnet. Prüfen Sie, wie viele Ansichten zur eindeutigen Darstellung und Bemaßung des Bauteils erforderlich sind.

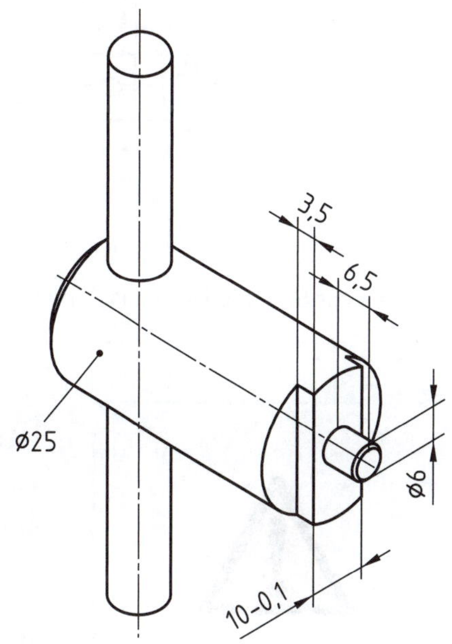

Erkenntnis: 1. Ansicht (Vorderansicht) würde ausreichen.

15 Beim Fertigen von Bauelementen mit Maschinen hat die Werkstückspannung einen wichtigen Einfluss auf die Arbeitssicherheit und auf die Bearbeitungsqualität.

a) Ordnen Sie den dargestellten Spannmitteln die passenden Nummern aus der Tabelle zu!

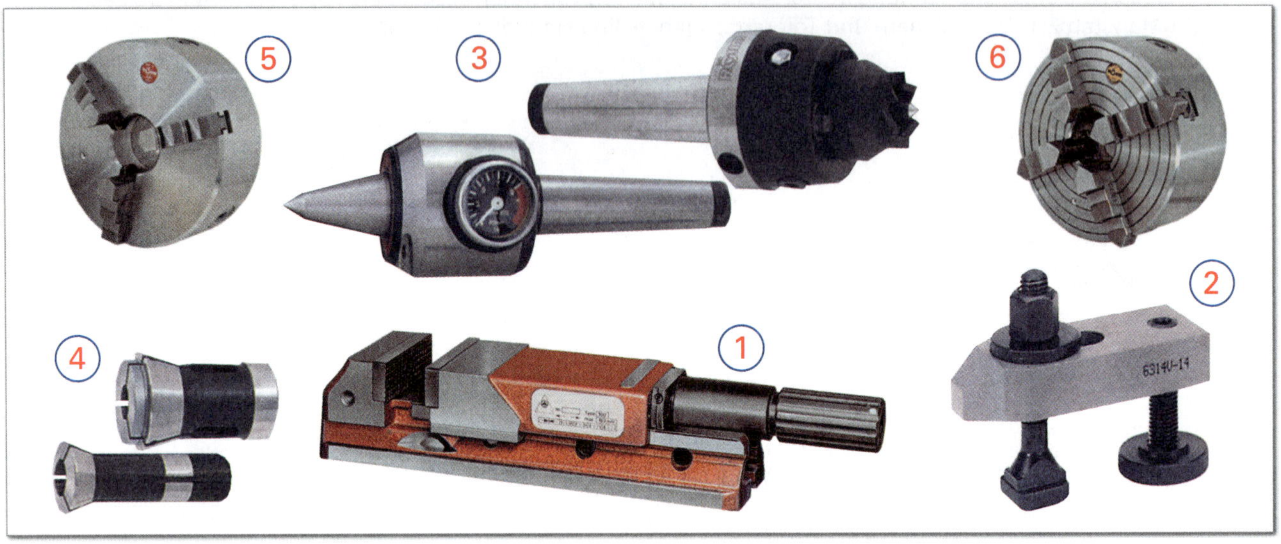

b) Nennen Sie Anwendungsbeispiele für die aufgeführten Spannmittel!

Werkstückspannung	Nr.	Anwendung
Maschinenschraubstock	1	flache parallele Teile
Spannpratze	2	große und unregelmäßige Teile
Mitlaufende Spitzen	3	lange und dünne Teile
Spannzangen	4	gezogene und kleine Teile
Dreibackenfutter	5	symmetrische runde Teile
Vierbackenfutter	6	symmetrische Vierkantteile

c) Wählen Sie für die Werkstücke die möglichen Spannmittel aus und tragen Sie die Nummern ein!

6 ; 1

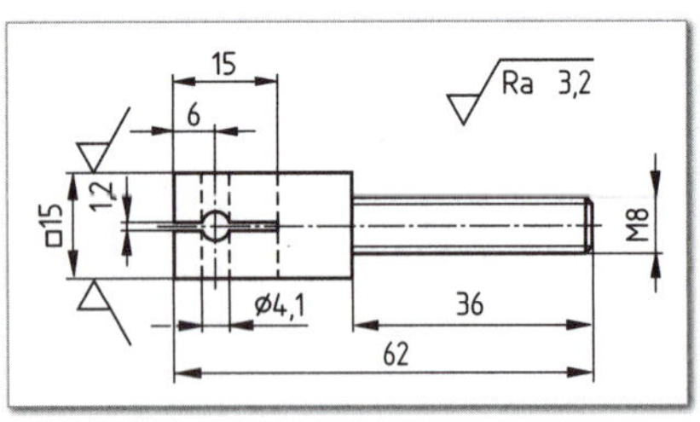

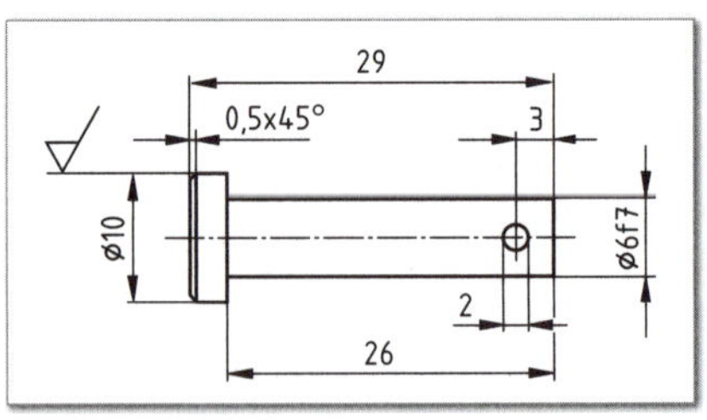

4 ; 5

16 Bevor Sie eine Drehmaschine bedienen, formulieren Sie die zutreffenden Unfallverhütungsvorschriften UVV!

Schutzbrille benutzen!
Enganliegende Kleidung tragen!
Keine Handschuhe benutzen!
Werkstück fest und sicher spannen!
Spannbacken nicht überstehen lassen!
Späne nicht mit Hand oder Druckluft entfernen!

EUROPA LEHRMITTEL

17 Eine Welle ø25 x 280 mm soll einen Absatz von ø20 x 160 mm erhalten. Überlegen Sie, welche Spannmöglichkeiten geeignet sind, und untersuchen Sie die Auswirkungen der jeweiligen Spannart auf die Qualität der Dreharbeit!

a) Führen Sie den Versuch mit den gegebenen Einstellwerten durch. Messen Sie die Durchmesser an den Messstellen 1 bis 5 und übertragen Sie die Abweichungen in das Diagramm!

Werkstoff: Baustahl, Drehmeißel: HSS v_c = 50 m/min; a = 1 mm; f = 0,1 mm					
Messstelle	1	2	3	4	5
Durchmesser	23,0	23,01	23,05	23,08	23,11
Abweichung	0	0,01	0,05	0,08	0,11

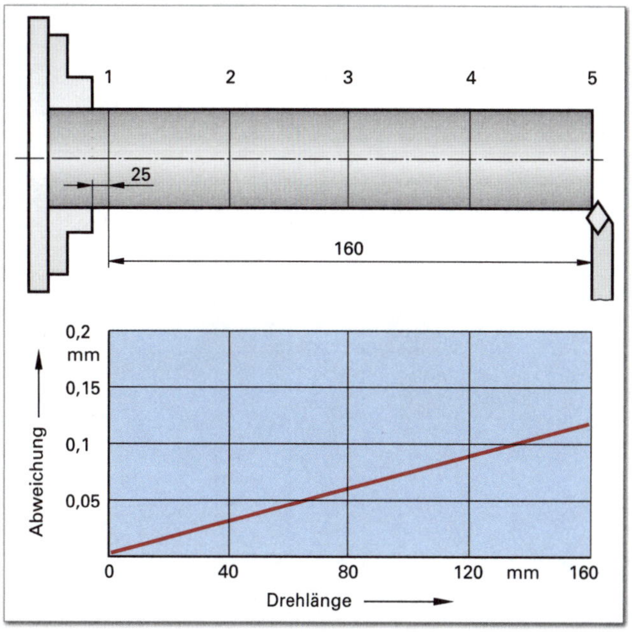

Erkenntnis: Je weiter das Werkstück aus dem Futter ragt, desto größer sind die Abweichungen der Durchmesser.

b) Spannmöglichkeiten: Dreibackenfutter und Zentrierspitze (Reitstock)
Zwischen Spitzen (mitlaufend)

c) Zentrieren Sie die beiden Stirnseiten fachgerecht, rüsten Sie die Drehmaschine um und führen Sie den Versuch mit denselben Einstellwerten durch!

Werkstoff: Baustahl, Drehmeißel: HSS v_c = 50 m/min; a = 1 mm; f = 0,1 mm					
Messstelle	1	2	3	4	5
Durchmesser	23,0	23,01	23,05	23,01	23,0
Abweichung	0	0,01	0,05	0,01	0

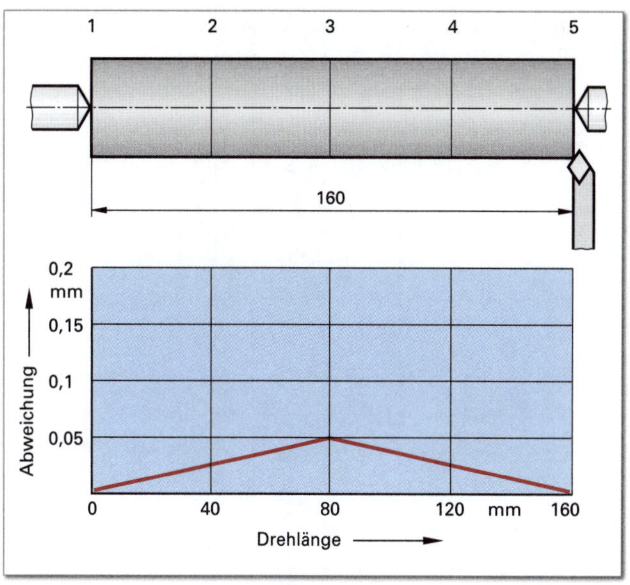

Erkenntnis: Der Werkstückdurchmesser nimmt beidseitig zur Mitte hin zu. Das Werkstück wird tonnenförmig. Die Abweichung ist geringer.

18 Welche Möglichkeiten gibt es, die Werkstücke während des Zerspanens zu stabilisieren?

a) Beim Drehen: Feststehender oder mitlaufender Setzstock

b) Beim Fräsen: Unterlegleisten oder Stützelemente

19 Erstellen Sie in Gruppenarbeit zu den Spannmitteln (Aufgabe 14) ein Plakat.

Notizen:

Lernfeld 3

Projekt Verstellbarer Schlüssel

Montageplan anpassen

Konstruktive Änderungen vornehmen

Montage beschreiben

Fertigungsplan erstellen

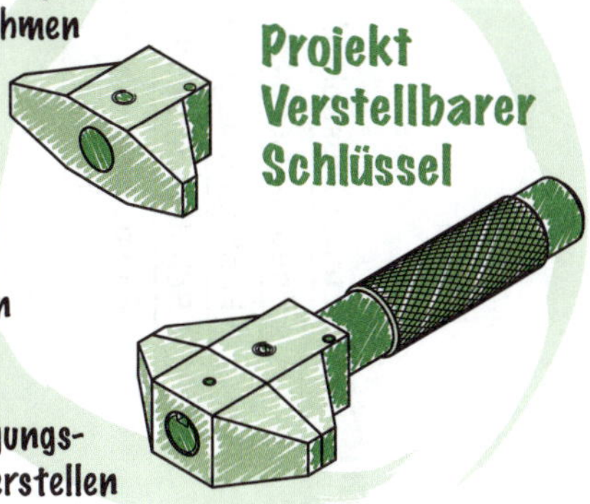

Projekt Parallelreißer

Einfache Gruppenzeichnungen lesen

Teilzeichnungen mit Schnittdarstellungen erstellen und bemaßen

Funktionszusammenhänge erkennen

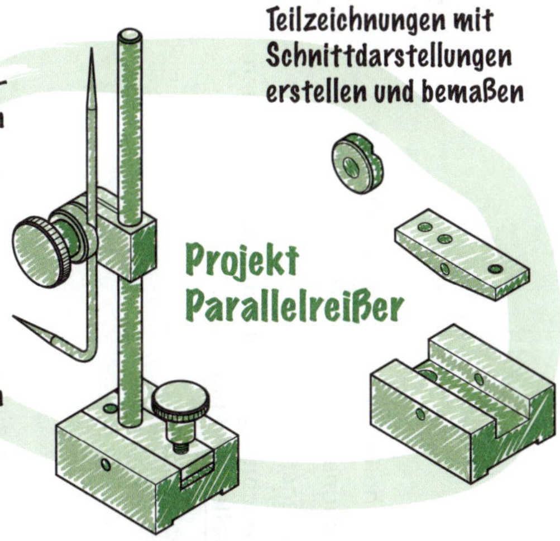

Pos.-Nr.	Menge, Einheit	Bezeichnung	Werkstoff/Norm-Kurzbezeichnung	Bemerkung
1	1	Grundplatte	S235JR	
2	1	Führung	S235JR	
3	1	Schieber	C15E	einsatzgehärtet
4	1	Deckleiste	S235JR	

Projekt Verstellbarer Anschlag

Stücklisten auswerten und ergänzen

Fügeverfahren erarbeiten und bewerten

Verschraubungen, Verstiftungen planen

Funktionsprüfung

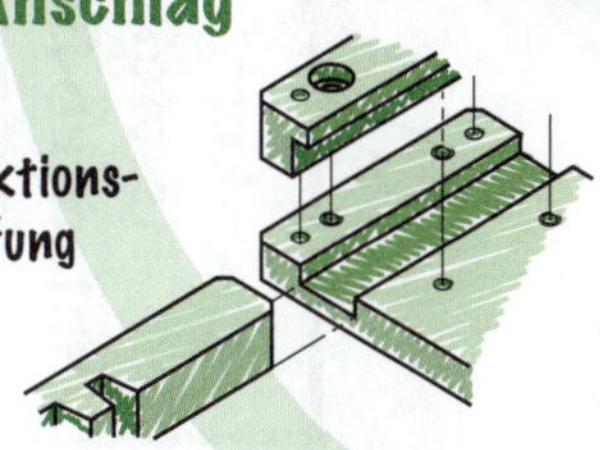

Toleranzen, Oberflächenangaben funktionsgerecht bestimmen

Qualitätssicherung

Projekt Verstellbarer Abzieher

Baugruppenzeichnung erstellen mit Stückliste

Funktionsbeschreibung

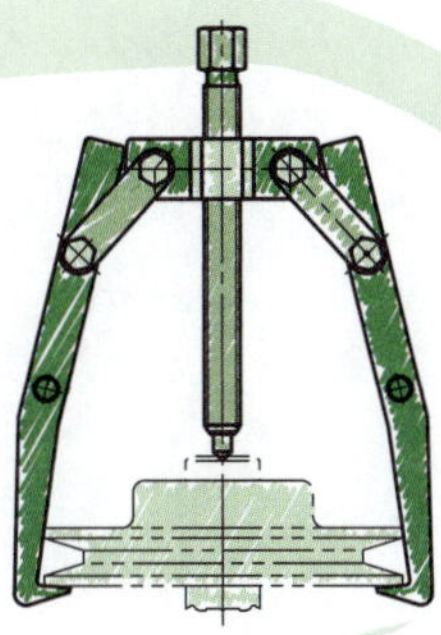

Projekt Pneumatische Steuerung

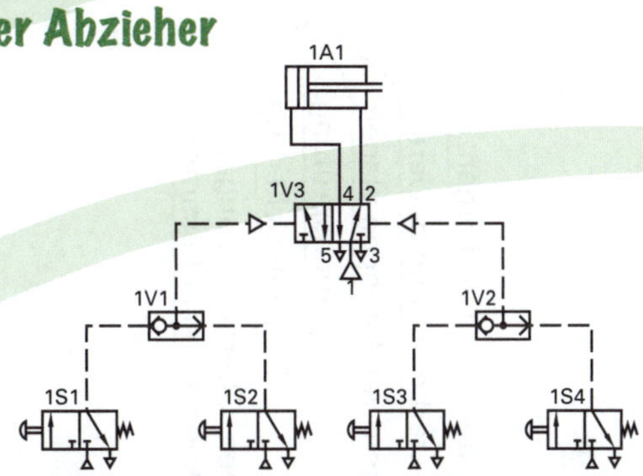

Schaltpläne erstellen und erklären

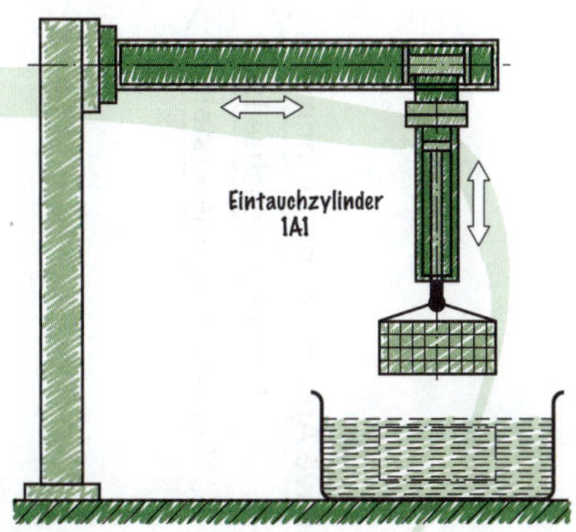

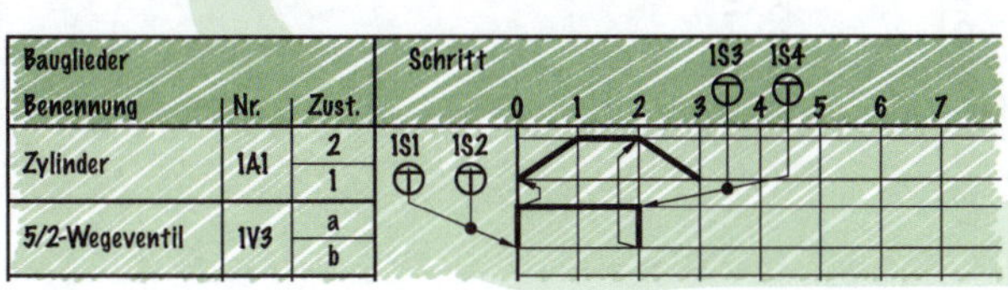

Ablauf einer Steuerung planen

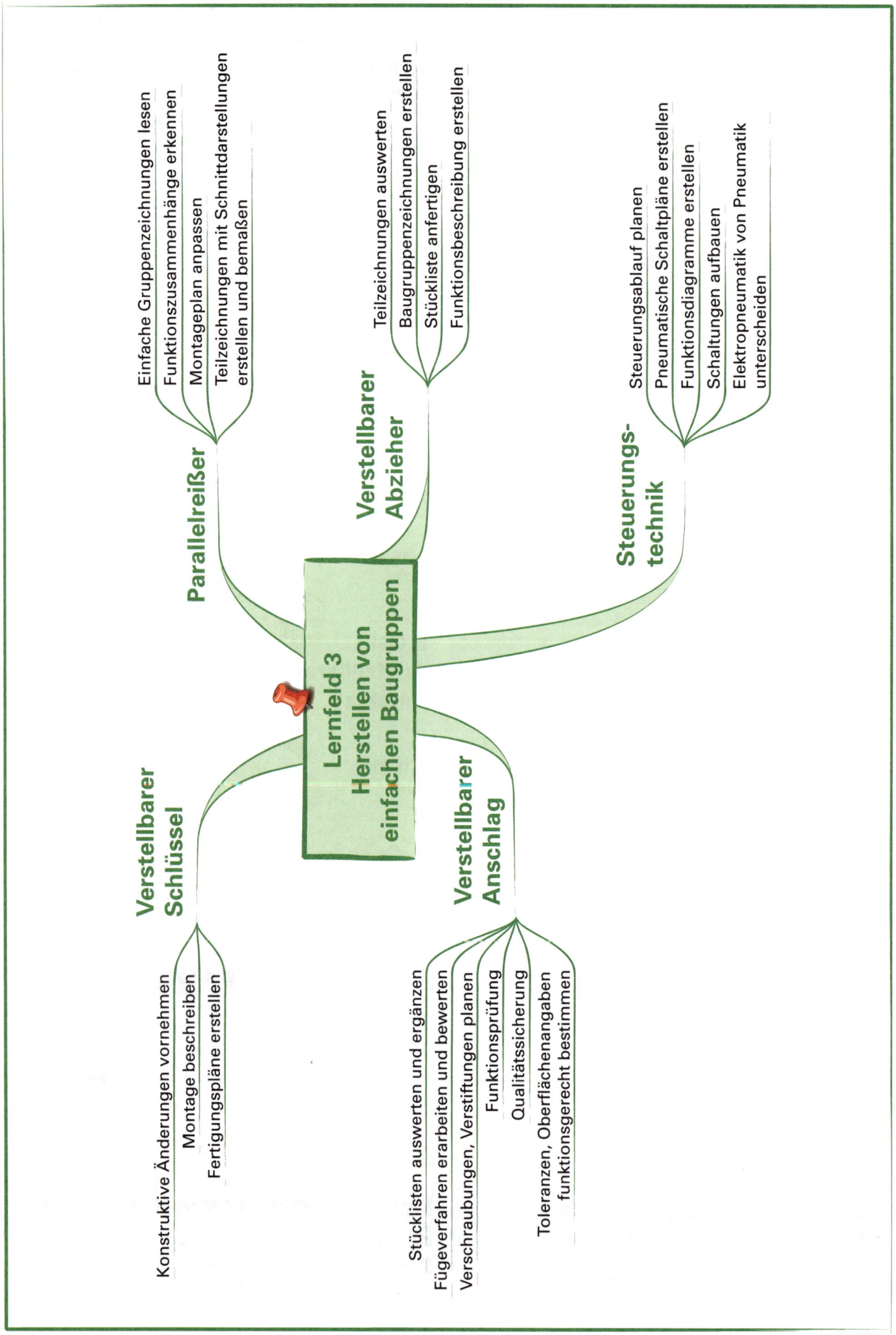
Lernfeld 3 Herstellen von einfachen Baugruppen
Parallelreißer
Einfache Gruppenzeichnungen lesen
Funktionszusammenhänge erkennen
Montageplan anpassen
Teilzeichnungen mit Schnittdarstellungen erstellen und bemaßen
Verstellbarer Abzieher
Teilzeichnungen auswerten
Baugruppenzeichnungen erstellen
Stückliste anfertigen
Funktionsbeschreibung erstellen
Steuerungs- technik
Steuerungsablauf planen
Pneumatische Schaltpläne erstellen
Funktionsdiagramme erstellen
Schaltungen aufbauen
Elektropneumatik von Pneumatik unterscheiden
Verstellbarer Schlüssel
Konstruktive Änderungen vornehmen
Montage beschreiben
Fertigungspläne erstellen
Verstellbarer Anschlag
Stücklisten auswerten und ergänzen
Fügeverfahren erarbeiten und bewerten
Verschraubungen, Verstiftungen planen
Funktionsprüfung
Qualitätssicherung
Toleranzen, Oberflächenangaben funktionsgerecht bestimmen

Isometrische Projektion

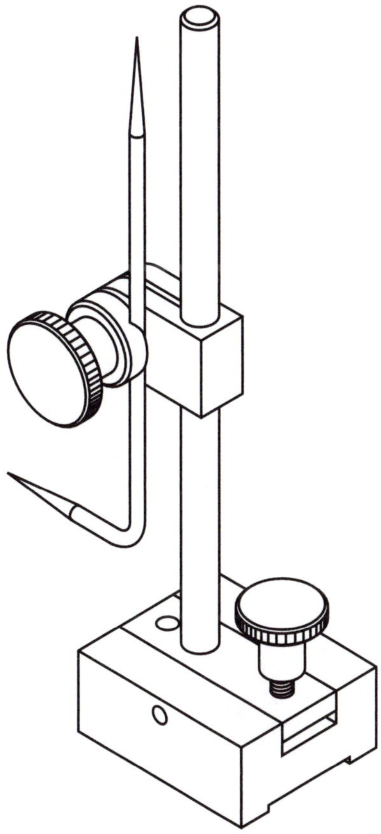

Explosionsdarstellung

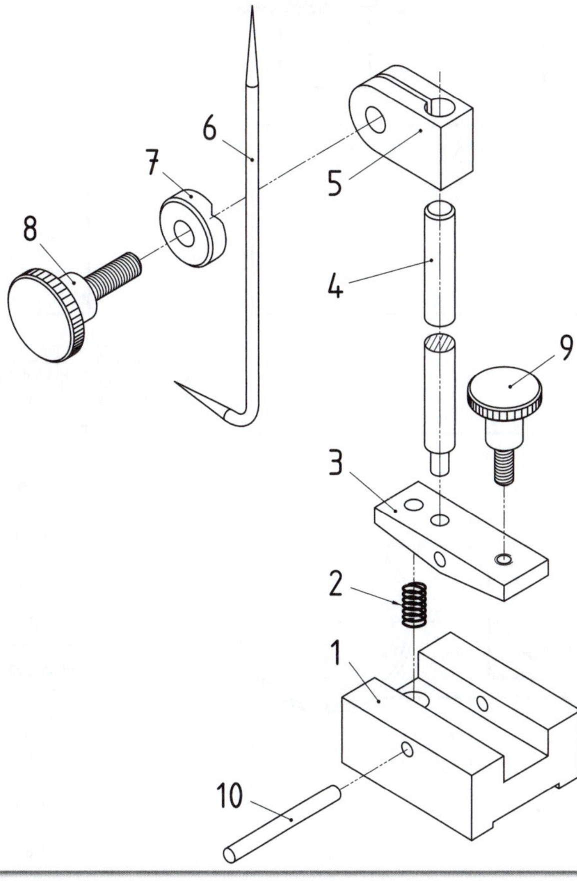

Gesamtzeichnung

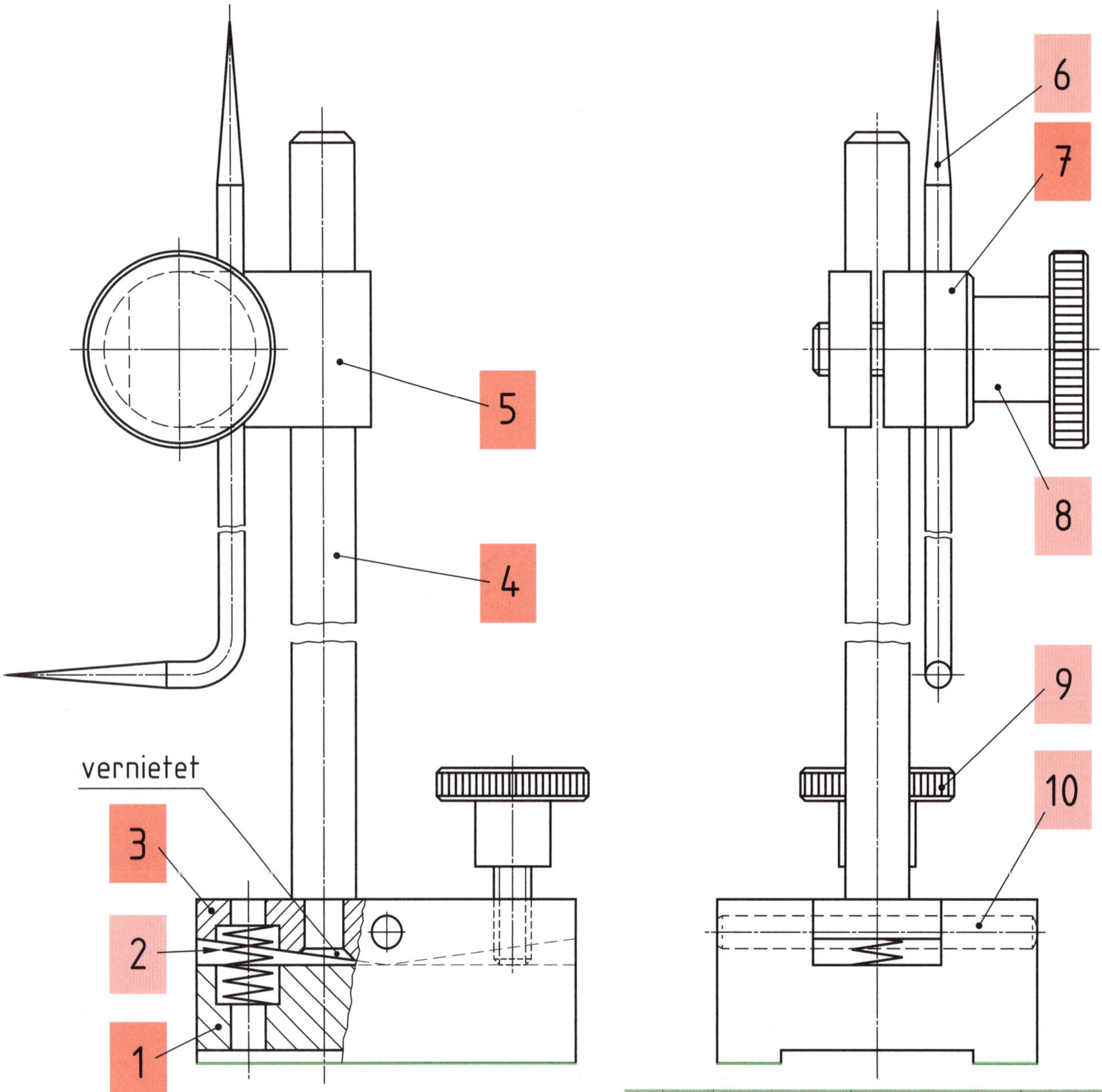

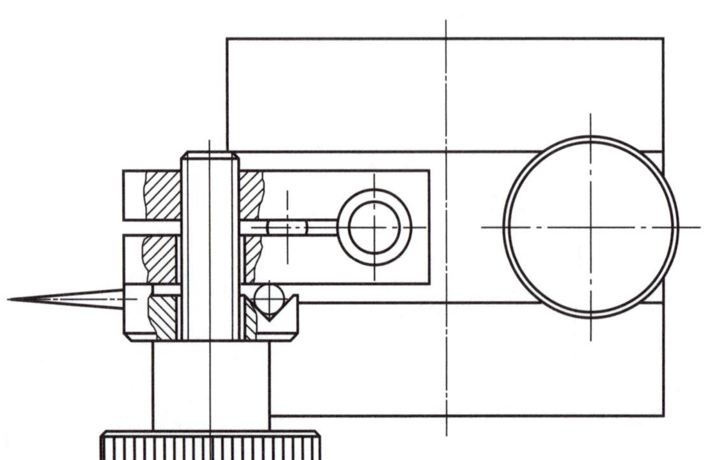

Pos.-Nr.	Menge/ Einheit	Benennung	Werkstoff/Norm-Kurzbezeichnung	Bemerkung
1	1	Sockel	C15E	einsatz-gehärtet
2	1	Druckfeder	DIN 2098-1x8x19	
3	1	Stangenhalter	S235JR	
4	1	Führungsstange	Rd EN 10278-E295	⌀10x200
5	1	Spannklemme	E295	
6	1	Reißnadel		Best.-Nr...
7	1	Reißnadelhalter	E295	
8	1	Rändelschraube	DIN 464-M8x25-St	
9	1	Rändelschraube	DIN 464-M6x16-St	
10	1	Zylinderstift	ISO 2338-5m6x50-St	

Projektbeschreibung

In der Ausbildungswerkstatt werden für das präzise Arbeiten an den Anreißplatten weitere Parallelreißer benötigt. Die Parallelreißer nach den Abbildungen Seite 87 und der gegebenen Gesamtzeichnung Seite 88 müssen aus Kostengründen von der Ausbildungsabteilung selber hergestellt werden.

Projektaufgaben

In der Planung der Fertigungsaufgabe sind die vorhandene Gesamtzeichnung auszuwerten, Planungsschritte durchzuführen und weitere Fertigungsunterlagen zu erstellen.

1 Legen Sie die Positionsnummern der Einzelteile in Stückliste und Gesamtzeichnung farbig an und notieren Sie Ihr Ergebnis.

Alle Norm- bzw. Kaufteile: Blau

Blau: Pos. 2, 6, 8, 9, 10

Alle selbst zu fertigenden Teile: Rot

Rot: Pos. 1, 3, 4, 5, 7

2 Welche Funktionen haben die Rändelschrauben (Pos. 8 und Pos. 9)?

Pos. 8: Festklemmen/Voreinstellen der Reißnadel;
Pos. 9: Feineinstellung der Reißnadelhöhe.

3 Welche Folge kann es haben, wenn beim Anreißen eine größere seitliche Anpresskraft zwischen Sockel (Pos. 1) und dem Werkstück ausgeübt wird?

Verdrehen der Reißnadelklemmung zwischen Reißnadelhalter (Pos. 7) und Spannklemme (Pos. 5); Folge: Die eingestellte Höhe wird verändert.

4 Was ist beim Arbeiten mit dem Parallelreißer aufgrund der in Aufgabe 4 angegebenen Gefahren zu beachten?

Klemmstelle Pos. 7/Pos. 5 in vertikaler Richtung möglichst nahe der Reißnadelspitze halten.

5 Erstellen Sie eine Freihandskizze mit Bemaßung und Oberflächenangaben für die Führungsstange (Pos. 4).

Die Gesamtlänge der Führungsstange beträgt 200 mm. Alle weiteren Maße sind der Gesamtzeichnung zu entnehmen. Die Toleranzen sind auf das verwendete Halbzeug und die geforderte Funktion abzustimmen.

Allgemeintoleranzen sollen nach DIN ISO 2768-mittel ausgeführt werden.

Alle bearbeiteten Oberflächen sollen einen *Ra*-Wert von max. 3,2 µm aufweisen.

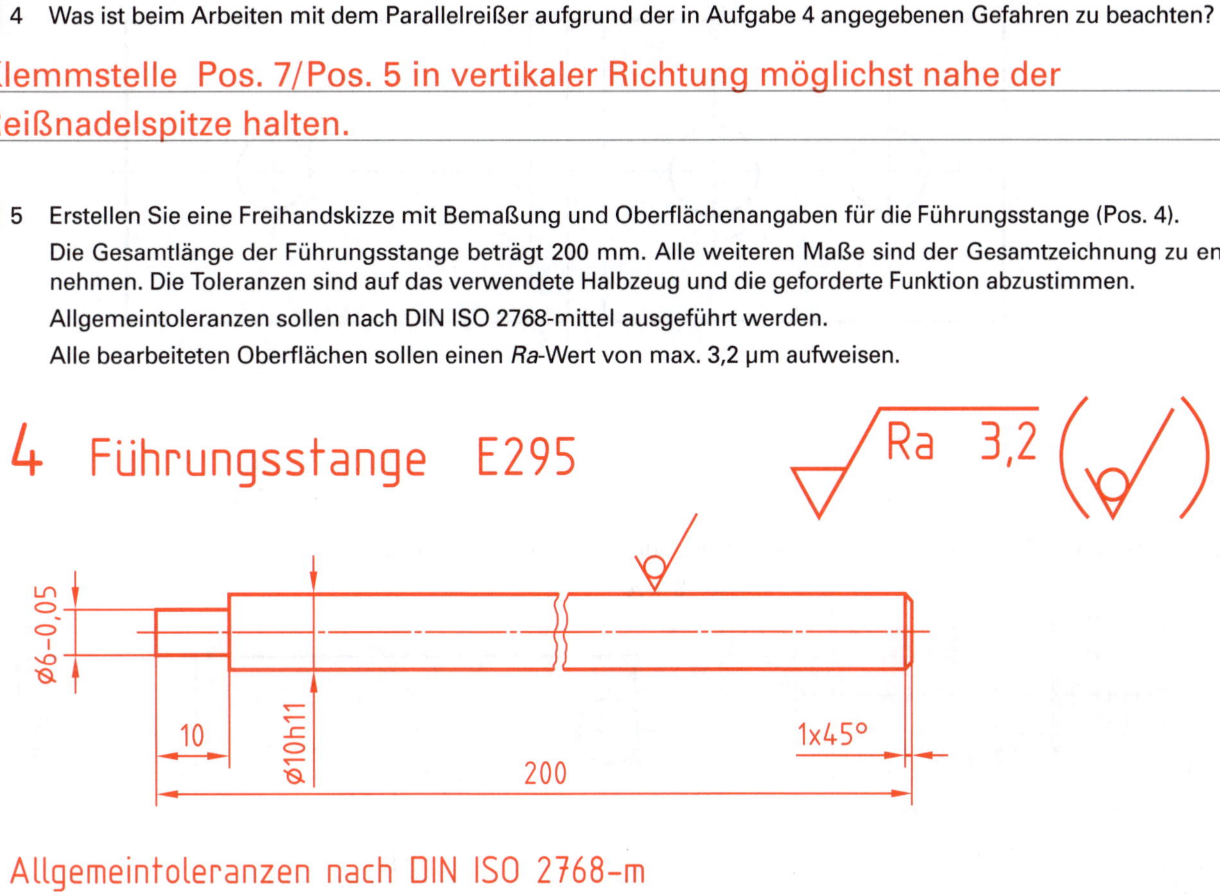

6 Wozu dient die Ausfräsung 30 x 2 an der Grundfläche des Sockels (Pos. 1)?

Die dadurch verkleinerte Auflagefläche bewirkt eine bessere Auflage bei eventuellen Verschmutzungen auf der Anreißplatte.

7 Vom Stangenhalter (Pos. 3) ist die Vorderansicht im Vollschnitt darzustellen. Die gesamte Zeichnung ist zu bemaßen. Die fehlenden Maße sind der Gesamtzeichnung zu entnehmen, eventuell zu runden.

Die Toleranzen sind auf das verwendete Halbzeug und die geforderte Funktion abzustimmen. Allgemeintoleranzen sollen nach DIN ISO 2768-mittel ausgeführt werden. Alle bearbeiteten Oberflächen sollen einen *Ra*-Wert von max. 3,2 µm aufweisen. (Maßstab 2:1).

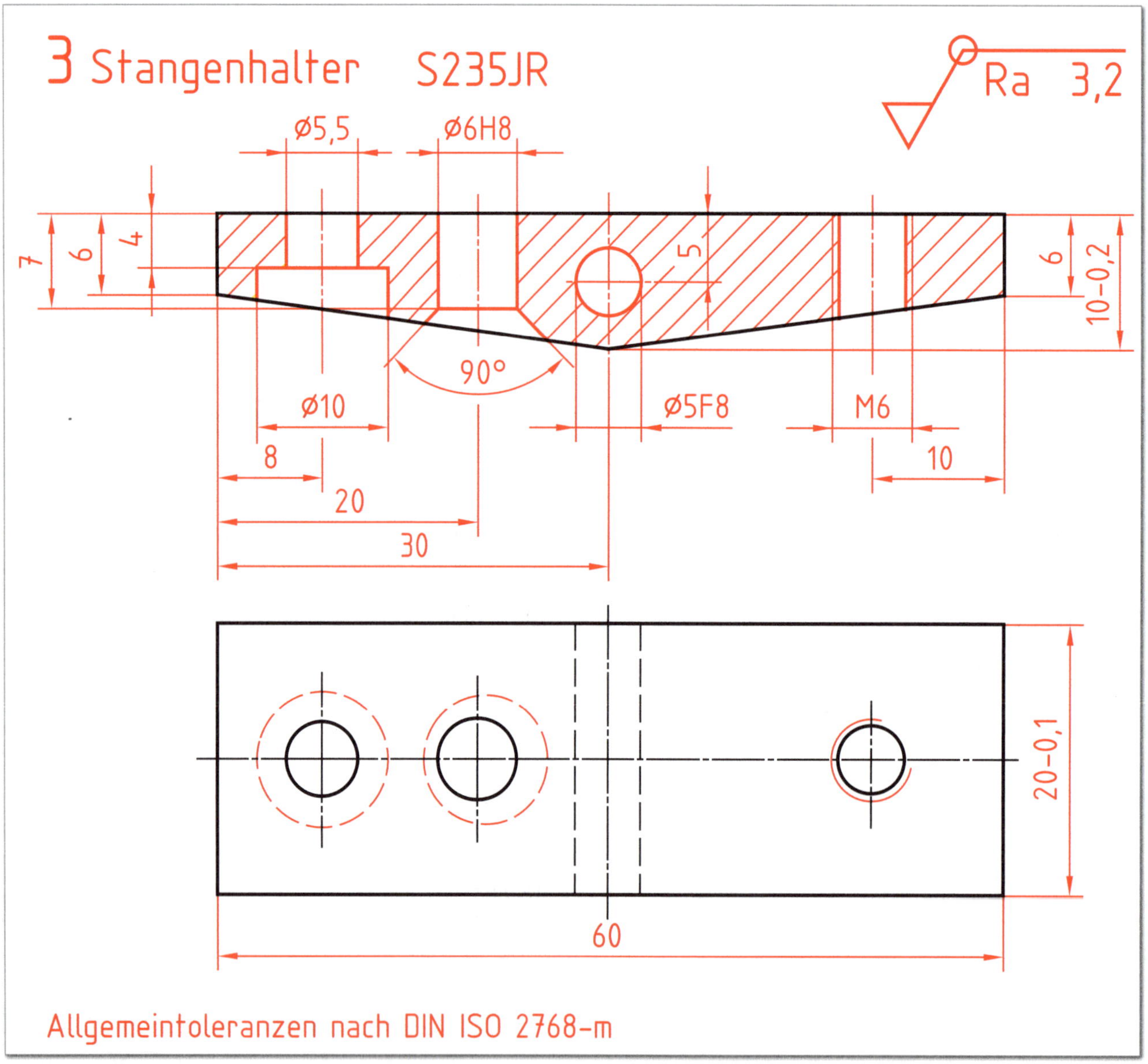

8 Bestimmen Sie rechnerisch den Flankenwinkel für den Stangenhalter, Pos. 3.

$\tan \alpha = \frac{b}{a} = \frac{10\text{ mm} - 6\text{ mm}}{30\text{ mm}}$

$= 0{,}13$

$\alpha = 7{,}4° = 7°\ 24'\ 8''$

$\alpha = 7°\ 20'$ reicht für das tolerierte Maß 10 – 0,2 mm.

Skizze:

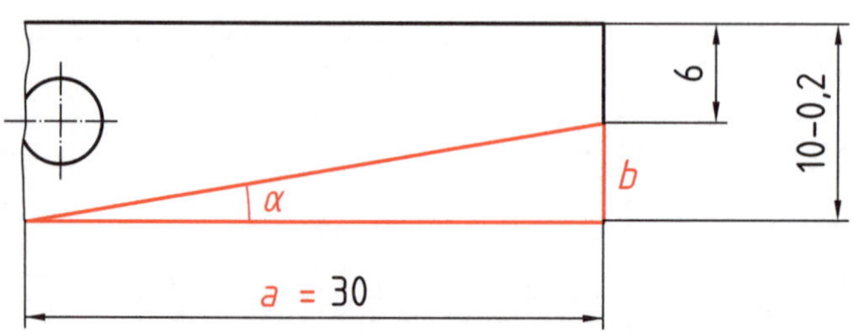

9 Zeichnen Sie vom Reißnadelhalter (Pos. 7) im Maßstab 2:1 die Vorderansicht im Vollschnitt und die Seitenansicht und tragen Sie alle zur Fertigung notwendigen Angaben normgerecht ein.

Die fehlenden Maße sind der Gesamtzeichnung zu entnehmen, eventuell zu runden. Der *Ra*-Wert soll für alle Flächen maximal 3,2 µm betragen. Allgemeintoleranzen sollen nach DIN-ISO 2768-mittel ausgeführt werden.

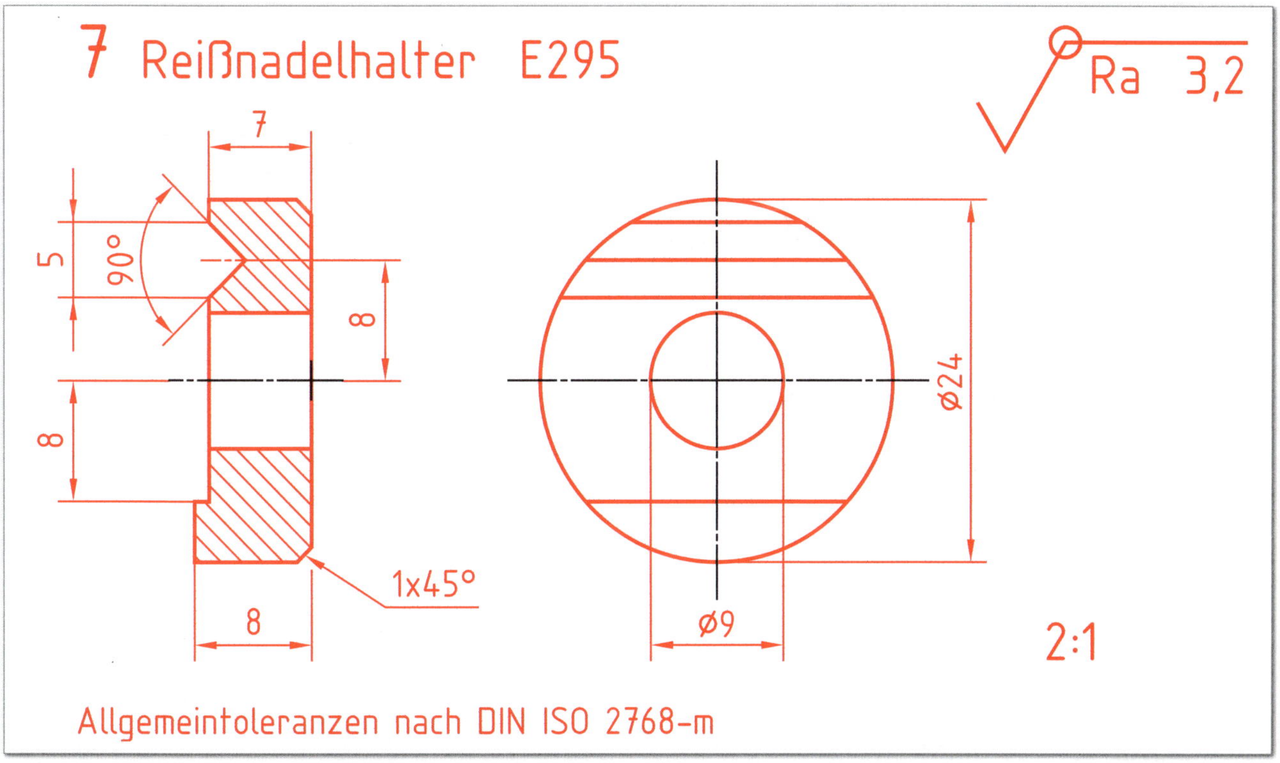

10 Die Einzelteilzeichnung vom Sockel (Pos. 1) soll vervollständigt werden. Zum besseren Verständnis sollen folgende Teilbereiche im Schnitt dargestellt werden:
a) In der Vorderansicht die abgestufte Bohrung zur Aufnahme der Druckfeder (Pos. 2);
b) In der Seitenansicht die Durchgangsbohrung für den Zylinderstift (Pos. 10).

Die fehlenden Maße sind der Gesamtzeichnung zu entnehmen, eventuell zu runden. Tragen Sie alle Fertigungsangaben normgerecht ein. Der *Ra*-Wert soll für alle Flächen maximal 3,2 µm betragen. Allgemeintoleranzen sollen nach DIN-ISO 2768-mittel ausgeführt werden.

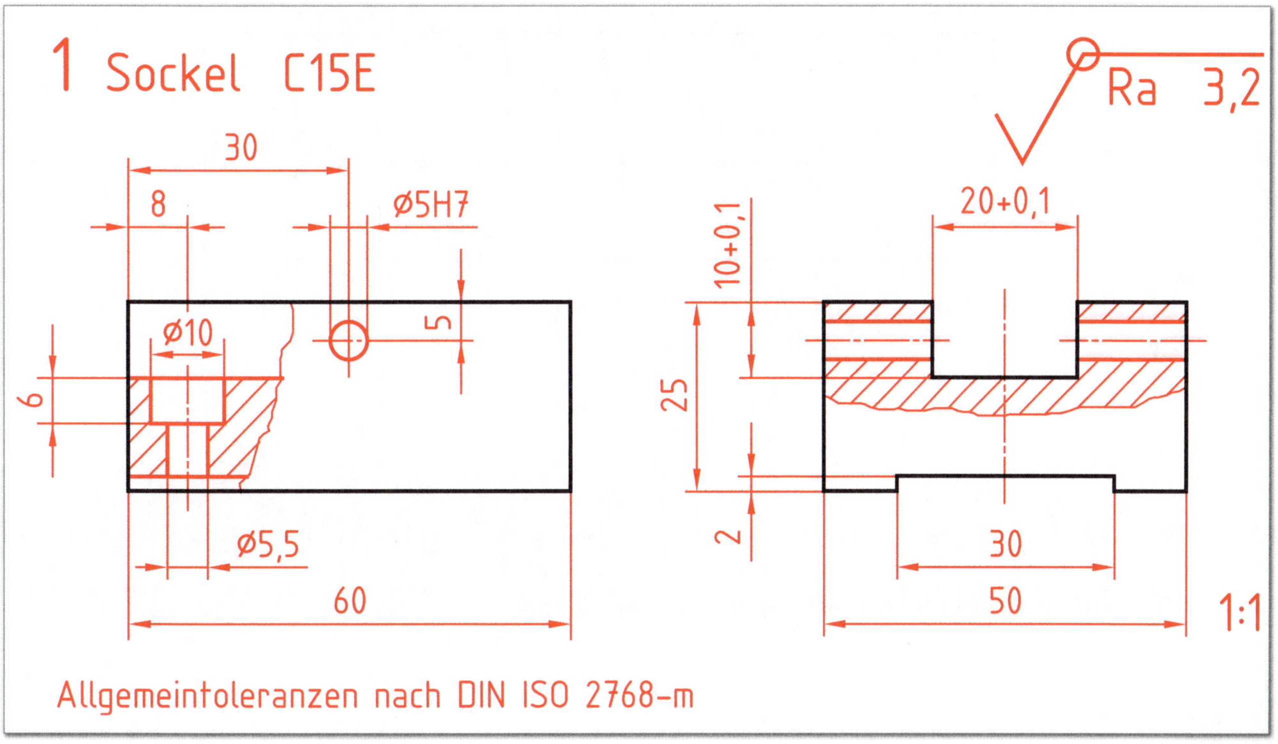

11 Die Einzelteilzeichnung der Spannklemme (Pos. 5) soll mit der Vorderansicht und der Draufsicht im Vollschnitt im Maßstab 2:1 vervollständigt werden.

Die fehlenden Maße sind der Gesamtzeichnung zu entnehmen, eventuell zu runden. Tragen Sie alle Fertigungsangaben normgerecht ein. Der *Ra*-Wert soll für alle bearbeiteten Flächen maximal 3,2 µm betragen. Allgemeintoleranzen sollen nach DIN-ISO 2768-mittel ausgeführt werden.

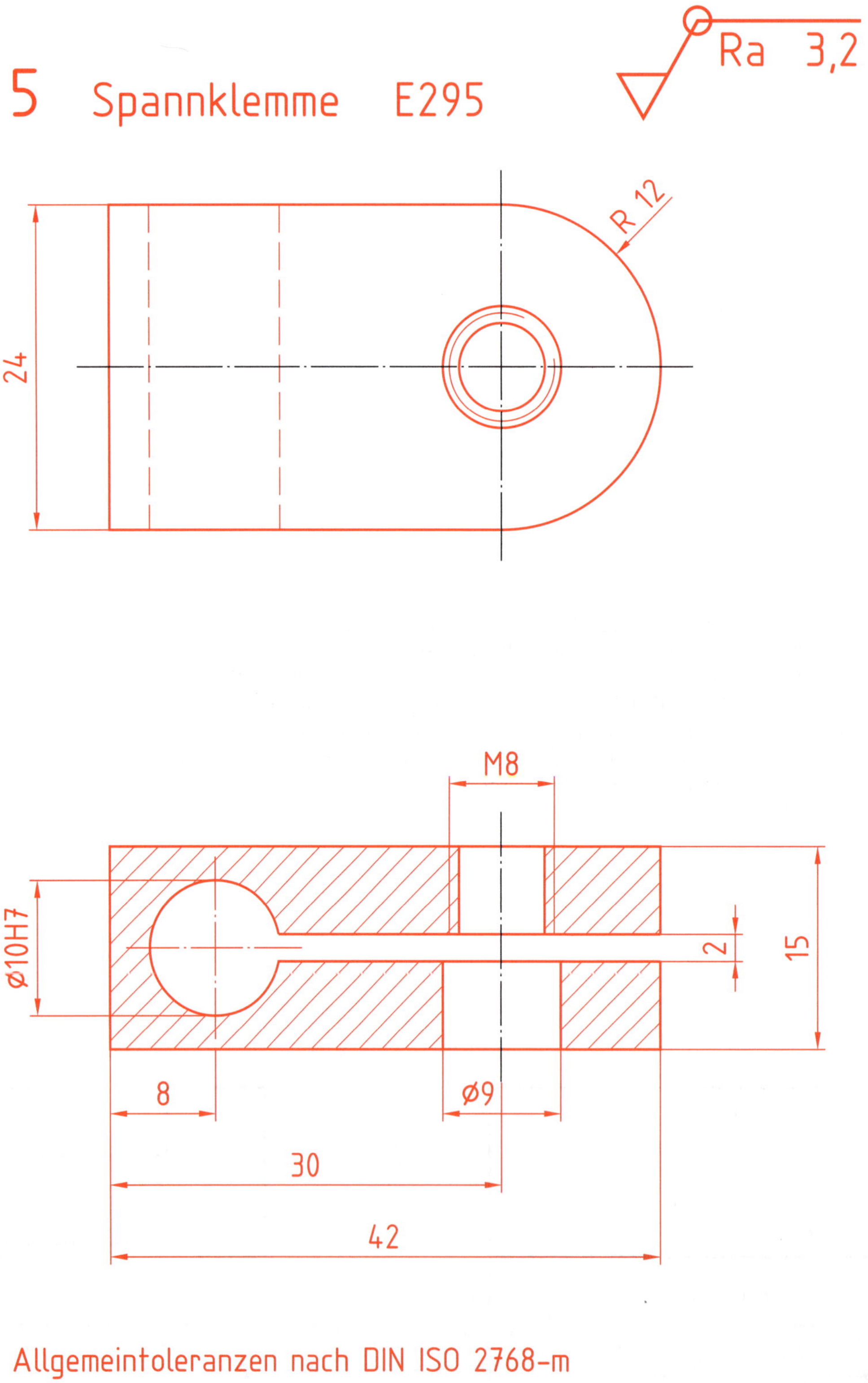

12 Vom Sockel (Pos. 1, ohne Bohrungen) ist die Vorderansicht gegeben. Skizzieren Sie den Sockel in dimetrischer Projektion im Maßstab 1:1. Die 20 mm breite Nut soll in der Dimetrie von links unten nach rechts oben verlaufen.

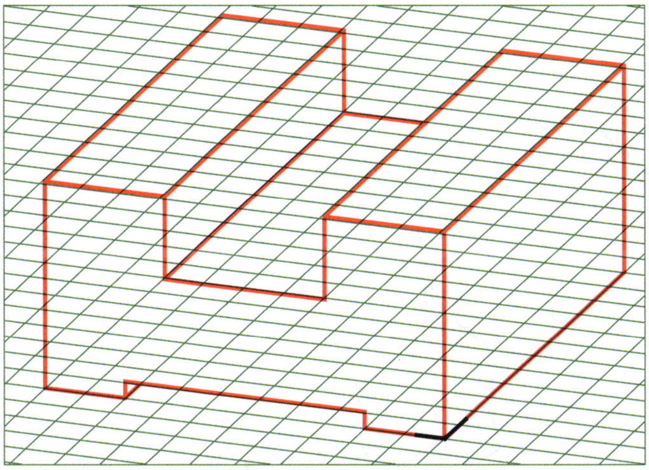

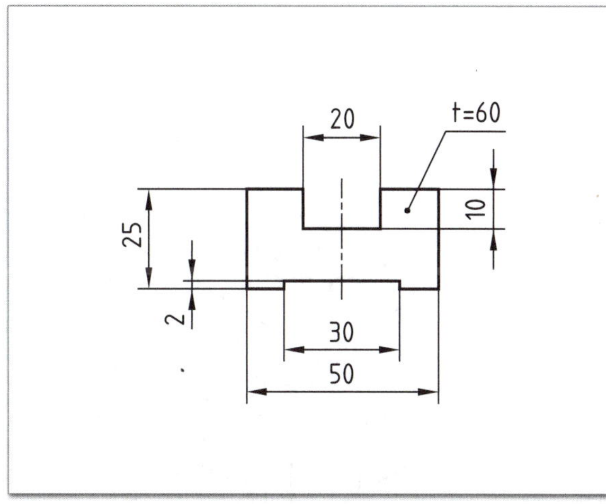

13 Berechnen Sie die Masse für den Sockel Pos. 1, ohne Bohrungen!

$V = V_1 - V_2 - V_3 = 50\ \text{mm} \cdot 25\ \text{mm} \cdot 60\ \text{mm} - 20\ \text{mm} \cdot 10\ \text{mm} \cdot 60\ \text{mm}$
$- 30\ \text{mm} \cdot 2\ \text{mm} \cdot 60\ \text{mm}$

$V = 59400\ \text{mm}^3 = 59{,}4\ \text{cm}^3 = 0{,}0594\ \text{dm}^3$

$\varrho = \frac{m}{V}$; $\quad m = V \cdot \varrho = 0{,}0594\ \text{dm}^3 \cdot 7{,}85\ \frac{\text{kg}}{\text{dm}^3}$

$m = \underline{\underline{0{,}47\ \text{kg}}}$

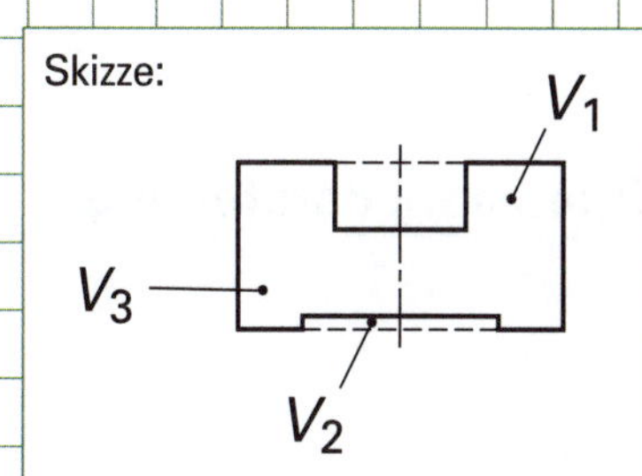

14 Stellen Sie die wichtigsten Regeln zum Thema „Schnittdarstellung" in einem Umdruck zusammen. Speichern Sie Ihr Textdokument als PDF, um es auch am Bildschirm zu präsentieren.

Isometrische Projektion

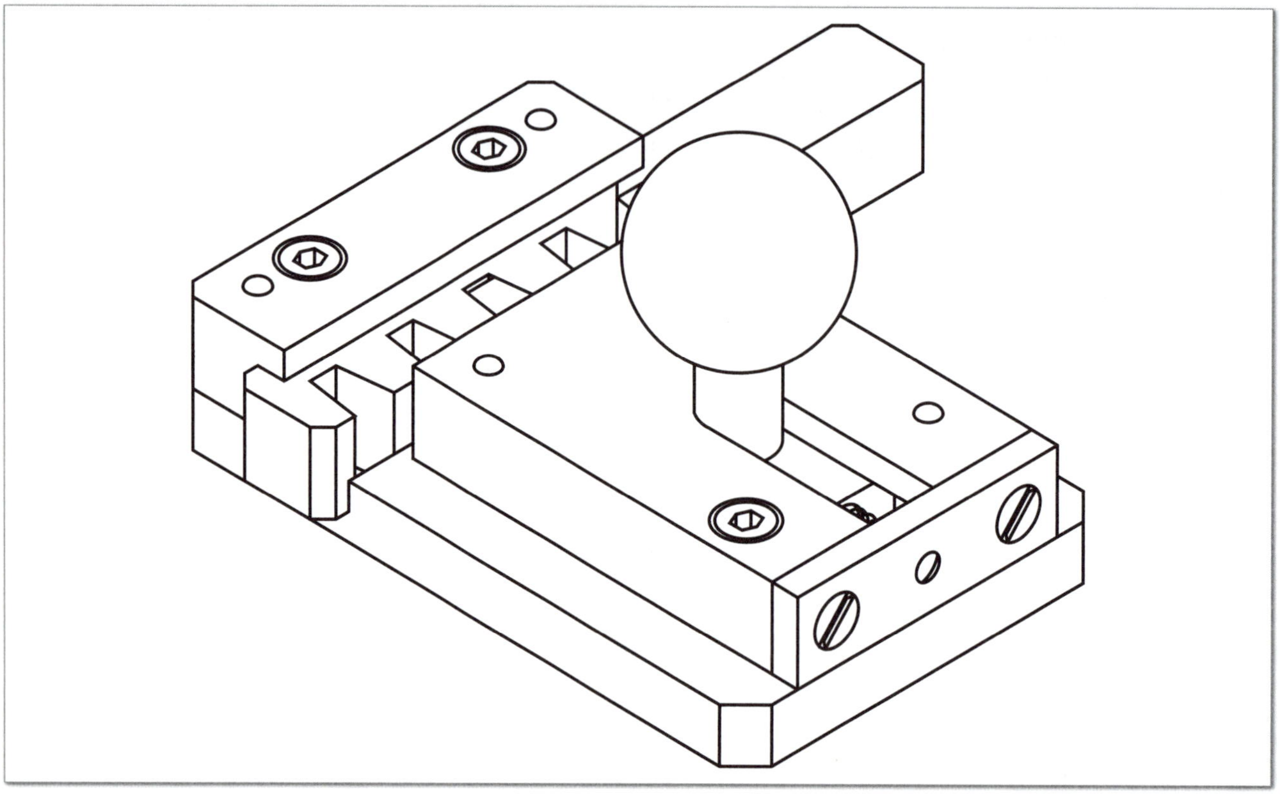

Explosionsdarstellung

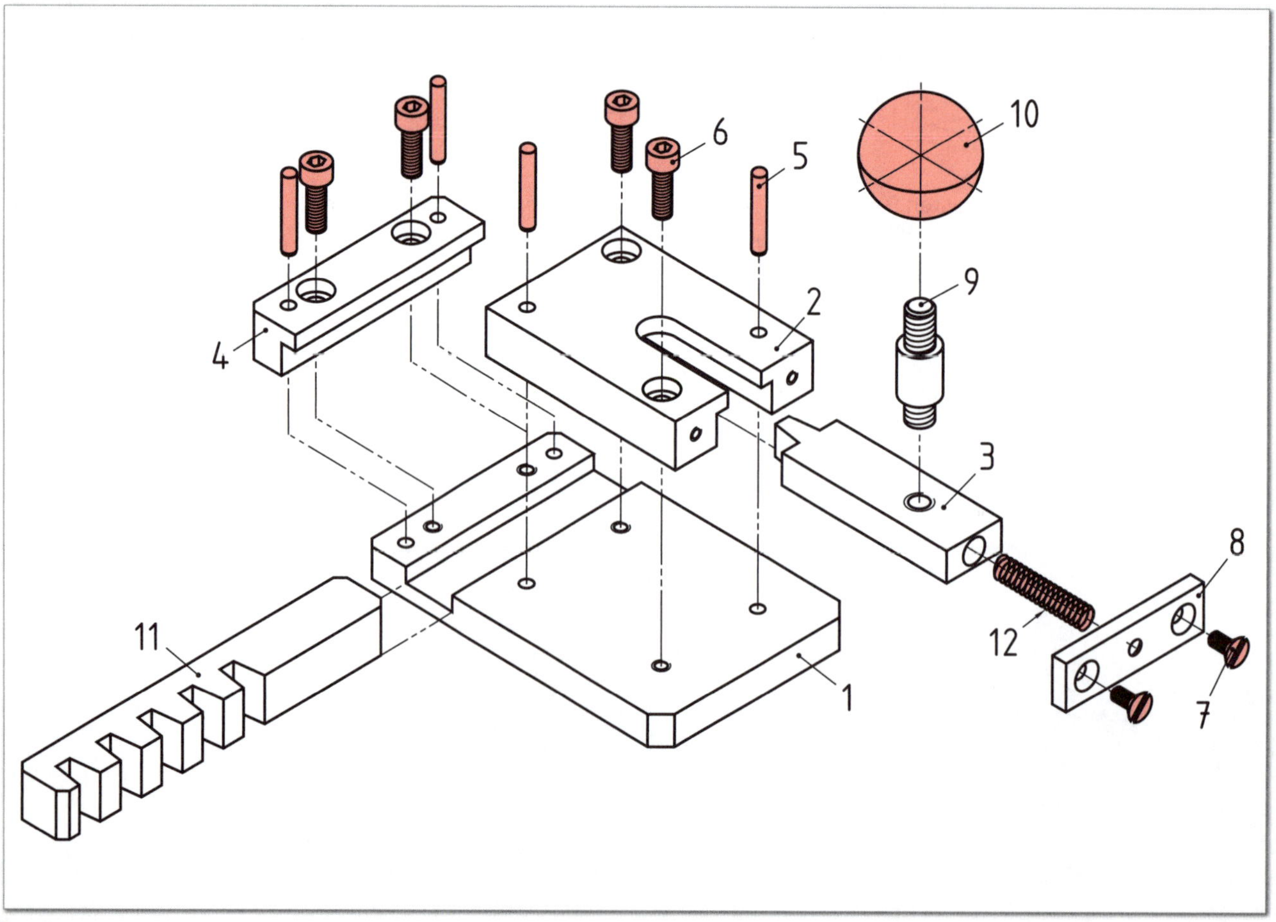

Gesamtzeichnung

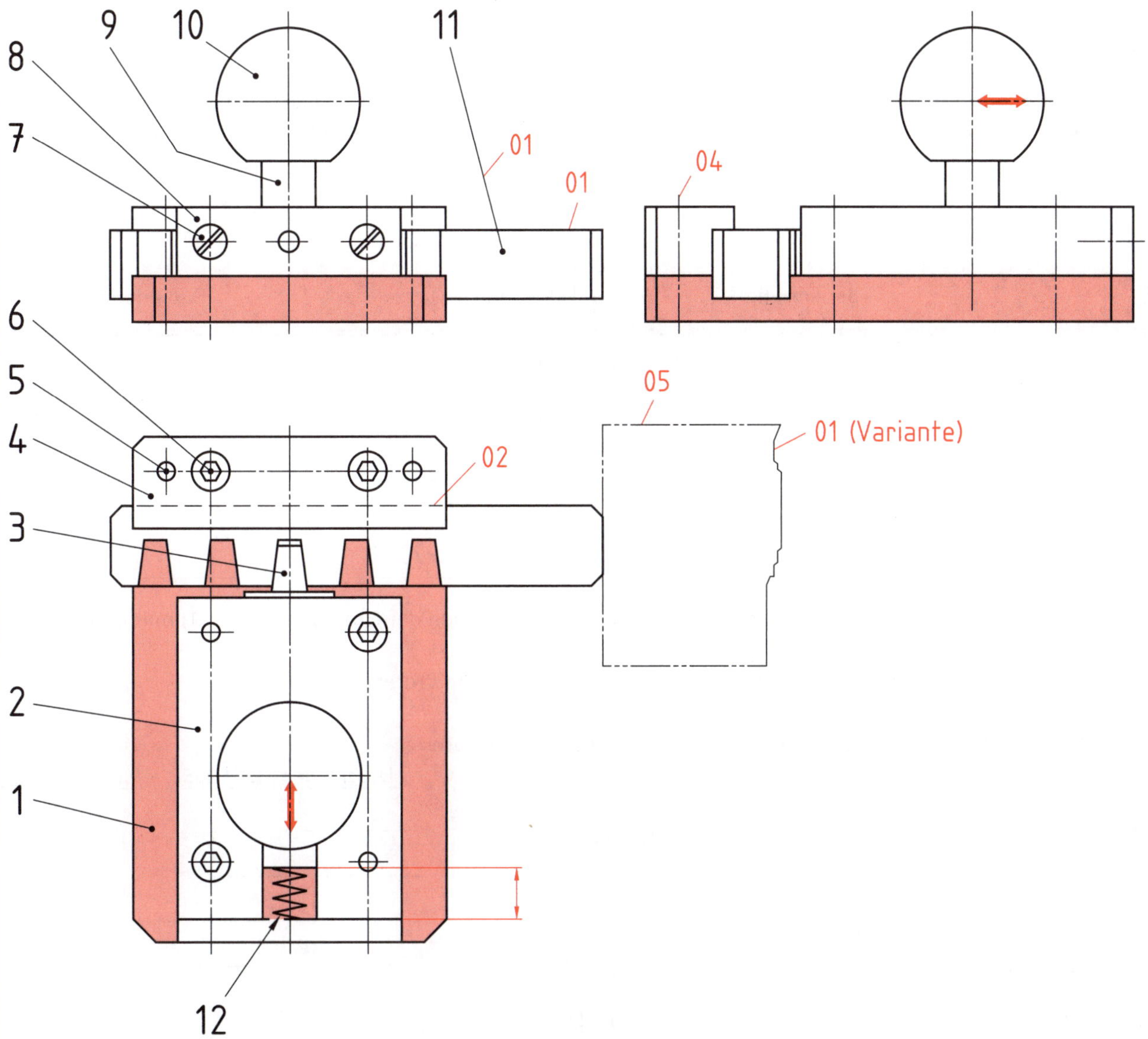

Pos.-Nr.	Menge/ Einheit	Benennung	Werkstoff/Norm-Kurzbezeichnung	Bemerkung
1	1	Grundplatte	S235JR	
2	1	Führung	S235JR	
3	1	Schieber	C15E	einsatzgehärtet
4	1	Deckleiste	S235JR	
5			ISO 2338-4m6x24-St	
6			ISO 4762-M5x16-8.8	
7			ISO 2009-M4x10-4.8-H	
8	1	Halteblech	S235JR	
9	1	Gewindebolzen	11SMn30	Gewinde M8
10			DIN 319-E32 PF	
11	1	Anschlagleiste	C15E	einsatzgehärtet
12			DIN 2098-0,5x6,3x20	

Projektbeschreibung

Die Schülerwerkstatt bekommt innerbetrieblich den Auftrag für die Fertigungsabteilung einen verstellbaren Anschlag herzustellen, mit dessen Hilfe Werkstücke auf einer Bohrmaschine gleichmäßig unterteilt werden können.

Projektaufgaben

Um die Fertigungsaufgabe fachgerecht auszuführen sind die vorhandenen Arbeitsunterlagen auszuwerten, Informationen zusammen zu stellen, Fertigungsschritte zu planen und weitere Fertigungsunterlagen zu erstellen.

1 Ermitteln Sie Anzahl und Bezeichnung der im verstellbaren Anschlag verwendeten Normteile.

Pos.-Nr.	Menge Einheit	Benennung	Werkstoff/Norm-Kurzzeichen	Bemerkung
5	4	Zylinderstift	ISO 2338-4m6x24-St	
6	4	Zylinderschraube	ISO 4762-M5x16-8.8	
7	2	Senkschraube	ISO 2009-M4x10-4.8-H	
10	1	Kugelknopf	DIN 319-E 32 PF	
12	1	Druckfeder	DIN 2098-0,5x6,3x20	

2 Kennzeichnen Sie in der Gesamtzeichnung alle sichtbaren Flächen der Grundplatte (Pos. 1) mit roter Farbe.

3 Kennzeichnen Sie in der Explosionsdarstellung alle Normteile mit roter Farbe.

4 Erläutern Sie die Normbezeichnung von Pos. 12 des verstellbaren Anschlags.

Druckfeder DIN 2098 - 0,5 x 6,3 x 20

- Bezeichnung des Normteils: Druckfeder
- Normblatt DIN 2098
- Drahtdurchmesser $d = 0{,}5$ mm
- mittlerer Windungsdurchmesser $D_m = 6{,}3$ mm
- Länge der unbelasteten Feder $l = 20$ mm

5 Erläutern Sie die Normbezeichnung von Pos. 10 des verstellbaren Anschlags.

Kugelknopf DIN 319 - E 32 FS / St

- Bezeichnung des Normteils: Kugelknopf
- Normblatt DIN 319
- Form E mit Gewindebuchse
- Kugeldurchmesser $d_1 = 32$ mm
- Kunststoff FS31 nach DIN 7708
- Einpressmutter aus Stahl

6 Welche Pos. bewegen sich zusammen mit Pos. 10 (Seite 95)?

Pos. 3, 9 und 12

7 Wie Sie der Normteileliste in der vorhergehenden Aufgabe entnehmen können, werden verschiedene Schrauben benötigt, um den verstellbaren Anschlag zu fügen. Solche Schrauben werden, wie andere Normteile auch, meist als Massenteile durch Umformen hergestellt. In der Abbildung sind die verschiedenen Fertigungsstufen einer solchen Umformung abgebildet.

Warum werden Massenteile häufig durch Umformen hergestellt?

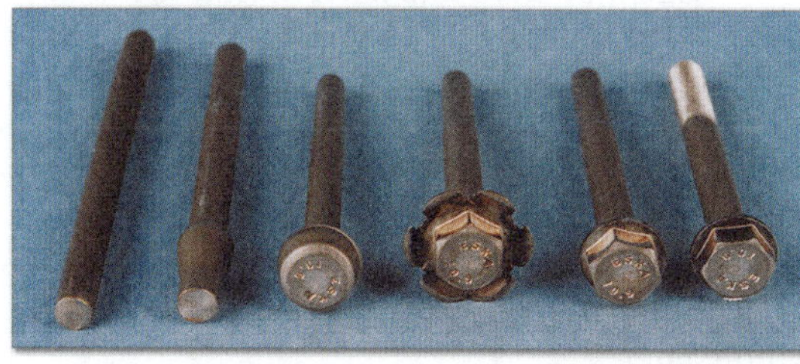

Geringe Materialverluste und eine hohe Fertigungsgeschwindigkeit ermöglichen eine kostengünstige Herstellung.

8 Vergleichen Sie die Stärken und Schwächen der unterschiedlichen Fertigungsverfahren miteinander. Vervollständigen Sie die Tabelle mit den Begriffen wie z. B. gut, hoch, gering ...

Eingesetzte Maschinen	Drehzelle bzw. Bearbeitungszentrum zur Zerspanung	Umformmaschine bzw. Transferpresse für die Umformung
Abbildung	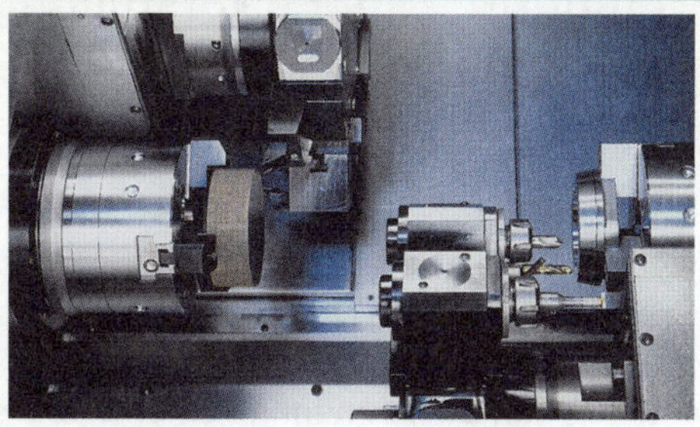	
Rentable Losgröße	Gering (Einzelstücke bis einige tausend Teile/Los)	Sehr groß (zigtausend bis mehrere hunderttausend Teile/Los)
Investitionskosten	mäßig – hoch	hoch – sehr hoch
Flexibilität der Fertigung	gut – sehr gut	mäßig – gut
Fertigungszeit pro Werkstück	mäßig – lang	sehr kurz
Erreichbare Genauigkeit der Werkstücke	hoch – sehr hoch	hoch
Festigkeit der Werkstücke	mäßig – gut	sehr gut

9 Welche Bedeutung haben die eingeprägten Zahlen und Buchstaben im Kopf der abgebildeten Schraube?

Zeichen	Bedeutung
DAR	Herstellername oder dessen Kurzzeichen
10	$R_m = 10 \cdot 100 \frac{N}{mm^2} = 1000 \frac{N}{mm^2}$
.9	$R_e = 10 \cdot 9 \cdot 10 \frac{N}{mm^2} = 900 \frac{N}{mm^2}$

10 Welche Aussage kann über das Volumen von Werkstücken beim Umformen getroffen werden?

Das Volumen von Umformteilen ist vor und nach dem Umformen annähernd gleich groß.

11 Der Gewindebolzen (Pos. 9) und der Kugelknopf (Pos. 10) werden im vorliegenden Beispiel verschraubt. Grundsätzlich wäre das Fügen dieser beiden Einzelteile aber auch auf andere Art und Weise durchführbar.

Vergleichen Sie bezüglich der Schlussart, des Fügeaufwands und der spezifischen Besonderheiten eine durch Gewinde hergestellte Verbindung mit einer verklebten und mit einer gepressten Verbindung.

	Fügen durch Verschrauben	Fügen durch Verkleben	Fügen durch Pressen
Art und Weise der Kraftübertragung	Kraftschluss	Stoffschluss	Kraftschluss
Unterscheidungsmerkmale (Auswahlkriterien)	- leicht und schnell lösbare Verbindungen - kann hohe Belastungen aufnehmen	- nicht lösbare Verbindung - einfach und schnell herstellbar - Verbindung gleicher oder verschiedener Werkstoffe	- mit gewissem Aufwand lösbare Verbindung - gewisser Fertigungsaufwand bei Herstellung der erforderlichen Passmaße

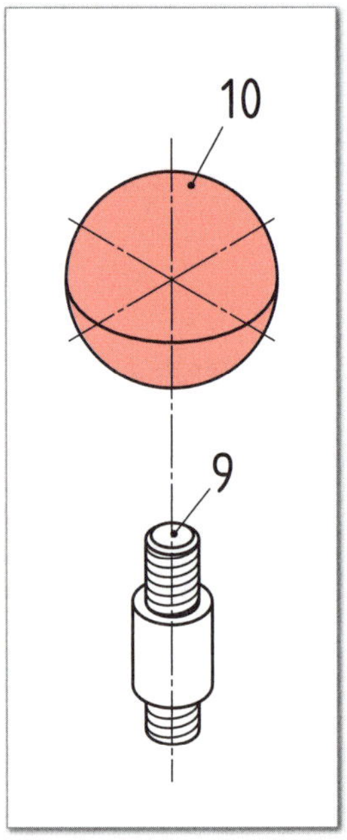

12 Adhäsions- und Kohäsionskräfte garantieren den Zusammenhalt einer Klebeverbindung.

a) Tragen sie die Kräfte als Verbindungslinien zwischen den Molekülen bzw. zwischen Molekülen und Flächen unterschiedlich farbig ein.

Klebeverbindungen sind, wie auch andere Verbindungen, vielen Belastungsarten ausgesetzt.

b) Nennen Sie fünf Grundformen der Belastungsarten und heben Sie farbig hervor, welche davon für eine Klebeverbindung ungeeignet sind.

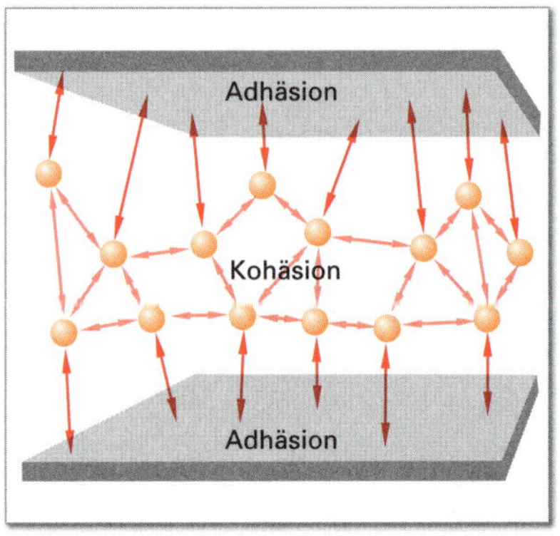

Druckbeanspruchung, **Schälbeanspruchung**, **Zugscherbeanspruchung**, Zugbeanspruchung, Druckscherbeanspruchung

13 In der modernen Technik werden immer mehr Bauteile geklebt.

Wählen Sie für die folgenden Werkstoffkombinationen einen geeigneten Klebstoff aus und ordnen Sie ein Anwendungsbeispiel zu.

Werkstoffkombination	Klebstoff	Anwendungsbeispiel
Schaumstoff - Holz	Polyurethan	Wärmeisolierung
Duroplaste - Beton	Epoxidharz	Kunststoffschellen für Elektrokabelhalter
Metall - Metall	anaerobe Klebstoffe	Welle-Nabe-Verbindung
Duroplaste - Metall	Acrylharz	Gleitbahnen von Werkzeugmaschinen

14 Die Festigkeit der Klebeverbindung ist vom Werkstoff, vom Klebstoff, der Oberflächenvorbereitung und der Abbindezeit abhängig. Werkstoffstreifen mit den Abmaßen 1 x 20 x 50 aus Stahl, Aluminium und Kunststoff sollen durch Überlappen verbunden werden.

a) Welcher Klebstoff ist geeignet?

Methylmethacrylat (Sekundenkleber)

b) Wie wird die Oberfläche fachgerecht vorbehandelt?

Oberfläche muss aufgeraut und entfettet werden.

c) Ermitteln Sie mithilfe der Zerreißmaschine die Zugkraft F_z, die erforderlich ist, um die Klebeproben wieder zu trennen und tragen Sie die Werte in die Tabelle ein!

Werkstoffpaarung	St - St	Al - Al	PVC U - PVC U	St - Al	St - PVC U	Al - PVC
Zugkraft F_z in kN; 10 mm Überlappung	4,7	3,4	3,6	2,8	2,5	3,5
Zugkraft F_z in kN; 20 mm Überlappung	5,3	4,9	4,8	4,2	3,3	4,3

Erkenntnis: Die mögliche Zugbelastung ist von der Überlappungsgröße und der Werkstoffkombination abhängig.

15 Fertigen Sie mithilfe von zwei Stahlblechstreifen 1 x 20 x 50 und zwei Stahlbleichstreifen 1 x 20 x 40 eine Laschenverbindung mit dem in Aufgabe 1 verwendenten Klebstoff!

a) Belasten Sie die Verbindung nach der Aushärtung in der Zerreißmaschine bis zum Bruch!

b) Werten Sie das Versuchsergebnis aus!

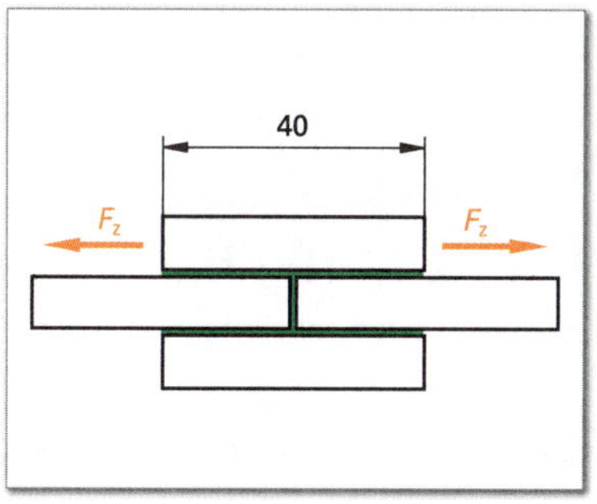

Ermittelte Zugkraft F_z = 10,3 kN; Blech zerissen.

Die Festigkeit der Klebeverbindung ist größer als die des Stahlbleches.

c) Ermitteln Sie bei welcher Zugkraft F_z die Klebung und nicht der Werkstoff zerreißt! Die Bindefestigkeit des Klebstoffes (hier Zyanacrylat) beträgt τ_{KB} = 26 N/mm²

Formel: $F_z = S \cdot \tau_{KB}$ $F_z = 1600\ mm^2 \cdot 26 \frac{N}{mm^2}$; $F_z = 41600\ N$

d) Nennen Sie zwei weitere Anwendungen von Klebeverbindungen und deren funktionelle Aufgabe in der Metalltechnik

Getriebegehäuse – Abdichtung der Flächen
Schraubenverbindungen – Festigkeitserhöhung

16 Fertigen Sie nach den vorgegebenen Skizzen jeweils eine Klebeverbindung aus Stahlblechen 1 x 20 x 50/75 und belasten Sie diese im ersten Fall auf Biegung und in zweiten Fall auf Schälung.

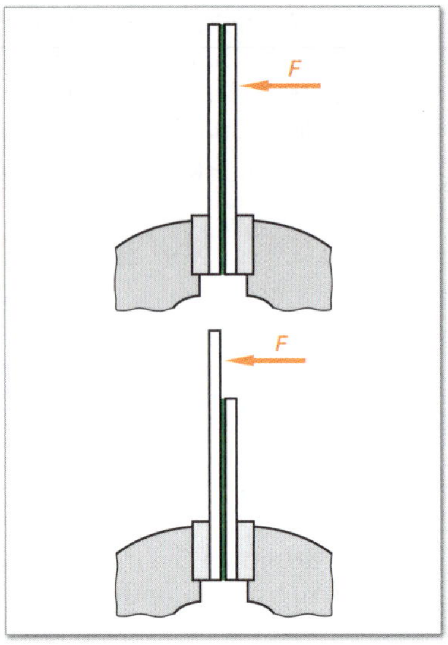

Biegebeanspruchung: Kein Lösen der Verbindung.

Begründung: Biegekräfte sind kleiner als die Bindefestigkeit des Klebstoffes.

Schälbeanspruchung: Klebestelle reißt auf.

Begründung: Schälkräfte sind größer als die Bindefestigkeit des Klebstoffes.

17 Verbinden Sie jeweils zwei Streifen aus Stahl, Aluminium und Kunststoff 1 x 20 x 50 mit einer Überlappung von 20 mm und den vorgegebenen Klebstoffen.
Ermitteln Sie durch Zugversuche, welche Kraft aufzuwenden ist, um die Verbindung zu trennen.

Klebstoff	Stahl - Stahl	Aluminium - Aluminium	Kunststoff - Kunststoff
Zyanacrylat	11,9 kN	10,9 kN	2,4 kN
Schmelzkleber	2,2 kN	2,1 kN	2,1 kN
Zweikomponenten-kleber	10 kN	5,7 kN	3,9 kN
Anaerober Kleber	7,4 kN	3,3 kN	keine Verbindung

Erkenntnis: Durch unterschiedliche Adhäsions- und Kohäsionskräfte ist der Zerreißaufwand nicht gleich groß. Ein anaerober Kleber geht mit Kunststoff keine Verbindung ein.

18 Die Festigkeitsprüfung einer Klebeverbindung kann durch den Zugscherversuch nach DIN EN 1465 durchgeführt werden.
Die abgebildete Klebeprobe muss eine Zugkraft von 19 kN aushalten.
Der Klebstoff Expoxid-Polyamid besitzt eine Zugscherfestigkeit von 38 $\frac{N}{mm^2}$.
Für die Berechnung gilt die Formel Bindefestigkeit τ_{KB} gleich Zugkraft F geteilt durch Klebefläche A.
Berechnen Sie die erforderliche Klebefläche und die Überlappungslänge.

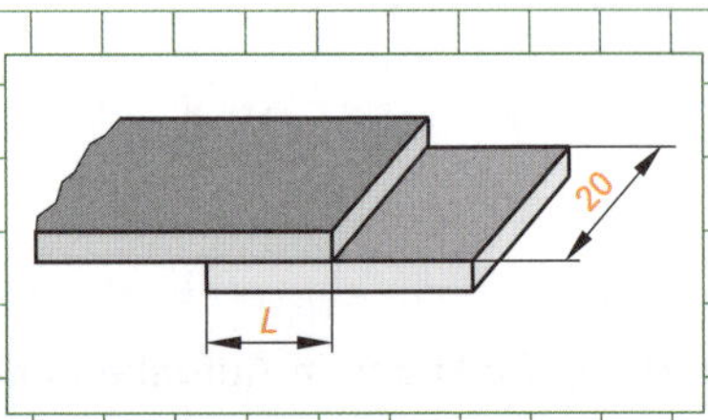

$$A = \frac{F}{\tau_{KB}} \qquad L = \frac{A}{b}$$

$$A = \frac{19000\ N \cdot mm^2}{38\ N} \qquad L = \frac{500\ mm^2}{20\ mm}$$

$$A = 500\ mm^2 \qquad L = 25\ mm$$

EUROPA LEHRMITTEL

19 Welchen Vorteil hat die Keilform des Schiebers (Pos. 3) gegenüber einer Rechteckform?

Durch die Keilform rastet der Schieber spielfrei in die Anschlagleiste (Pos. 11) ein, unabhängig von möglichen Breitenunterschieden der Nuten.

20 Welche Aufgabe erfüllt die Druckfeder (Pos. 12)?

Die Druckfeder drückt den Schieber in die Nuten der Anschlagleiste.

21 Erläutern Sie die Werkstoffbezeichnung für Pos. 1 und geben Sie seine Eigenschaften und Anwendung an.

S235JR ist eine unlegierter Baustahl. Er ist gut zu bearbeiten und wird für gering beanspruchte Teile im Maschinen- und Stahlbau verwendet.

22 Zur Aufnahme der Schrauben und des Gewindebolzens sind in den Bauteilen Gewindebohrungen erforderlich. Geben Sie die Anzahl der Gewinde und die Gewindebezeichnungen für die genannten Bauteile an.

Bauteil	Anzahl der Gewinde	Gewindebezeichnung	Bauteil	Anzahl der Gewinde	Gewindebezeichnung
Grundplatte (Pos. 1)	4	M5	Führung (Pos. 2)	2	M4
Schieber (Pos. 3)	1	M8	Deckleist (Pos. 4)	0	–

23 Grundplatte (Pos. 1) und Führung (Pos. 2) müssen mit Zylinderschrauben ISO 4762 sowie Führung (Pos. 2) und Halteblech (Pos. 8) mit Senkschrauben ISO 2009 verbunden werden.
Alle Schraubendurchgangslöcher sollen nach DIN EN 20273-mittel gebohrt werden.
Tragen Sie die Angaben in die Tabelle ein.

	Schraubenverbindung mit	
	Zylinderschraube ISO 4762	Senkschraube ISO 2009
	Angaben und Maße für die Senkung	
	in der Führung (Pos. 2)	im Halteblech (Pos. 8)
Normgerechte Bezeichnung der Senkung in der Zeichnung oder Senkdurchmesser x Senktiefe	⌀10H13x5,4	DIN 66-4
Durchgangsloch-Durchmesser d_h (bzw. d_1)	5,5H13	4,5H13
Senk-Durchmesser d_1 (bzw. d_2)	10H13	9,4 + 0,2
Senktiefe t (bzw. t_1)	5,4	2,6
Senkwinkel α	–	90°
		Maße für die Führung (Pos. 2)
Gewindetiefe l_1	–	6
Grundlochüberhang (aufgerundet) e_1	–	4
Tiefe der Grundlochbohrung l_2	–	10
Schraubenmaße		
Schraubenlänge (laut Stückliste) l	16	10
Kopfhöhe k	5	2,7
Kopfdurchmesser d_k	8,5	8,4
Schlüsselweite s	4	–

24 Sollen an Maschinen und Fahrzeugen Verbindungen lösbar sein, kommen Schraubenverbindungen zur Anwendung. Benennen Sie die fünf dargestellten Schrauben.

Sechskantschraube
Sechskantschraube mit Flansch
Zylinderschraube mit Innensechskant
Linsensenkschraube mit Schlitz
Rändelschraube

25 Um Mutter und Schraube fügen zu können, müssen sie die gleichen genormten Kenngrößen besitzen. Schreiben Sie die Kenngrößen auf und tragen Sie an die jeweilige Stelle der Skizze das Kurzzeichen ein.

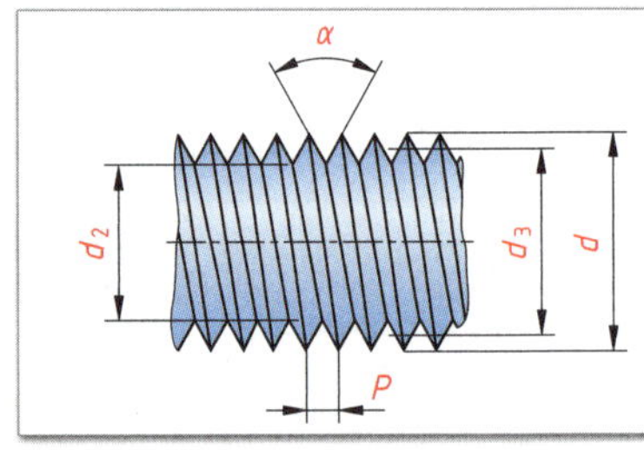

(d_2) Kerndurchmesser
(P) Steigung
(α) Flankenwinkel
(d_2) Flankendurchmesser
(d) Nenndurchmesser

26 Nach dem Verwendungszweck teilt man Gewinde von Schrauben und Muttern in Befestigungs- und in Bewegungsgewinde ein und unterscheidet verschiedene Gewindeprofile.
Vervollständigen Sie die Angaben in der Tabelle.

Gewindeprofil	Anwendungsbeispiel	Verwendungszweck
Rundgewinde	Glühlampe	Befestigungsgewinde
Feingewinde	optische Filter/Foto	Befestigungsgewinde
kegeliges Rohrgewinde	Rohrverschraubung	Befestigungsgewinde, selbstdichtend
Trapezgewinde	Schraubstockspindel	Befestigungsgewinde
Sägengewinde	Spindelpresse	Bewegungsgewinde
Metrisches ISO-Gewinde	handelsübliche Schrauben	Bewegungsgewinde

27 Durch Erschütterungen oder Schwingungen können sich Schraubverbindungen lösen. Schraubensicherungen verhindern eine unbeabsichtigte Lockerung.
Geben Sie mithilfe des Tabellenbuchs vier Sicherungselemente mit normgerechter Bezeichnung an.

Spannscheibe DIN 6796-6-FSt
Federring DIN 128-A16-FSt
Zahnscheibe DIN 6797-V13-FSt
Fächerscheibe DIN 6798-J13-FSt

28 Die Festigkeit des Schraubenwerkstoffes ist durch Zahlen auf dem Schraubenkopf angegeben. Aus dem Tabellenbuch können die Werte für Mindestzugfestigkeit, Streckgrenze und Bruchdehnung ermittelt werden.
Tragen Sie in die Tabelle die Werte für die Schrauben mit der Festigkeitsklasse 4.6, 5.8 und 10.9 ein.

Festigkeitsklasse	4.6	5.8	10.9
Mindestzugfestigkeit $R_m (\frac{N}{mm^2})$	400	500	1000
Streckgrenze $R_e (\frac{N}{mm^2})$	240	400	900
Bruchdehnung A (%)	22	10	9

29 Eine Schraubenverbindung ist hohen Belastungen ausgesetzt. Die Mindesteinschraubtiefe, die abhängig von der Festigkeitsklasse der Schrauben und dem zu verbindenden Werkstoff ist, muss beachtet werden.
Bestimmen Sie mithilfe Ihres Tabellenbuches die Mindesteinschraubtiefen.

Festigkeitsklasse	Mutternwerkstoff	Gewindedurchmesser	Einschraubtiefe (mm)
3,6	Stahl bis $R_m = 600\ \frac{N}{mm^2}$	M16	12,8
4,6	Kunststoffe	M4	10
4,8	Kupferlegierung	M10	13
8,8	Grauguss	M12	18
10,9	Stahl bis $R_m = 800\ \frac{N}{mm^2}$	M8	9,6

30 Zwei Werkstücke aus warmgewalztem Flachstahl Fl 30 x 15 x 50 sind durch eine Senkschraube ISO 2009 M8x25 zu verbinden

a) Vervollständigen Sie die Skizzen und tragen Sie alle zur Fertigung erforderlichen Maße an!

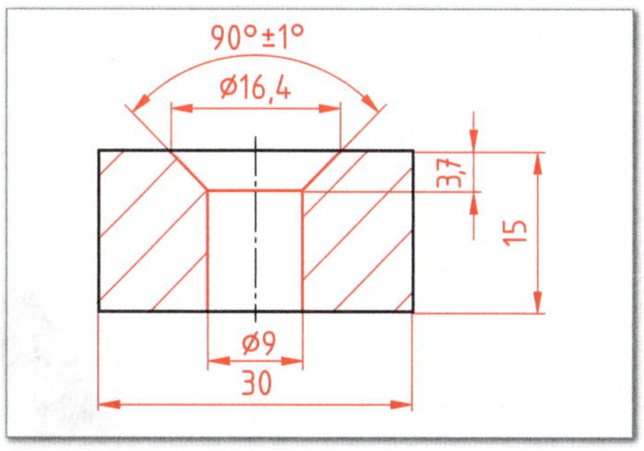

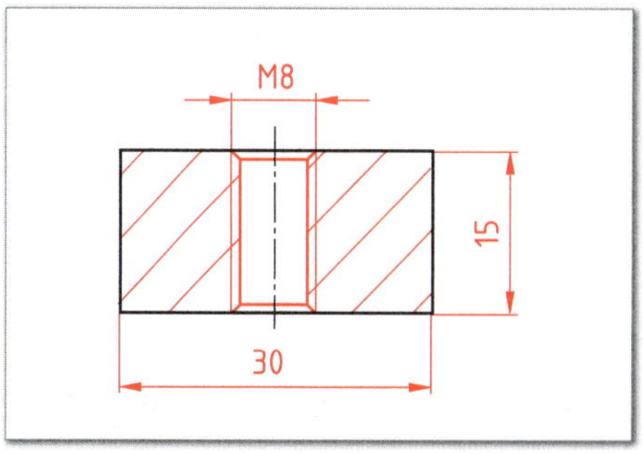

b) Geben Sie die Arbeitsschritte zur Herstellung der Werkstücke an!

Auf Länge abgesägtes Werkstück beidseitig entgraten und Kanten brechen (anfasen). Bohrung anreißen und körnen. Durchgangsbohrung ø9 mm vorbohren und aufsenken. Bohrung und Senkung entgraten.

Auf Länge abgesägtes Werkstück beidseitig entgraten und Kanten brechen (anfasen). Bohrung anreißen und körnen. Kernlochbohrung ø 6,8 mm beidseitig aufsenken. Gewindeschneiden von Hand mit Satzgewindebohrer M8.

c) Verschrauben Sie die Teile 1 und 2.
Skizzieren Sie die Verbindung im Vollschnitt.
Kennzeichnen Sie durch Eintragung von Kraftpfeilen im Bildausschnitt die Stellen, wo der Kraftschluss wirkt.

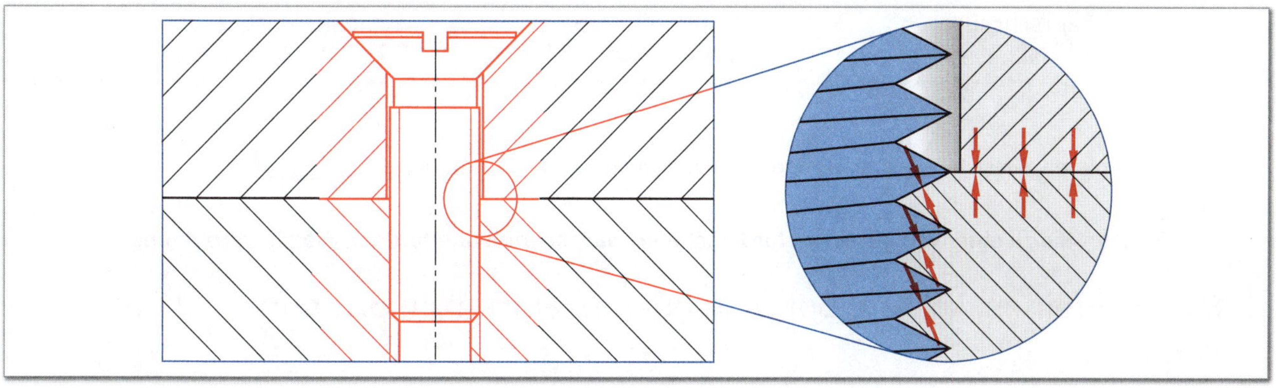

d) Wie kann diese Schraubenverbindung gegen selbstständiges Lösen gesichert werden?

Das Gewinde wird vor dem Einschrauben mit Klebstoff bestrichen.

31 Mithilfe von Schrauben, Muttern und Sicherungselementen können kraftschlüssige, lösbare Verbindungen hergestellt werden. Demontieren bzw. montieren Sie die Baugruppen!

a) Tragen Sie die erforderlichen Werkzeuge in die Tabellen ein!

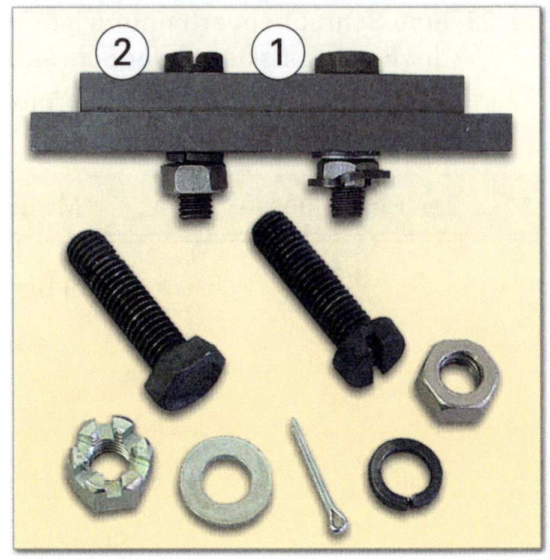

Werkzeuge für Baugruppe 1	Werkzeuge für Baugruppe 2
Maulschlüssel	Schraubendreher
Ringschlüssel	Maulschlüssel
Kombizange	

b) Welches Teil aus Baugruppe 1 wird immer erneuert? Splint

32 Bei einer Demontage wurde die Sechskantschraube abgeschert und ist bei der Montage zu ersetzen.

a) Ermitteln Sie mithilfe des Messschiebers den Nenndurchmesser *d*, die Gewindelänge *l* und die Schlüsselweite SW der Schraube!

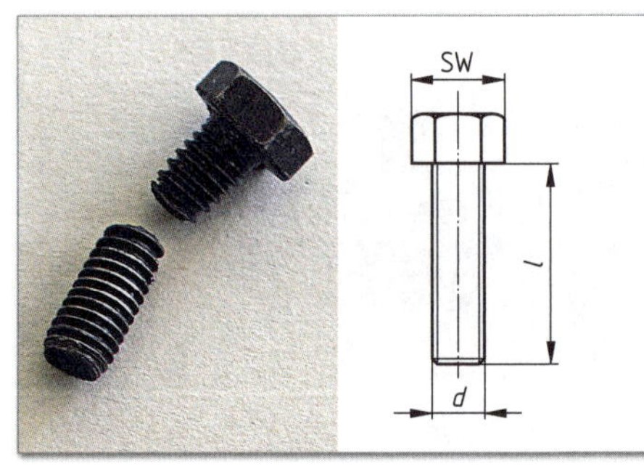

d = 8 mm   *l* = 25 mm   SW = 13 mm

b) Geben Sie die normgerechte Bezeichnung der Schraube an!

Sechskantschraube ISO 4017-M8x25-8.8

33 Aus funktionellen Gründen sollen die Schrauben nicht aus den Werkstückoberflächen herausragen.

a) Skizzieren Sie drei Lösungsvarianten, bei denen diese Forderung erfüllt wird!

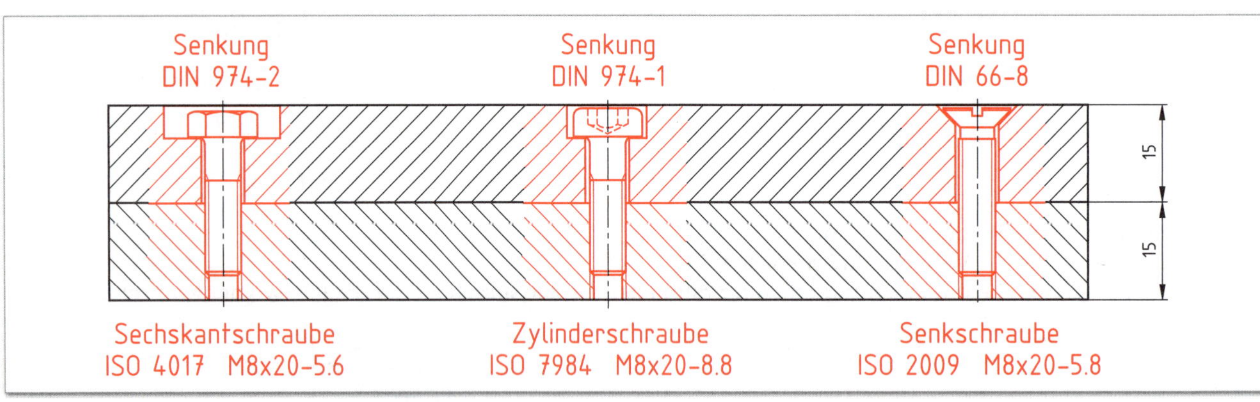

b) Informieren Sie sich über die normgerechte Bezeichnung der Schrauben!

c) Nennen Sie zu einer Variante die erforderlichen Arbeitsschritte und fertigen Sie die Verbindung!

1. Platte anreißen, körnen, Bohrung ø9 mm, aufsenken ø24 mm x 5,9 tief, entgraten
2. Platte anreißen, körnen, Kernlochbohrung ø6,8 mm, anfasen, Gewindeschneiden M8, Platten mit Sechskantschrauben fügen.

34 Benennen Sie die Schrauben und Muttern, geben Sie die DIN-Nummern und jeweils eine Anwendung an!

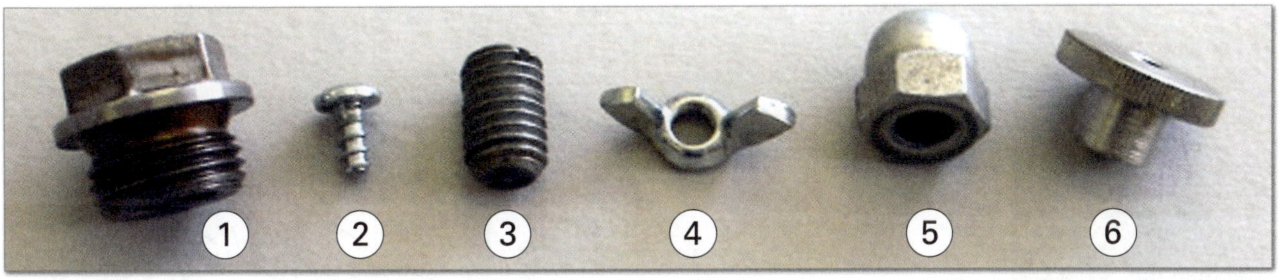

Nr.	Benennung	DIN-Nr.	Anwendung
1	Verschlussschraube	DIN 910	Ölablassschraube Motor
2	Linsen-Blechschraube	ISO 7049	Schmutzfänger Kotflügel
3	Gewindestift mit Spitze	DIN EN 27434	Türdrückerbefestigung
4	Flügelmutter	DIN 315	Handbügelsäge
5	Hutmutter	DIN 1587	Flügel-Rührwerkswelle
6	Rändelmutter	DIN 467	Deckelbefestigung-Eltschrank

35 Fertigen Sie die Verbindungen!
(Maßangaben sind als Richtwerte zu sehen, ebenfalls die vorgegebenen Fertigungserzeugnisse)

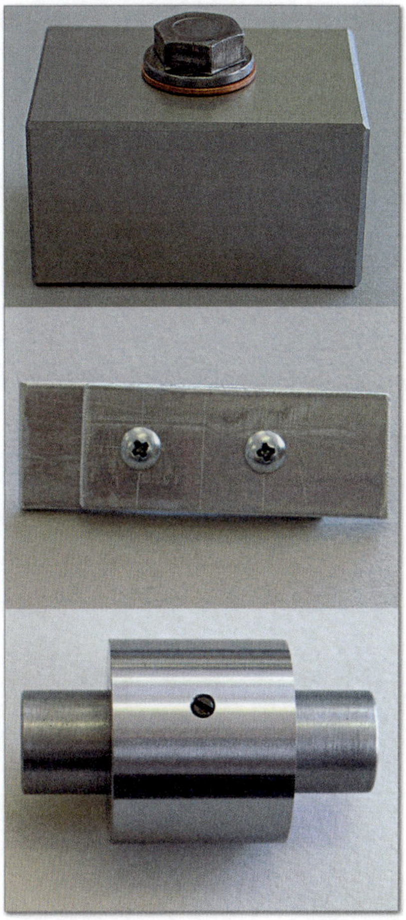

Zu Nr. 1:

Flachstahl 20 x 10 x 30

anreißen, körnen, bohren d = 14,4 mm,

Gewindeschneiden M 16 x 1,5

Schraube mit Dichtring versehen und einschrauben.

Zu Nr. 2:

2 Aluminiumblechstreifen 2 x 20 x 50

anreißen, körnen, beide gleichzeitig bohren d = 2,5 mm

Teile justieren und verschrauben.

Zu Nr. 3:

Rundstahl 20 x 70 mm; Stahlhülse d_i = 20,1 mm, d_a = 40 mm, l = 30 mm

Hülse körnen, bohren d = 2,5 mm,

Gewindeschneiden M 3

36 Die Verbindung der Führung (Pos. 2) und der Grundplatte (Pos.1) erfolgt mit zwei Schrauben (Pos. 6) und mit zwei Stiften (Pos. 5).
Welche Nachteile hätte eine Verbindung nur mit Stiften oder nur mit Schrauben?

Nachteil nur Stiftverbindung	keine „feste" Verbindung, Führung könnte nach oben gezogen werden.
Nachteil nur Schraubverbindung	keine genaue Positionierung der Führung, Funktion der Anschlagsleiste (Pos. 11) gefährdet.

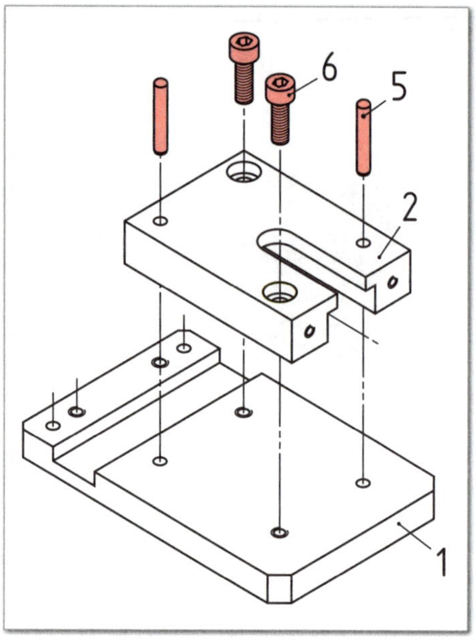

37 Sie sollen die Bohrungen mit Durchmesser d = 4H7 für den Zylinderstift herstellen.

a) Geben Sie das Höchst-, das Mindestmaß und die Toleranz für die Bohrung an.

G_o = 4,012 mm G_u = 4,000 mm T = 0,012 mm

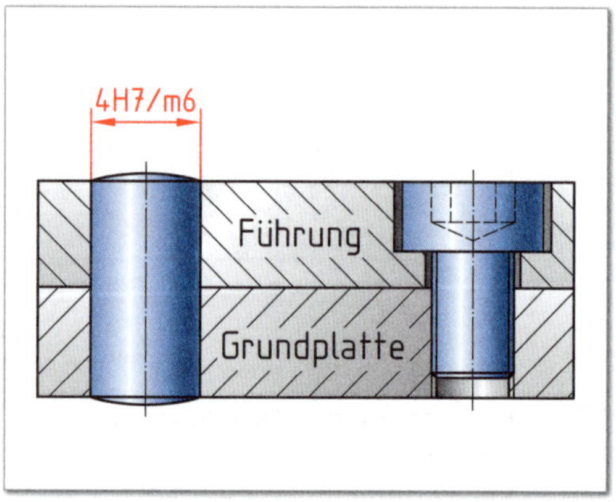

b) Welche Funktion hat der Zylinderstift?

Der Zylinderstift stellt die Position der Teile zueinander sicher.

c) Welches Passmaß hat der Durchmesser des zugehörigen Zylinderstifts nach DIN EN ISO 2338? Geben Sie auch hierfür das Höchst-, das Mindestmaß und die Toleranz an.

d = 4m6 G_o = 4,012 mm G_u = 4,004 mm T = 0,008 mm

d) Geben Die die Grenzen von Spiel bzw. Übermaß dieser Passung an.

P_{SH} = + 0,008 mm $P_{ÜH}$ = 0,012 mm

e) Tragen Sie die vollständige Bemaßung der Passung in den Zeichnungsausschnitt der Fügeverbindung „Führung-Grundplatte" (oben) ein.

38 Zeichnen Sie im Maßstab 2:1 die Verbindung von Grundplatte (Pos. 1) und Führung (Pos. 2) mit einer Zylinderschraube im Schnitt .

Die Pos. 1 und 2 sind seitlich abgebrochen darzustellen.

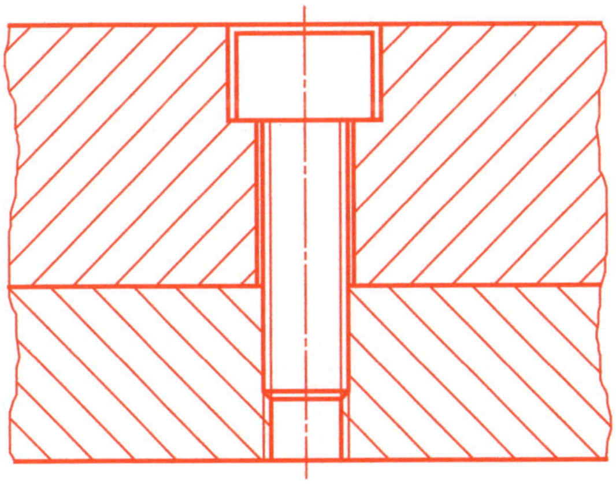

Zeichnen Sie im Maßstab 2:1 die Verbindung von Halteblech (Pos. 8; Maße 50 x 15 x 5) und Führung (Pos. 2) mit einer Senkschraube in

a) Vorderansicht im Schnitt
b) Draufsicht

Die Pos. 2 und 8 sind abgebrochen darzustellen.

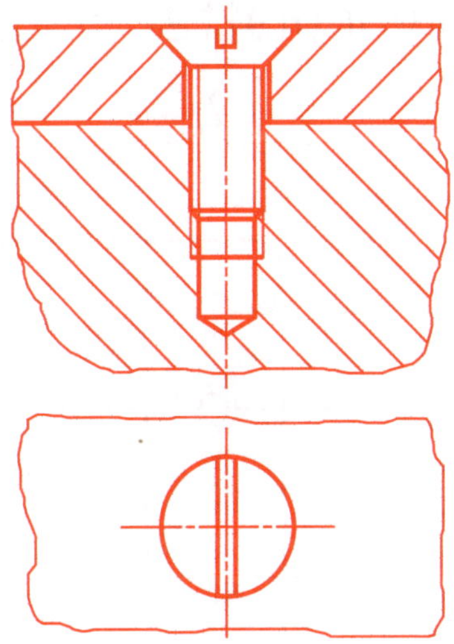

39 Tragen Sie die Maße für die Deckleiste (Pos. 4) ein.

Bezugselemente für die Maße der Vorderansicht ist die Mittellinie. Die Durchgangsbohrungen und Senkungen sind vereinfacht zu bemaßen. Die Passbohrungen für die Zylinderstifte müssen gemeinsam mit Pos. 1 gefertigt werden. Die übrigen Maße können der Zeichnung entnommen werden.

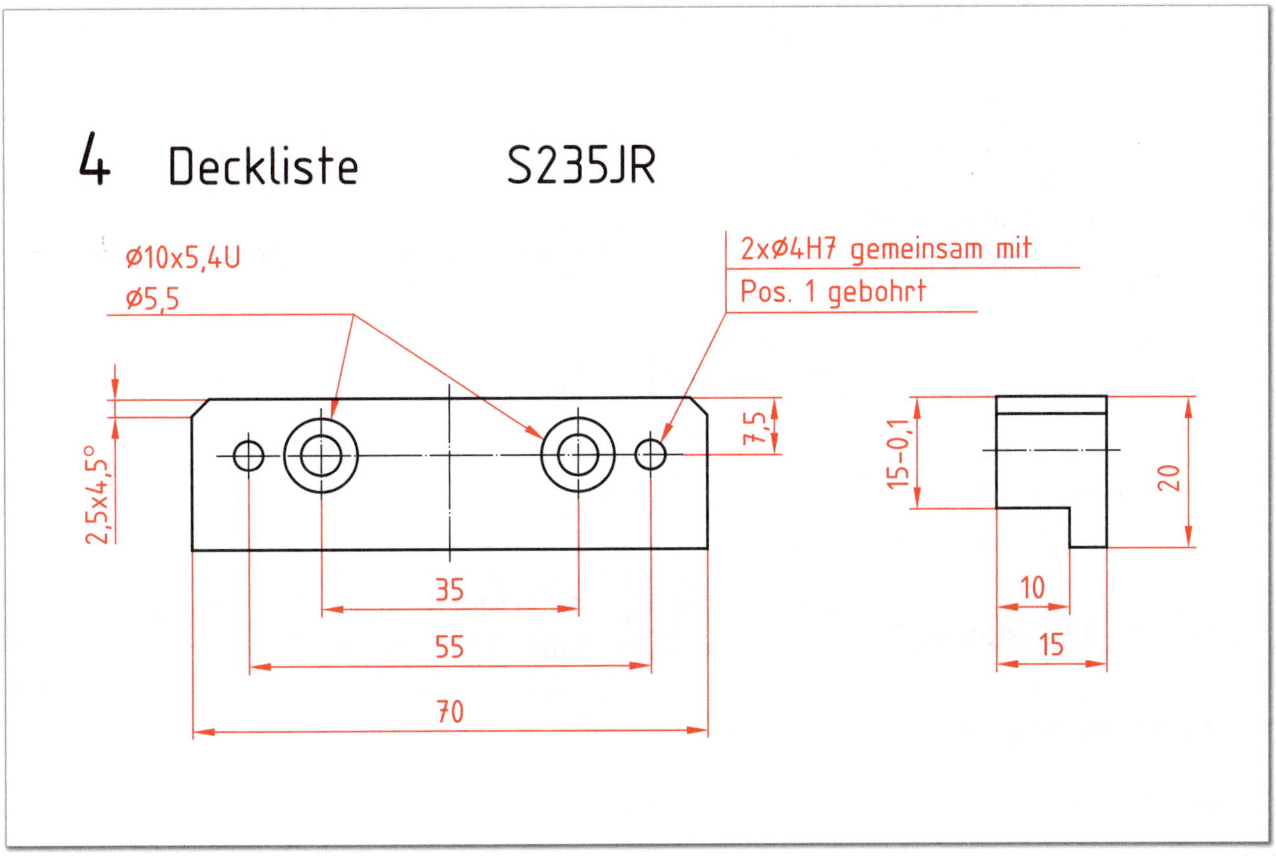

40 Tragen Sie die Maße für die Grundplatte (Pos. 1) ein.
Bezugselemente für die Maße sind die linke Seitenfläche und Mittellinie der Grundplatte. Die Quernut ist 5 mm tief und 17, 5 mm breit. Die Platte ist 10 mm dick. Die Fasen sind 2,5 mm und 5 mm breit unter einem Winkel von 45 Grad. Die Bohrungen haben einen Durchmesser von 4 mm und die Toleranzklasse H7 und sind gemeinsam mit den Pos. 2 und 4 zu fertigen. Die Gewinde haben die Bezeichnung M5.
Die übrigen Maße können der Zeichnung entnommen werden.

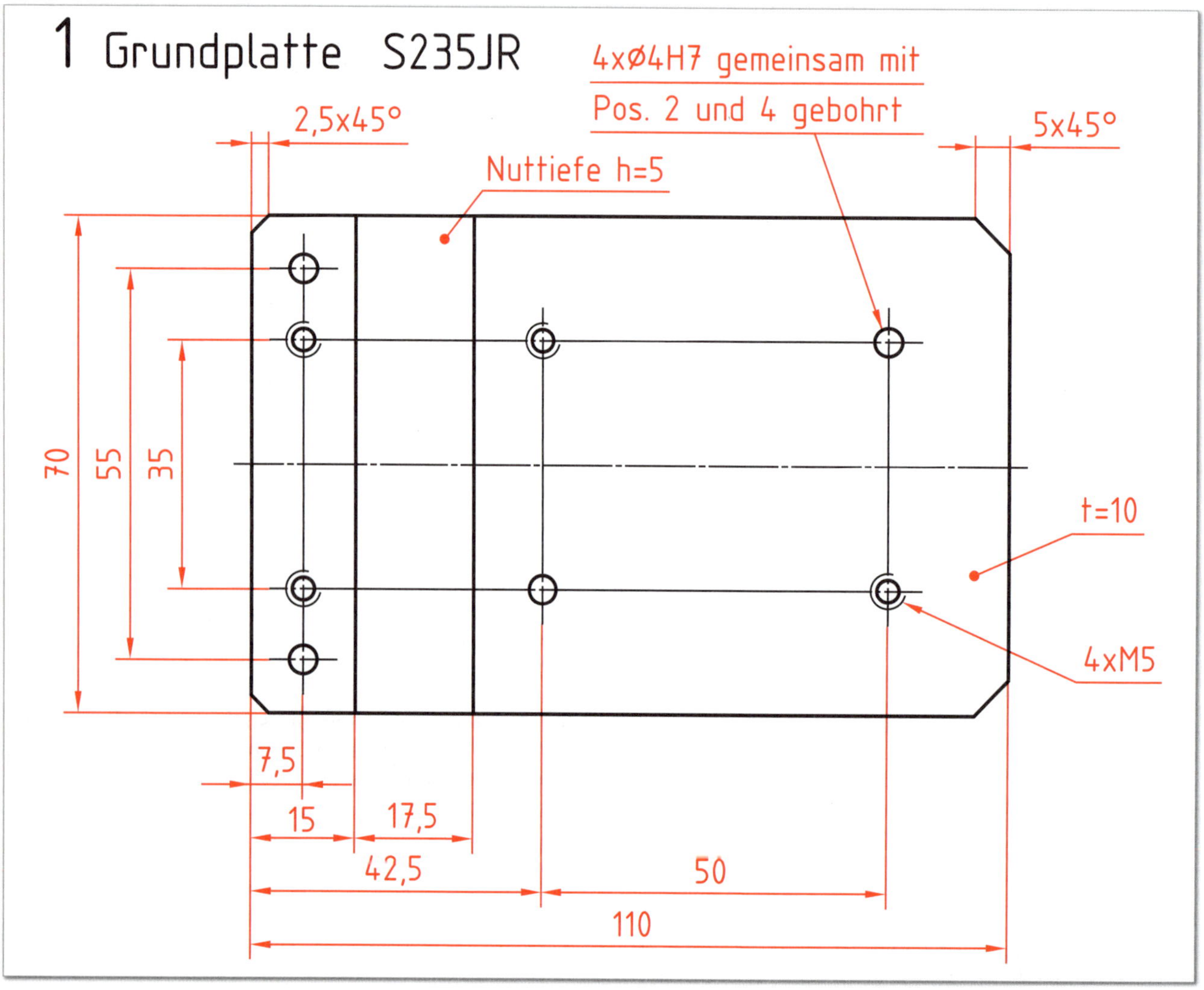

41 Es werden 50 Grundplatten (Pos. 1) durch NC-Fertigung hergestellt.
Berechnen Sie die Maschinenkosten in €/Stück. Die Belegungszeit der Maschine t_{eB} beträgt 7,3 min je Grundplatte, die Rüstzeit t_{rB} = 75 min. Der Maschinenstundensatz wird mit 40 € angesetzt.

Belegungszeit $T_{bB} = t_{rB} + m \cdot t_{eB}$ (m = Stückzahl)

Maschinenkosten in €/Stück = $\dfrac{\text{Maschinenstundensatz} \cdot T_{bB}}{60 \frac{\text{min}}{\text{h}}}$

Belegungszeit T_{bB} = 75 min + 50 · 7,3 min

T_{bB} = 440 min

Maschinenkosten $= \dfrac{40 \frac{€}{\text{h}} \cdot 440 \text{ min}}{60 \frac{\text{min}}{\text{h}}}$

Maschinenkosten = 293,33 €

Maschinenkosten pro Stück = 5,87 €

42 Nachdem die Grundplatte (Pos. 1) durch Fräsen hergestellt worden ist, soll die Nuttiefe überprüft werden. Da die geforderte Toleranz nur eine Abweichung von maximal 5 Hundertstel Millimeter (0,05 mm) zulässt muss ein Messgerät gewählt werden, welches solch geringe Abweichungen ermitteln kann. Sinnvoll kann hier eine Messuhr eingesetzt werden.

Beschreiben Sie den Prüfvorgang für die Nut, wenn eine Messuhr genutzt wird.

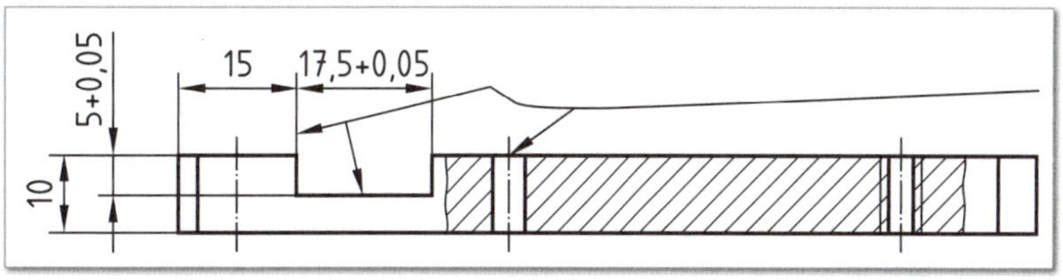

Die Messuhr wird auf der Oberfläche der Grundplatte aufgesetzt und auf 0 gestellt. Dann wird der Messbolzen auf den Nutgrund gesetzt und die Messung durchgeführt (evtl. Werkstück verschieben).

43 Ordnen Sie der Abbildung die Zahlen der Bauteilbezeichnung zu.

① Schutz- und Abhebekappe
② Schutzgehäuse, nur nach vorne offen
③ Messwerk
④ Verstellbare Toleranzmarken
⑤ Drehbares, kontrastreiches Ziffernblatt
⑥ Einführungsschräge am Einspannschaft

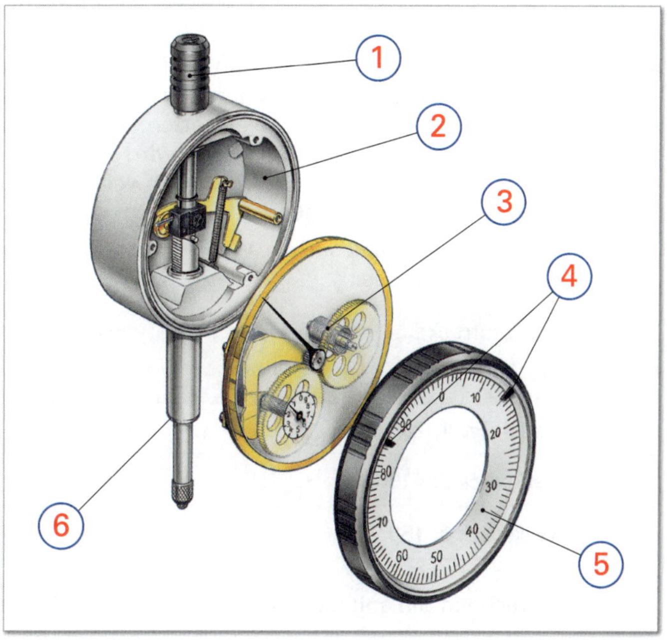

a) Welchen Skalenteilungswert hat die abgebildete Messuhr?

$0{,}01\ \text{mm} = \frac{1}{100}\ \text{mm}$

b) Wie groß ist die Gesamtübersetzung der Messuhr, wenn der Abstand der einzelnen Teilstriche auf dem Umfang des Ziffernblattes 1 mm beträgt?

100 : 1

44 Durch den Einbau von Ausgleichshebeln wird erreicht, dass der Messbolzen über den gesamten Messbereich mit konstanter Kraft auf die Unterlage gedrückt wird.

a) Warum ist das so wichtig?

Zum Ausgleich der größeren Federkraft bei Federverlängerung

b) Stellen Sie eine Parallele zur Messschraube her!

Gefühlsratsche sichert konstante Messkraft

c) Fehlerquellen einer Messanordnung und deren Vermeidung.

Fehlerquelle	Vermeidung des Fehlers
Die Uhreinspannung hat Spiel	Klemmschraube nachziehen
Die Unterlage ist uneben	nur auf dem Prüftisch arbeiten
Es liegt Schmutz auf dem Prüftisch	Tisch, Werkstück u. Endmaß säubern

45 Sie prüfen das Istmaß einer Reihe von Werkstücken mit Hilfe der Unterschiedsmessung. Vervollständigen Sie die Wertetabelle:

Nullstellen der Uhr bei x mm	Maßunterschied in $\frac{1}{100}$ mm	Istmaß in mm
40,00	+ 42	40,42
62,00	– 16	61,84
135,50	– 58	134,92
114,30	+ 108	115,38
6,50	– 61	5,89
168,55	– 17	168,38

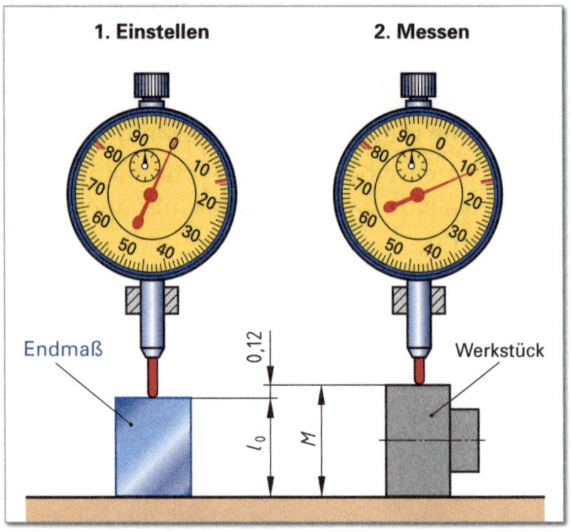

46 Messuhren lassen sich auch zum Prüfen der Rechtwinkligkeit von Werkstücken einsetzen, indem Sie die Messuhr in einen Vertikal-Längenmesser einsetzen. An der tiefstmöglichen Stelle der Werkstückstirnseite wird die Messuhr auf null gestellt. Anschließend wird die Abweichung über der vertikalen Messstrecke notiert.

a) Bei drei unterschiedlichen Werkstücken zeigen sich folgende Ergebnisse:

Vertikale Messstrecke in mm	Messuhrenabweichung von Null in $\frac{1}{100}$ mm
Werkstück 1: 235	+ 6
Werkstück 2: 410	+8
Werkstück 3: 180	– 11

b) Berechnen Sie anhand zweier Beispiele den „Winkelfehler" k in $\frac{\text{mm}}{\text{m}}$ nach folgender Formel:

$$\text{Winkelabweichung } k = \frac{\text{Messuhrenabweichung} \cdot 1000 \text{ mm}}{\text{Messstrecke} \cdot 1 \text{ m}}$$

Werkstück 2: $k_2 = \frac{0{,}08 \text{ mm} \cdot 1000 \text{ mm}}{410 \text{ mm} \cdot 1 \text{ m}} = 0{,}195 \frac{\text{mm}}{\text{m}}$

Werkstück 3: $k_3 = \frac{-0{,}11 \text{ mm} \cdot 1000 \text{ mm}}{180 \text{ mm} \cdot 1 \text{ m}} = -0{,}611 \frac{\text{mm}}{\text{m}}$

47 Zählen Sie Vor- und Nachteile der digitalen Messuhren auf:

Vorteile	Nachteile
eindeutige Anzeige	staubempfindlich
keine Parallaxe	feuchtigkeitsempfindlich
mit PC koppelbar	Batterie kann leer sein
beleuchtbar	täuscht zu hohe
umschaltbar mm/inch	Genauigkeit vor

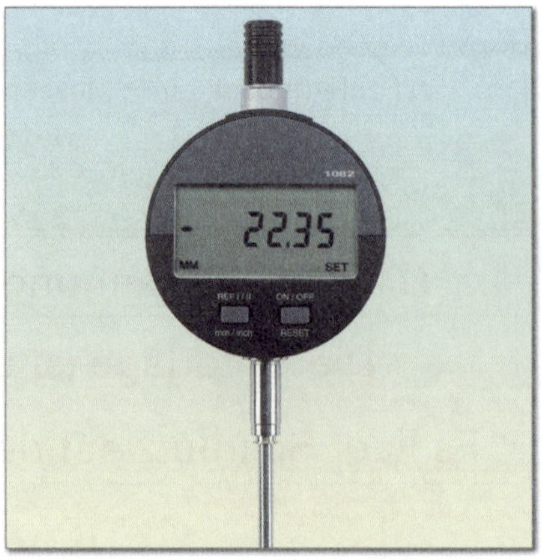

48 Tragen Sie die Maße für die Anschlagleiste (Pos 11) ein.
Die Anschlagleiste ist 15 mm dick. Die Nuten sind 10 mm tief und am Nutgrund 5 mm breit. Ihr Winkel ist 15 Grad. Die erste Nutmitte ist von der linken Seitenfläche 10 mm entfernt, die übrigen Nuten haben einen Abstand von jeweils 15 mm. Die übrigen Maße können der Zeichnung entnommen werden.

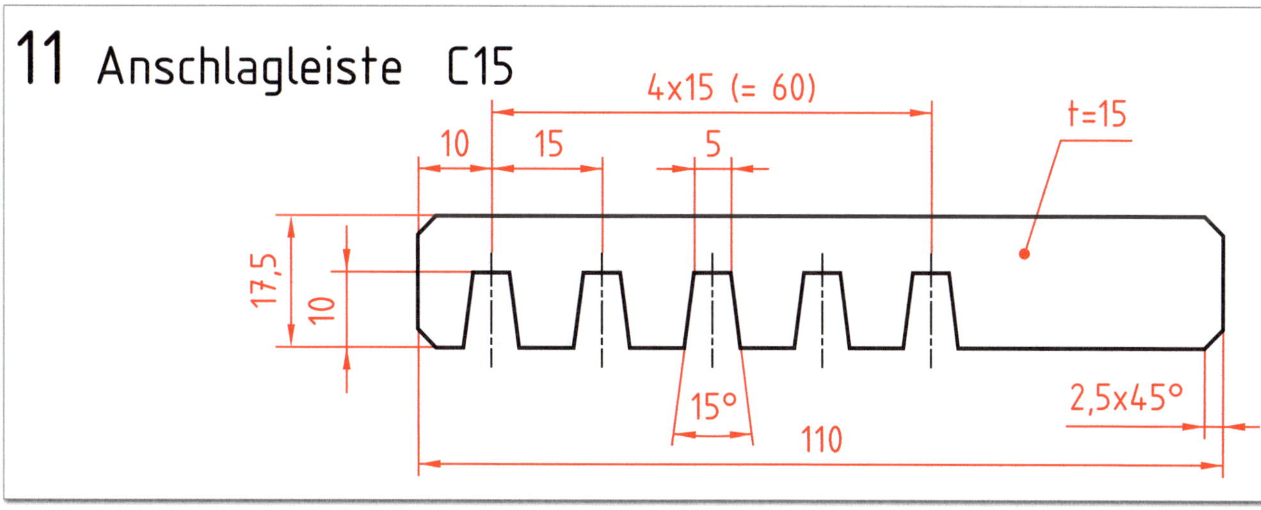

49 In der Gesamtzeichnung bilden die Grundplatte (Pos. 1) und die Deckleiste (Pos. 4) die Führung für die Anschlagleiste (Pos. 11).

Ergänzen Sie die Maßeintragungen und die Oberflächenanforderungen für die unten im Maßstab 2:1 dargestellten Formelemente der beteiligten Einzelteile so, dass folgende Forderungen erfüllt werden:

a) Bei jedem Maß darf die Toleranz höchstens 0,1 mm betragen.

b) Im zusammengebauten Zustand muss sich ein seitliches Spiel der Anschlagleiste von mindestens 0,05 mm und maximal 0,15 mm ergeben.

c) Das vertikale Spiel der Anschlagleiste muss im montierten Zustand mindestens 0,05 mm und maximal 0,2 mm ergeben.

d) Für Maße ohne Toleranzangaben sollen die Allgemeintoleranzen DIN ISO 2768, Toleranzklasse mittel, gelten.

e) Gleitflächen sollen einen *Ra*-Wert von max. 0,8 µm aufweisen.

f) Alle anderen Flächen sollen einen *Ra*-Wert von max. 3,2 µm erhalten.

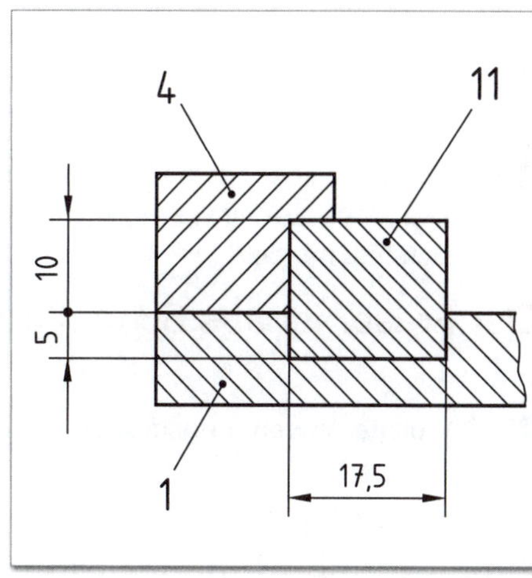

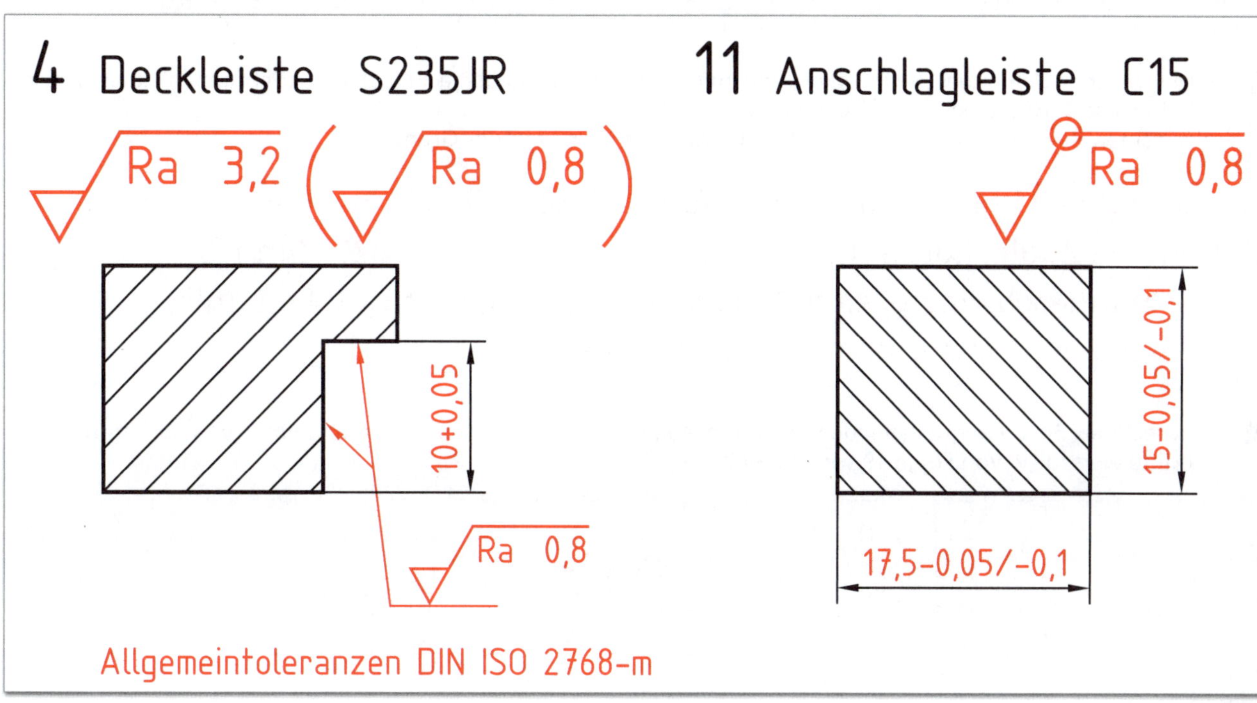

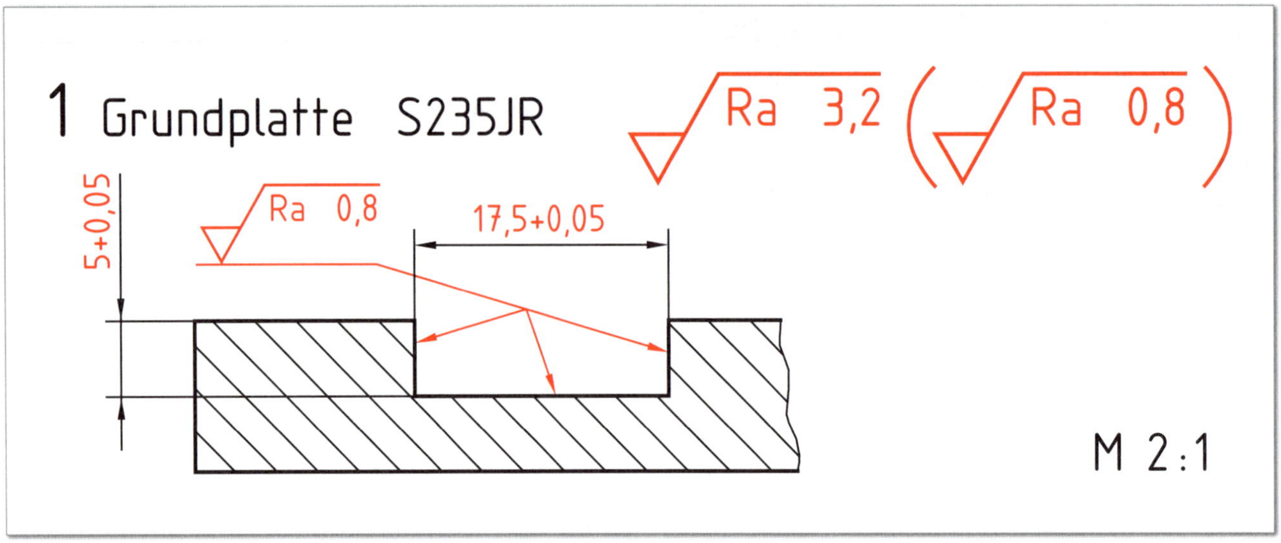

Die Fragen 50 bis 55 dienen zur Vorbereitung von Fräsarbeiten an der Führung (Pos. 2).

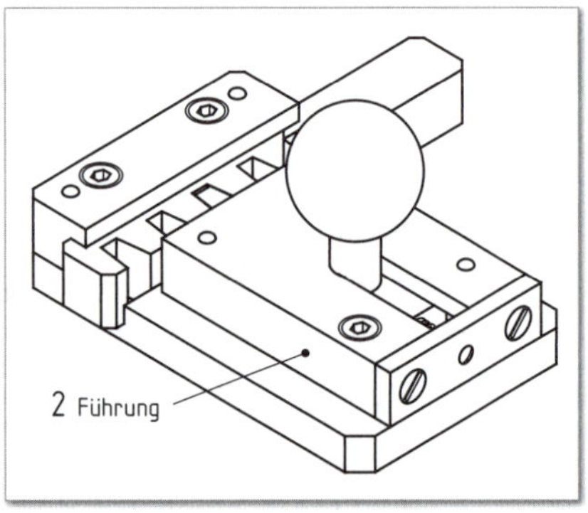

50 Welche Fräserart verwenden Sie zur Herstellung der 20 mm breiten Nut?

Zum Fräsen der Nut wird ein Scheibenfräser verwendet.

51 Auf dem verwendeten Fräser steht (für den Werkstoff des Fräsers): HS. Stellen Sie mithilfe des Fachkundebuchs fest, um welchen Werkstoff es sich hier handelt.

Der Fräser ist aus Schnellarbeitsstahl hergestellt.

52 Welche Anwendungsgruppe sollte der von Ihnen gewählte Fräser aufweisen? Begründen Sie Ihre Antwort.

Verwendet werden sollte die Anwendungsgruppe N („Normal").
Diese Anwendungsgruppe ist für Stahl mit normaler Festigkeit geeignet.

53 Mit welcher Schnittgeschwindigkeit und mit welchem Vorschub je Fräserzahn (Schruppen) kann beim Schneidstoff HSS die Nut gefräst werden?
Beachten Sie bei der Beantwortung dieser Frage den Werkstoff der Grundplatte.

Die Grundplatte besteht aus dem Werkstoff S235JR. Nach Tabellenbuch beträgt die Zugfestigkeit dieses Werkstoffs R_m = 340 … 470 N/mm². Die Schnittgeschwindigkeit für diese Festigkeit beträgt v_c = 43 m/min, der Vorschub je Fräserzahn f_z = 0,04 … 0,13 mm.

54 Berechnen Sie die einzustellende Fräserdrehzahl, wenn der Fräser einen Durchmesser von 63 mm besitzt (Mittelwert für v_c von Frage 19 verwenden).

$$v_c = \pi \cdot d \cdot n \qquad n = \frac{v_c}{\pi \cdot d} = \frac{43\,\frac{\text{m}}{\text{min}}}{\pi \cdot 0{,}063\ \text{m}} \approx 217\,\frac{1}{\text{min}}$$

55 Zur Fertigung der Führung stehen im Materiallager 2 Flachstahlquerschnitte (warmgewalzter Flachstahl) zur Verfügung:

a) Fl 60x20 DIN 1017-S235JR und
b) Fl 55x16 DIN 1017-S235JR.

Aus welchem Querschnitt fertigen Sie die Grundplatte?

Die zur Verfügung stehenden Flachstähle besitzen folgende Querschnitte:

A_1 = 60 mm x 20 mm = 1200 mm^2

A_2 = 55 mm x 16 mm = 880 mm^2

Wegen des geringen Querschnittes müsste eigentlich der Flachstahl 55 x 16 verwendet werden. Da jedoch die Gefahr besteht, dass Grund- bzw. Deckfläche beim Überfräsen nicht sauber werden (insgesamt steht nur 1 mm zur Verfügung), wird der Flachstahl 60 x 20 verwendet.

56 Entwerfen Sie als Vertiefung einen Umdruck und/oder ein Plakat und bereiten Sie einen Kurzvortrag vor zu den Fügeverfahren:

- Schraubenverbindungen/Schrauben
- Stiftverbindungen/Stifte
- Klebeverbindungen/Kleber
- u. a.

Isometrische Projektion

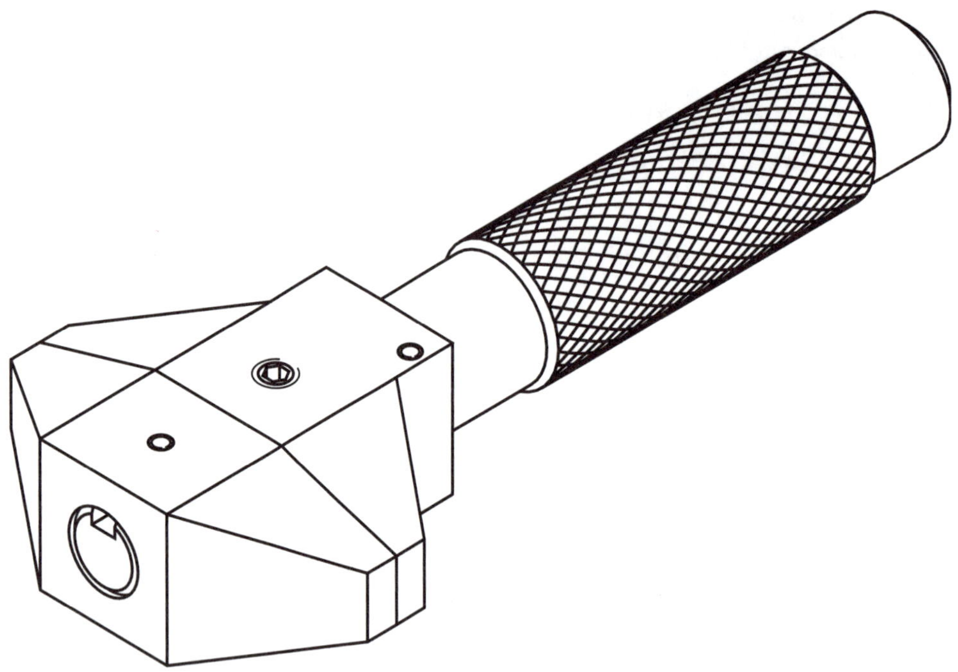

Explosionsdarstellung

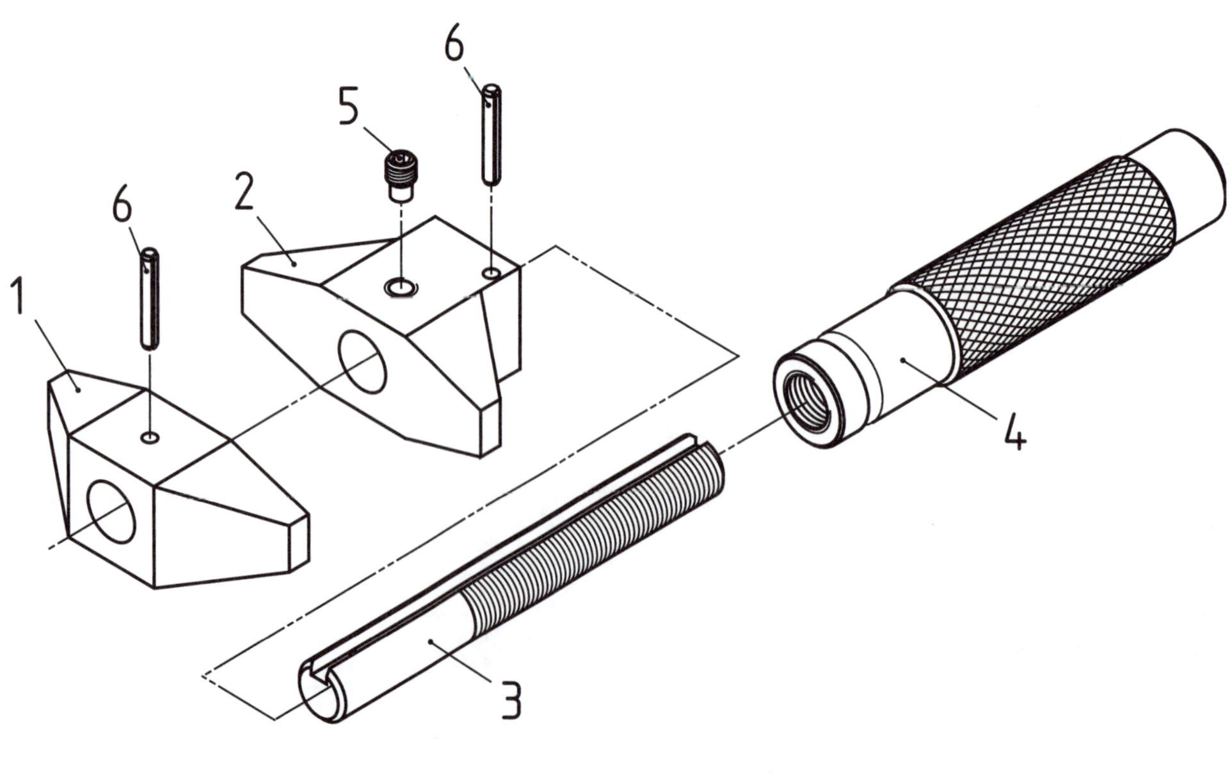

Gesamtzeichnung

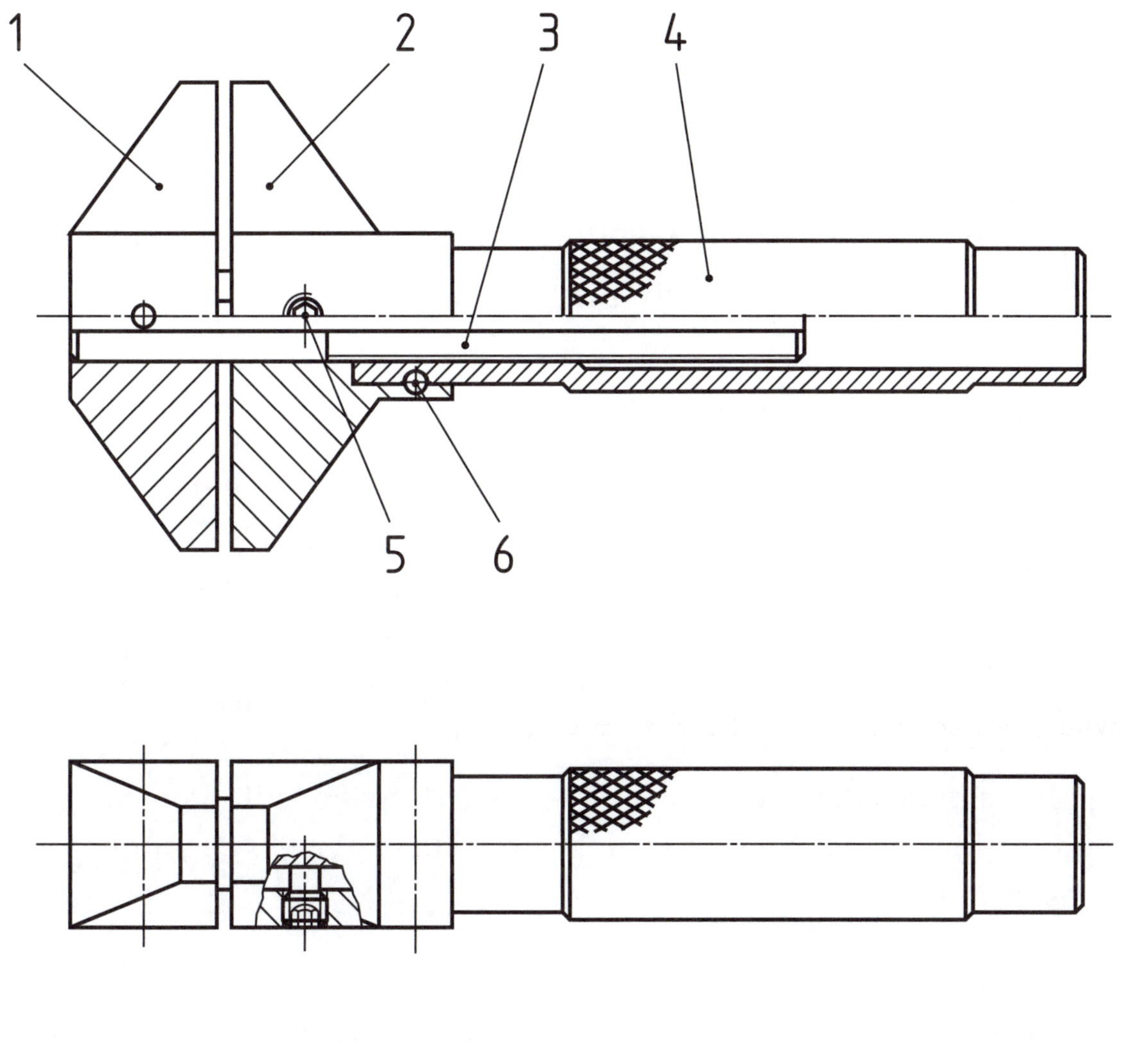

Pos.-Nr.	Menge/ Einheit	Benennung	Werkstoff/Norm-Kurzbezeichnung	Bemerkung
1	1	Anschlag	C60U	gehärtet
2	1	Verstellteil	C60U	gehärtet
3	1	Gewindespindel	E295	
4	1	Hülse	E295	
5	1	Gewindestift	DIN 915-M6x8-45H	mit Klebstoff gesichert
6	2	Spannstift	ISO 8752-3x20-St	

Projektbeschreibung

Als einfaches Werkzeug sollen sich die Schüler verstellbare Schlüssel herstellen, die sich einfach, schnell und genau auf unterschiedliche Schlüsselweiten einstellen lassen. Sie können auch ähnlich einer Rohrzange eingesetzt werden.

Projektaufgaben

Um die Fertigungs- und Montageaufgabe fachgerecht auszuführen sind die vorhandenen Arbeitsunterlagen auszuwerten, Fertigungs- und Montageschritte zu planen und weitere Fertigungsunterlagen zu erstellen.

1 Beschreiben Sie, wie der Schlüssel auf eine größere Schlüsselweite eingestellt wird.

Durch Linksdrehen der Hülse (Pos. 4) bewegt sich deren Gewinde auf dem Bolzengewinde der Gewindespindel (Pos. 3); der Abstand des Verstellteils (Pos. 2) zum Anschlag (Pos. 1) wird größer.

2 Welche Aufgabe hat der Spannstift (Pos. 6)?

Er befindet sich in einer Bohrung des Verstellteiles (Pos. 2) und greift in die abgerundete Nut der Hülse (Pos. 4) so ein, dass sich die Hülse zwar drehen, jedoch nur geringfügig in axialer Richtung im Verstellteil bewegen kann.

3 Warum befindet sich in der Gewindespindel eine Längsnut?

Die Längsnut in der Gewindespindel, in die der Gewindestift (Pos. 5) eingreift, verhindert das Verdrehen des Verstellteils (Pos. 2) gegenüber dem Anschlag (Pos. 1).

4 Die Hülse (Pos. 4) des verstellbaren Schlüssels ist auf ihrer Oberfläche gerändelt.
Welche Aufgabe hat diese Oberflächenstruktur allgemein und welche Funktion erfüllt sie bei diesem Bauteil des verstellbaren Schlüssels?

Aufgabe des Rändelns: Durch Rändeln werden auf Drehteilen griffige Oberflächen hergestellt.

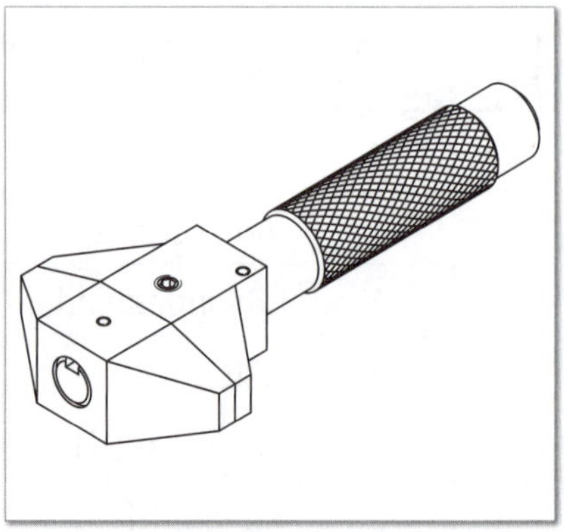

Funktion bei der Hülse: Durch die griffigere Oberfläche kann ein größeres Drehmoment an der Hülse aufgebracht und der Schraubenschlüssel leichter verstellt werden.

5 Wie wird das Innengewinde M6 am Verstellteil des Schraubschlüssels hergestellt? Vervollständigen Sie die nachfolgende Tabelle.

Arbeitsschritte	Werkzeuge, Verfahren	Vorschub/Drehzahl
Zentrieren der Gewindebohrung	Zentrierbohrer Bohren	$f =$ von Hand $n =$ 2200 $\frac{1}{min}$
Vorbohren der Gewindebohrung	Spiralbohrer ø5,0 mm	$f =$ 0,08 mm $n =$ 2200 $\frac{1}{min}$
Gewindeherstellung mit Gewindebohrer	Satzgewindebohrer M6 oder Maschinengewindebohrer M6	$f =$ von Hand $n =$ 510 $\frac{1}{min}$

6 Nennen Sie eine weitere Aufgabe, die ein Gewinde haben kann, und geben Sie ein Beispiel an.

Aufgabe: Umsetzung von Drehbewegungen in Längsbewegungen.

Beispiel: Trapezgewinde an Werkzeugmaschinentischen.

7 Benennen Sie die unten dargestellten sowie zwei weitere Gewindeherstellungsverfahren.

① Gewindedrehen

② Gewindestrehlen

Rollen von Gewinden (Umformen)

Gewindefräsen

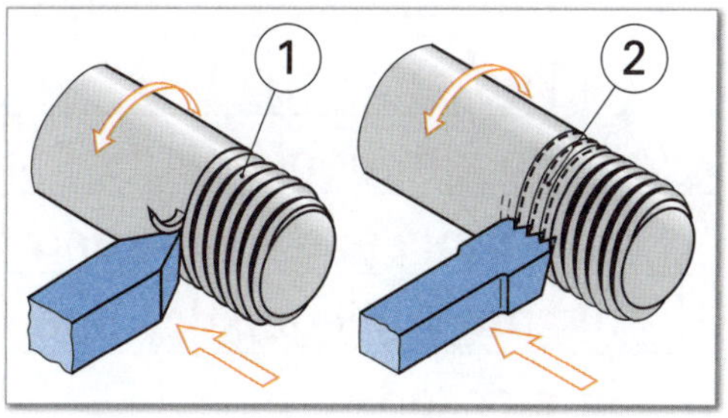

8 Warum werden Anschlag (Pos.1) und Verstellteil (Pos. 2) gehärtet?

Beim Anziehen oder Lösen von Schraubenverbindungen entsteht zwischen den Spannflächen der Pos. 1 und 2 des Schlüssels und dem Schraubenkopf bzw. der Mutter eine hohe Flächenpressung und Verschleißbeanspruchung. Ungehärtete Spannflächen würden dabei schnell verschleißen.

9 Warum ist es erforderlich, den Gewindestift (Pos. 5) mit Klebstoff zu sichern?

Ohne Sicherung könnte sich der Gewindestift lockern, so dass der zylindrische Teil des Gewindestiftes nicht mehr in die Nut der Gewindespindel (Pos. 3) eingreift. Anschlag (Pos. 1) und Verstellteil (Pos. 2) könnten sich dann gegeneinander verdrehen.

10 Beschreiben Sie in einem Montageplan den Zusammenbau des verstellbaren Schlüssels.

Montageplan für den verstellbaren Schlüssel		
Nr.	Arbeitsschritt	Werkzeuge/Hilfsmittel
1	Teile nach Stückliste auf Vollständigkeit prüfen; ggf. reinigen und entgraten.	
2	Gewindespindel einfetten; Hülse (Pos. 4) auf Gewinde der Gewindespindel (Pos. 3) drehen.	Schmierfett
3	Nut und Planfläche der Hülse (Pos. 4) schmieren. Hülse mit Gewindespindel (Pos. 3) voraus in die Bohrung des Verstellteils (Pos. 2) stecken, bis die Planfläche der Hülse an der Planfläche der Bohrung des Verstellteils anliegt.	Schmierfett mit Festschmierstoff-Zusatz
4	Spannstift (Pos. 6) einbauen.	Hammer
5	Gewindestift (Pos. 5) einschrauben; dabei Lage der Nut in der Gewindespindel eventuell korrigieren. Gewindestift mit Klebstoff sichern.	Winkelschraubendreher SW3 Klebstoff
6	Bohrung ø3 am Anschlag (Pos. 1) anreißen und körnen.	Parallelreißer, Körner, Hammer
7	Zusammengebaute Teile mit der Gewindespindel voraus in die Bohrung des Anschlages (Pos. 1) bis zum Anliegen der Spannflächen der Pos. 1 und 2 stecken.	
8	Hülse solange verdrehen, bis die Planfläche der Gewindespindel mit der Planfläche des Anschlages bündig ist.	
9	Schraubenschlüssel an der Pos. 1 und 2 im Maschinenschraubstock spannen.	Maschinenschraubstock
10	Bohrung für Spannstift (Pos. 6) bohren; entgraten.	Spiralbohrer ø3
11	Spannstift (Pos. 6) einbauen.	Bankhammer
12	Schlüssel auf Funktionstüchtigkeit prüfen.	

11 Der Gewindestift (Pos. 5) wird durch Klebstoff gesichert. Wie könnte durch eine geringfügige spanende Bearbeitung des Stiftes dessen Selbstsicherung erreicht und welches Bauteil müsste dann maßlich geändert werden?

Am Zapfen des Gewindestiftes könnten 2 Schlüsselflächen angefeilt werden. Die Nut der Gewindespindel (Pos. 3) müsste schmaler sein.

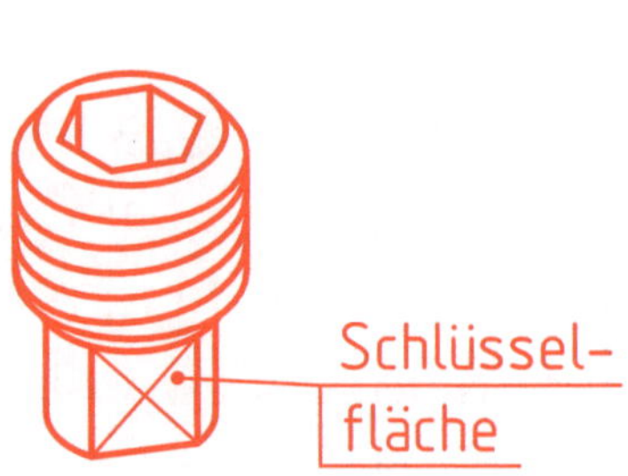

12 Falls der Gewindestift (Pos. 5) nach Ihrem Vorschlag in Aufgabe 11 gesichert wird, muss der Schlüssel nach einem neuen Montageplan zusammengebaut werden.
Erstellen Sie einen Montageplan.

Montageplan für den verstellbaren Schlüssel		
Nr.	Arbeitsschritt	Werkzeuge/Hilfsmittel
1	Teile nach Stückliste auf Vollständigkeit prüfen; ggf. reinigen und entgraten.	
2	Bohrung ø3 am Anschlag (Pos. 1) anreißen; körnen.	Parallelreißer, Hammer, Körner
3	Ringnut und Planfläche der Hülse (Pos.4) schmieren. Hülse bis zum Anschlag in die Bohrung des Verstellteils (Pos. 2) stecken.	Schmierfett mit Festschmierstoff-Zusatz
4	Spannstift (Pos. 6) in Verstellteil und Hülse einbauen.	Hammer
5	Gewindestift (Pos. 5) in das Verstellteil einschrauben; dabei beachten, dass die Schlüsselflächen des Gewindestiftes parallel zur Bohrungsachse liegen.	Winkelschraubendreher SW3
6	Gewindespindel (Pos. 3) einfetten und mit dem Gewinde voraus bis zum Anliegen am Innengewinde der Hülse (Pos. 4) in die Bohrung des Verstellteils stecken (seitliche Nutflächen gleiten über die Schlüsselflächen des Gewindestiftes).	Schmierfett
7	Durch Drehen der Hülse (Pos. 4) die Gewindespindel etwa 50 mm in die Hülse schrauben.	
8	Anschlag (Pos. 1) auf die herausstehende Gewindespindel bis zum Anliegen am Verstellteil stecken.	
9	Gewindespindel durch Drehen der Hülse (Pos. 4) soweit in diese schrauben, bis die Planflächen von Anschlag (Pos. 1) und Gewindespindel bündig sind.	
10	Anschlag (Pos. 1) am Verstellteil ausrichten, spannen und Bohrung ø3 für Spannstift (Pos. 6) und Gewindespindel (Pos. 3) bohren; entgraten.	Maschinenschraubstock Spiralbohrer ø3
11	Spannstift (Pos. 6) einbauen.	Bankhammer
12	Schlüssel auf Gängigkeit prüfen.	

13 Worin besteht der Vorteil, wenn Spannstifte – statt Zylinderstifte – verwendet werden?

Die Bohrungen für die Spannstifte müssen nicht gerieben werden.

Aufgaben zur Hülse (Pos. 4) des verstellbaren Schlüssels.

14 Erklären Sie die Gewindebezeichnung M12x0,75.

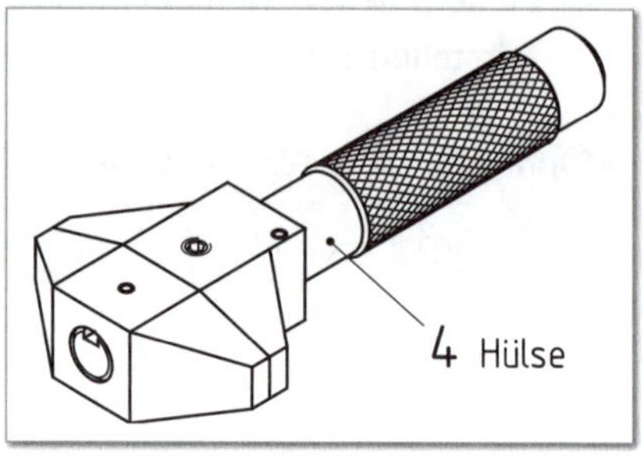

M 12 x 0,75

- M – Metrisches ISO-Gewinde
- 12 – Nenndurchmesser 12 mm
- 0,75 – Gewindesteigung 0,75 mm

15 Aus welchem Grund wird bei der Hülse kein Regelgewinde verwendet?

Regelgewinde besitzen eine größere Steigung. Die Einstellung des Schraubenschlüssels kann mit einem Feingewinde genauer erfolgen.
Außerdem wird durch Feingewinde eine größere Kraft in Achsrichtung erzeugt: der Schraubenschlüssel kann fester angezogen werden.

16 Erklären Sie die von Ihnen eingetragene Normbezeichnung der Rändelung.

DIN 82 – RGE 0,8

- DIN 82 – DIN-Nummer
- RGE – Kurzzeichen für Links-Rechts-Rändel mit erhöhten Spitzen
- 0,8 – Teilung 0,8 mm

17 Ermitteln Sie mithilfe eines Tabellenbuches den Durchmesser, auf den Sie die Hülse im Bereich der Rändelung vordrehen müssen.

Der Vordreh-Durchmesser d_2 zum Rändeln beträgt:

$d_2 = d_1 - 0{,}67 \cdot t = 20\ \text{mm} - 0{,}67 \cdot 0{,}8\ \text{mm} \approx 19{,}5\ \text{mm}$

Berechnen Sie den theoretischen Kerndurchmesser D_1 des Gewindes M12x0,75

$D_1 = d - 1{,}0825 \cdot P = 12\ \text{mm} - 1{,}0825 \cdot 0{,}75\ \text{mm} = 11{,}19\ \text{mm}$

18 Auf welchen Durchmesser bohren Sie das Kernloch für das Gewinde M12x0,75?

Der Kernlochdurchmesser beträgt $d_k = d - P = 12\ \text{mm} - 0{,}75\ \text{mm} = 11{,}25\ \text{mm}$.
Das Kernloch wird etwas größer als der theoretische Kerndurchmesser gebohrt, weil der Gewindebohrer beim Schneiden den Werkstoff etwas nach innen drückt, so dass die Bohrung kleiner wird („Aufschneiden").

19 Was ist beim Rändeln der Hülse zu beachten?

- Im Backenfutter spannen; mit der Reitstockspitze abstützen.
- Niedrige Drehzahl einstellen.
- Großen Vorschub verwenden.
- Reichlich kühlschmieren.

20 Die unvollständig dargestellte Hülse (Pos. 4) soll im Halbschnitt im Maßstab 1:1 gezeichnet werden. Der Bereich in dem der Spannstift (Pos. 6) mit Hülse zusammenwirkt, ist als Einzelheit „Z" im Maßstab 5:1 gegeben.

Die Hülse ist normgerecht zu bemaßen. Sie besitzt ein Innengewinde M12x0,75. Der Durchmesser, der sich in der Bohrung des Verstellteil (Pos. 2) befindet, erhält die Toleranzklasse h9. Die Hülse erhält einen Links-Rechts-Rändel mit erhöhten Spitzen und Teilung $t = 0,8$ mm. Alle übrigen Maße sind selbst zu bestimmen. Der *Ra*-Wert aller Oberflächen darf höchstens *Ra*-Wert 3,2 µm betragen. Allgemeintoleranzen nach DIN ISO 2768-m.

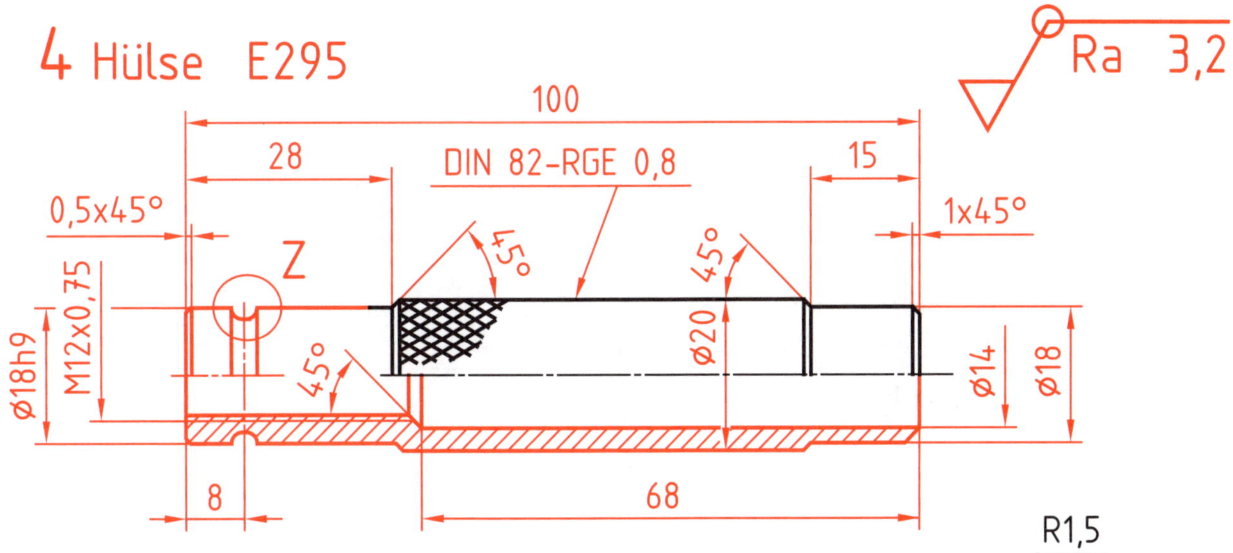

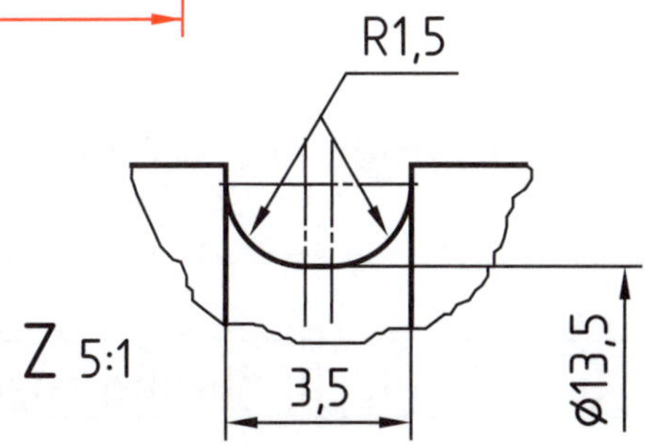

21 Vom Verstellteil (Pos. 2) sind zwei unvollständige Ansichten (Vorderansicht und Draufsicht) gegeben.

Ergänzen Sie diese Ansichten und zeichnen Sie die Seitenansicht. Alle innenliegenden Elemente (Bohrungen, Gewinde) sind durch Teilschnitte sichtbar darzustellen. Das Verstellteil soll normgerecht bemaßt werden.

Alle Oberflächen sind so herzustellen, dass der *Rz*-Wert höchstens 25 µm beträgt. Allgemeintoleranzen nach DIN ISO 2768-mittel.

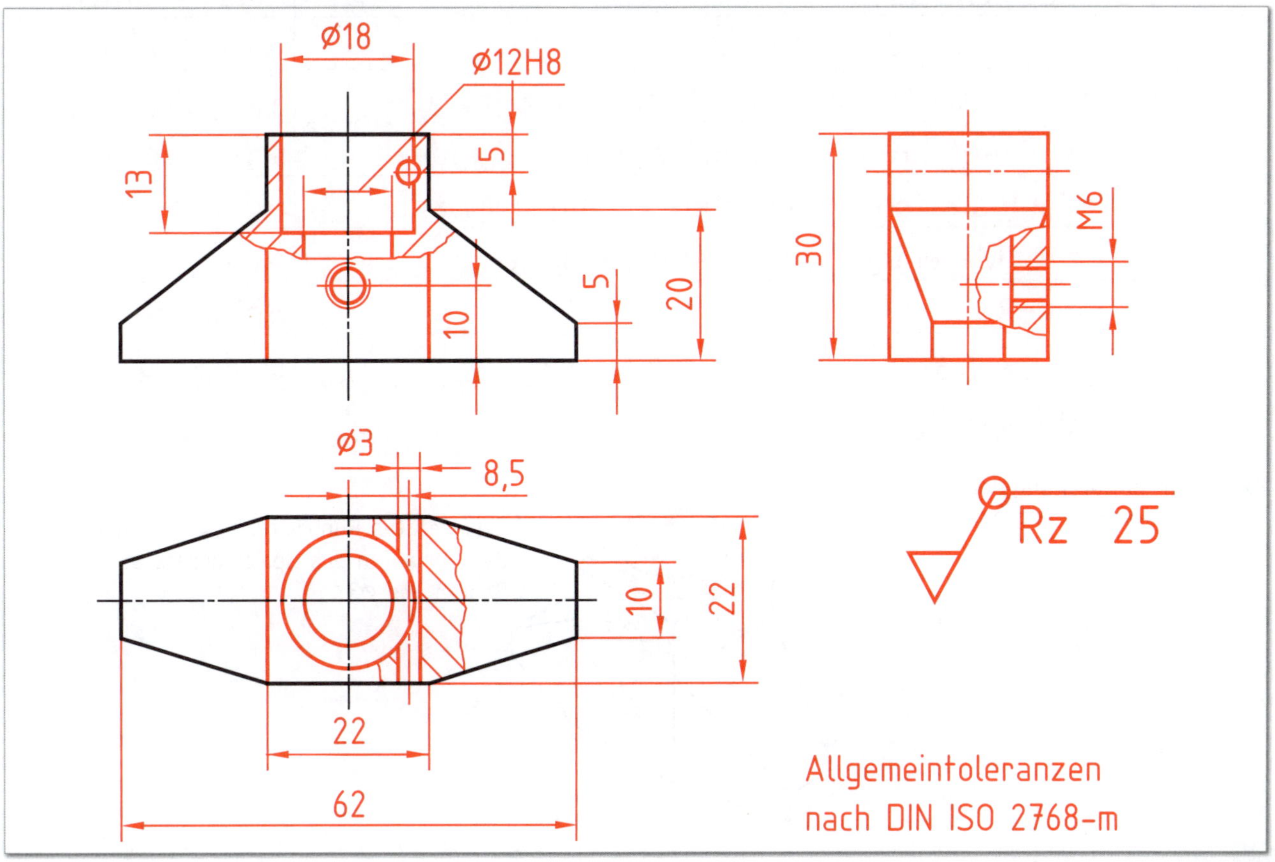

22 Das Verstellteil (Pos. 2) wird fertig gefräst angeliefert.
Beschreiben Sie in einem Fertigungsplan alle weiteren Zerspanungsvorgänge.

Fertigungsplan für das Verstellteil (Pos. 2)		
Nr.	Arbeitsschritt	Werkzeuge/Hilfsmittel
1	Bohrungen anreißen, körnen	Parallelreißer
		Körner, Hammer
2	Verstellteil im Maschinenschraubstock an den	Maschinen-
	seitlichen Flächen (Maß 22 mm) spannen, dabei die	schraubstock
	spätere Schlüsselspannfläche auf schmalen	Auflageleisten
	Leisten aufliegen lassen	
3	Spätere Bohrung ø12H7 vorbohren auf ø9	Spiralbohrer ø9
4	Bohrung aufbohren auf ø11	Aufbohrer ø11
5	Senken ø18, 13,5 mm tief	Flachsenker
6	Bohrung aufbohren auf ø11,75	Aufbohrer ø11,75
7	Bohrung reiben ø12H7	Reibahle ø12
8	Kernloch für M6 bohren	Maschinen-
		schraubstock,
		Spiralbohrer ø5
9	Kernlochbohrung ansenken	Kegelsenker
10	Gewinde schneiden	Maschinen-Ge-
		windeboher M6
11	Rundmaterial ø18, Länge ca. 15 mm, in Senkboh-	Maschinen-
	rung ø18 einführen; Werkstück zwischen Rund-	schraubstock
	material-Planfläche und späterer Schlüsselspann-	Auflageleisten
	fläche im Maschinenschraubstock spannen	
12	Bohren ø3	Spiralbohrer ø3
13	Werkstück ausspannen; Rundmaterial ø18	Dreikantschaber
	entfernen; Bohrungen entgraten	

Skizze zur Vorbereitung der Fertigung von Bohrung ø3:

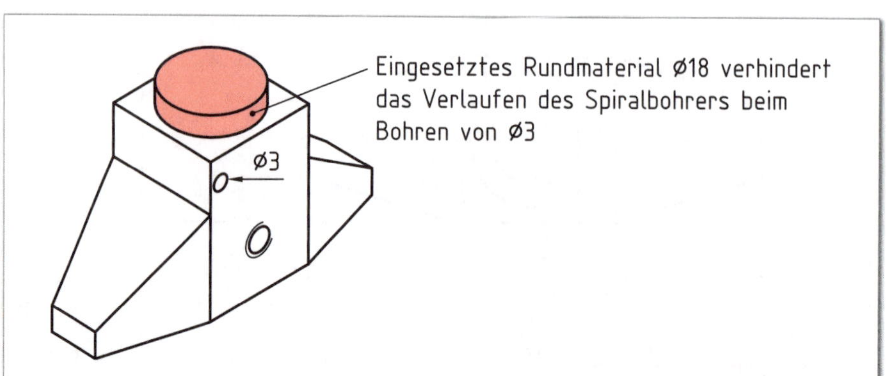

23 Zeichnen und bemaßen Sie normgerecht die Gewindespindel (Pos. 3) in Vorderansicht und Seitenansicht von rechts.

Die Nuttiefe beträgt 3 mm, die Nutbreite erhält die Toleranzklasse H8. Der zu verwendende Rundstahl nach DIN EN 10278 ist gezogen und besitzt im Anlieferungszustand die Toleranzklasse h9. Die Bohrung zur Befestigung in Pos. 1 ist bei Montage gemeinsam mit Pos. 1 zu fertigen. Tragen Sie funktionsgerechte Oberflächenangaben in die Zeichnung ein. Allgemeintoleranzen nach DIN ISO 2768-m.

3 Gewindespindel E295

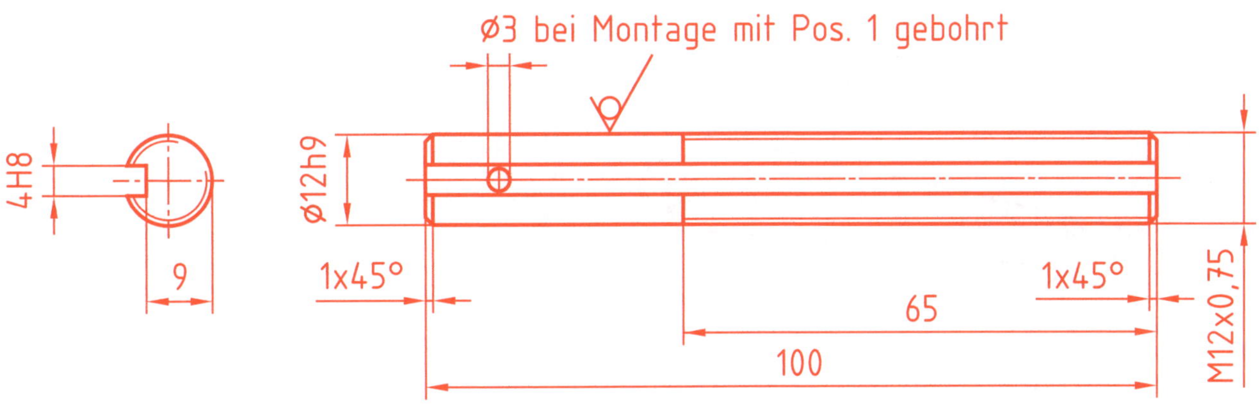

Allgemeintoleranzen nach DIN ISO 2768-m

24 Erstellen Sie einen Fertigungsplan für die Gewindespindel (Pos. 3).

Fertigungsplan für die Gewindespindel (Pos. 3)		
Nr.	Arbeitsschritt	Werkzeuge/Hilfsmittel
1	Rundstahl DIN EN 10278 (ø12h9) bereitstellen	
2	Rundstahl ablängen auf 104 mm	Bügelsäge
3	Gewindespindel beidseitig plandrehen auf 100 mm	Seitendrehmeißel,
	Länge, anfasen 1 x 45° und auf einer Seite	Zentrierbohrer
	zentrieren	
4	Gewindespindel im Dreibackenfutter spannen;	
	mit Reitstockspitze abstützen	
5	Auf 65 mm Länge ø11,8 andrehen	Drehmeißel
6	Gewinde drehen	Gewindedrehmeißel
7	Gewindespindel mit Maschinenschraubstock an den	
	Planflächen so spannen, dass etwas weniger als	
	die Hälfte des Durchmessers seitlich aus dem	
	Schraubstock herausragt	
8	Nut 4H8 fräsen	Scheibenfräser
9	Gewindespindel entgraten	Dreikantfeile
(10)	Bohrung ø3 bei Montage bohren	Spiralbohrer

25 Fassen Sie die Arbeitsergebnisse zusammen und dokumentieren Sie diese in einem Umdruck und/oder Plakat bzw. präsentieren Sie die Ergebnisse elektronisch mit Powerpoint oder in PDF-Form.

Sammelzeichnung

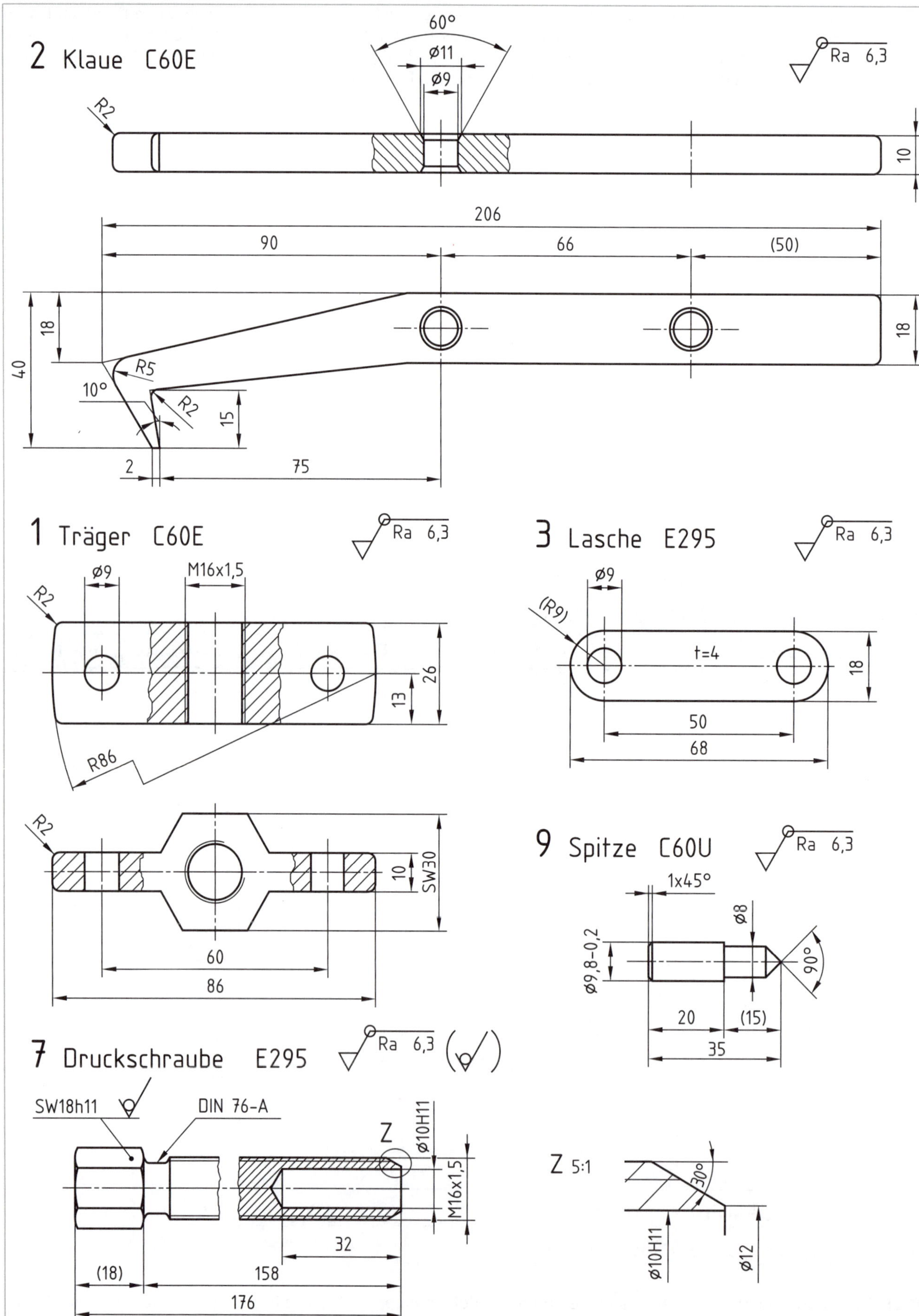

EUROPA LEHRMITTEL

Projektbeschreibung

Die Auszubildenden haben mit Schulpraktikanten als Projektaufgabe verstellbare Abzieher herzustellen. Dazu werden im Wesentlichen noch Montageunterlagen benötigt.

Projektaufgaben

Damit die Montage durch die Praktikanten fehlerfrei geplant und durchgeführt werden kann, müssen Funktionsbeschreibung, Stückliste, Baugruppenbezeichnung und eine Zusammenbaubeschreibung erstellt werden.

1 Ergänzen Sie die Stückliste.
Hilfsmittel: Tabellenbuch und Einzelteile Seite …
In der Spalte Bemerkungen ist bei Pos. 1 und 2 einzutragen: vergütet; bei Pos. 9: gehärtet.

Pos.-Nr.	Menge/ Einheit	Benennung	Werkstoff/Norm-Kurzbezeichnung	Bemerkung
1	1	Träger	C60E	vergütet
2	2	Klaue	C60E	vergütet
3	4	Lasche	E295	
4	4	Sechskantschraube	ISO 4017-M8x30-5.6	
5	8	Passscheibe	DIN 988-8x14x0,8	
6	4	Sechskantmutter	ISO 7040-M8-6	
7	1	Druckschraube	E295	
8	1	Kugel	DIN 5401-10	
9	1	Spitze	C60U	gehärtet

2 Funktionsbeschreibung (Bei Platzmangel Rückseite verwenden):

Der Abzieher kann zur Demontage von Scheiben, Hülsen oder ähnlichen Teilen verwendet werden.
Die Klauen (Pos. 2) werden auf der Planseite eines abzuziehenden Teiles eingelegt und die Spitze der Druckschraube (Pos. 9) auf einen festen Anschlagpunkt gebracht. Wird an der Druckschraube (Pos. 7) weitergedreht, beginnt der Abziehvorgang.

3 Warum hat Pos. 7 ein Feingewinde?

Mit Feingewinden können größere Abziehkräfte als mit Regelgewinden erzielt werden.

4 Ergänzen Sie auf Seite 127 die Baugruppenbezeichnung des verstellbaren Abziehers im Maßstab 1:1.

Hinweise:

Die Einzelteile des Abziehers sind auf Seite 124 dargestellt.

Die Klauen des verstellbaren Abziehers sind so einzuhängen, dass sie an Pos. 1 anliegen, die kürzere der möglichen Einstellungen des Abziehers ergeben und ihr oberes Ende senkrecht steht.

Damit die Einzelteile des Abziehers leicht beweglich sind, ist zwischen den Laschen (Pos. 3) und dem Träger (Pos. 1) bzw. den Klauen (Pos. 2) jeweils eine Passscheibe (Pos. 5) eingelegt.

Von der Verbindung der Laschen (Pos. 3) mit den Trägern (Pos. 1) ist der Schnitt A-A (wie im Bild) im Maßstab 2:1 darzustellen.

Die in die Druckschraube (Pos. 7) eingeführten Pos. 8 und 9 werden durch Stauchen der Druckschraubenränder gegen Herausfallen gesichert; sie dürfen aber nicht festsitzen.

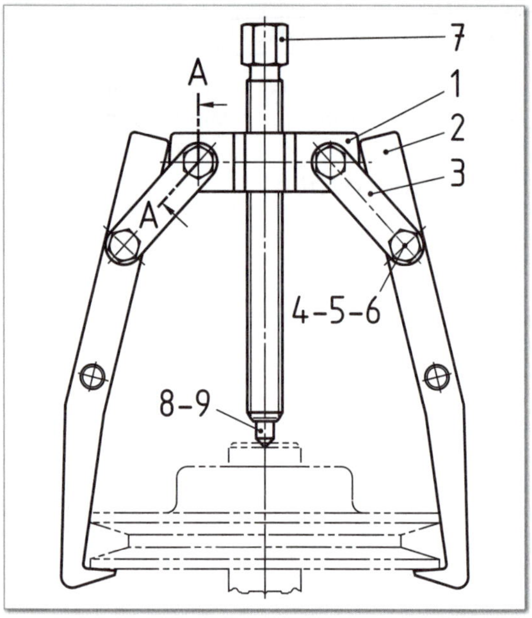

5 Zusammenbaubeschreibung (bei Platzmangel Rückseite verwenden):

Unter Verwendung von zwei Sechskantschrauben (Pos. 4) und zwei selbstsichernden Sechskantmuttern (Pos. 6) werden links und rechts je zwei Laschen (Pos. 3) mit Passscheiben (Pos. 5) mit kleinem Axialspiel am Träger (Pos. 1) befestigt.

Links und rechts werden mit zwei Sechskantschrauben (Pos. 4) und zwei selbstsichernden Sechskantmuttern (Pos. 6) je eine Klaue (Pos. 2) mit zwei Passscheiben (gegenüberliegend zwischen Lasche und Klaue) verschraubt. Auch hier muss ein geringes Axialspiel verbleiben um die Beweglichkeit der Klauen zu gewährleisten.

In die Druckschraube (Pos. 7) wird zuerst die Kugel (Pos. 8) und dann die Spitze (Pos. 9) eingelegt. Das Ende der Druckschraube wird gestaucht, um die Teile 8 und 9 vor Verlust zu sichern. Dabei ist darauf zu achten, dass sich die Teile 8 und 9 frei bewegen können.

Schließlich wird die vormontierte Druckschraube in den Träger (Pos. 1) geschraubt.

6 Diskutieren Sie mit anderen Auszubildenden etwaige andere Montagereihenfolgen und Montagehinweise aus Aufgabe 5 hinsichtlich Machbarkeit und Notwendigkeit, sowie Vor- und Nachteilen.

Gesamtzeichnung

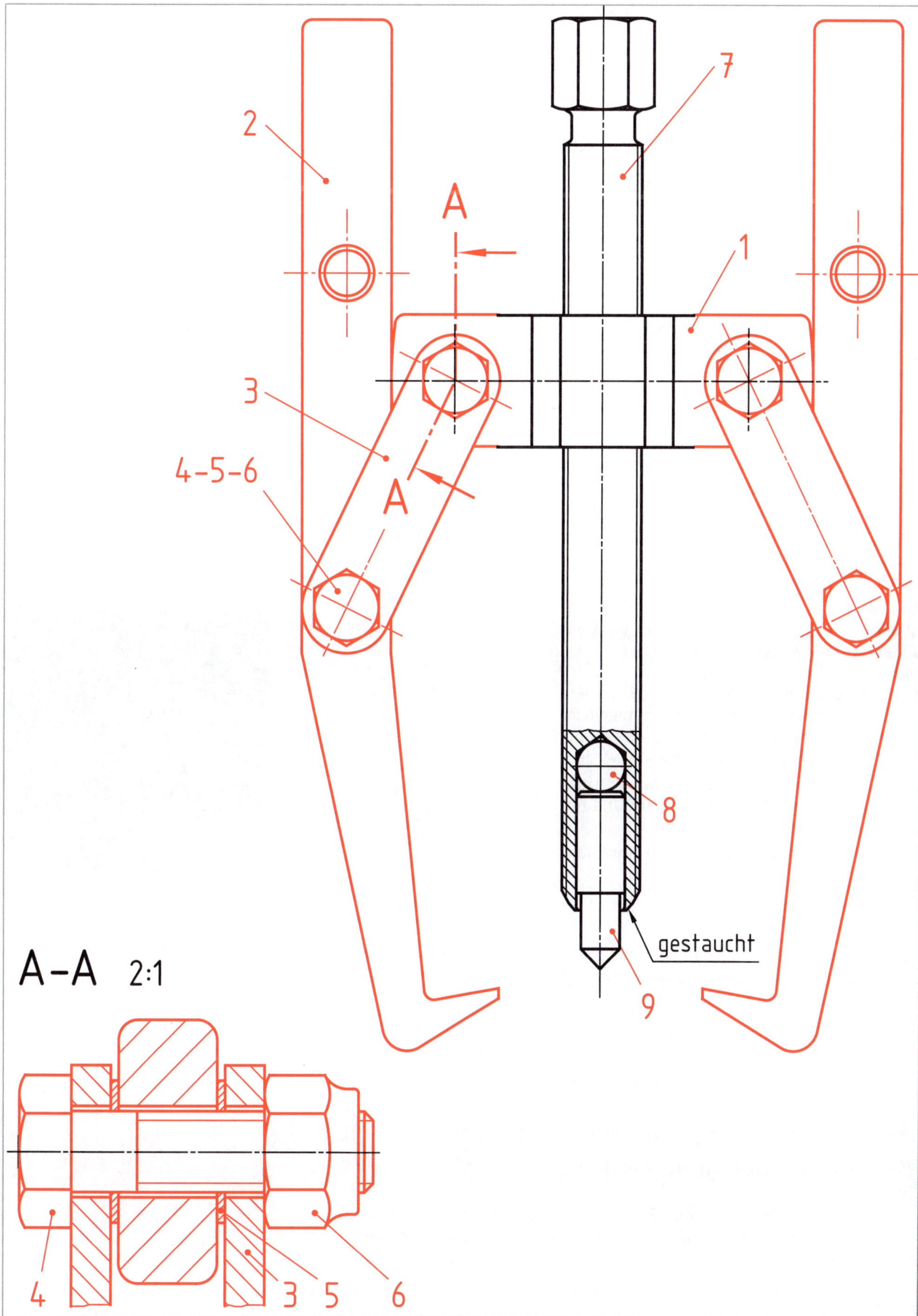

Projektbeschreibung

Pneumatische Steuerungen werden in Anlagen eingesetzt, um Vorgänge wie Spannen, Verschieben, Heben u. a. in einer festgelegten Abfolge auszuführen. Am Beispiel eines Magazins mit Entnahmestation und einer Hebeanlage für ein galvanisches Bad sollen die grundlegenden steuerungstechnischen Zusammenhänge der Pneumatik erkannt und in der Praxis umgesetzt werden können.

Projektaufgaben

1 Ordnen Sie zunächst ganz allgemein, ähnlich dem Trimino zur Arbeitssicherheit (S. 141), die pneumatischen Bauteile mit nachfolgendem Namen auf der nächsten Seite zu. Zerschneiden Sie das Trimino und geben es Kollegen, um es wieder richtig zusammen zu stellen.

Pneumatische Bauteile:

- Drosselrückschlagventil
- 3/2-Wegeventil, Druckknopf, Federrückstellung
- Schnellentlüftungsventil
- Zweidruckventil
- Druckbehälter
- 5/2-Wegeventil, elektromagnetisch
- pneumatische Druckquelle
- Aufbereitungseinheit
- Drehantrieb
- Steuerleitung
- Wechselventil
- Raste
- Kolben mit Endlagendämpfung
- Einfachwirkender Zylinder
- Drosselventil
- Doppelwirkender Zylinder
- Rückschlagventil
- 2/2-Wegeventil mit Sperrruhestellung
- Entlüftung mit Anschluss
- Betätigung durch Pedal
- Betätigung durch Rolle
- Filter oder Sieb

Projekt Magazin:

Zum Verschieben von Werkstücken aus einem Magazin zu einer Entnahmestation wird ein einfachwirkender Zylinder eingesetzt.

2 In einer ersten Schaltung soll ein einfachwirkender Zylinder direkt mit einem muskelkraftbetätigten 3/2-Wegeventil mit Federrückstellung gesteuert werden.

Zeichnen Sie den Schaltplan und tragen Sie die Gerätekennziffern und Anschlussbezeichnungen ein.

Bauen sie die Schaltung im Anschluss auf.

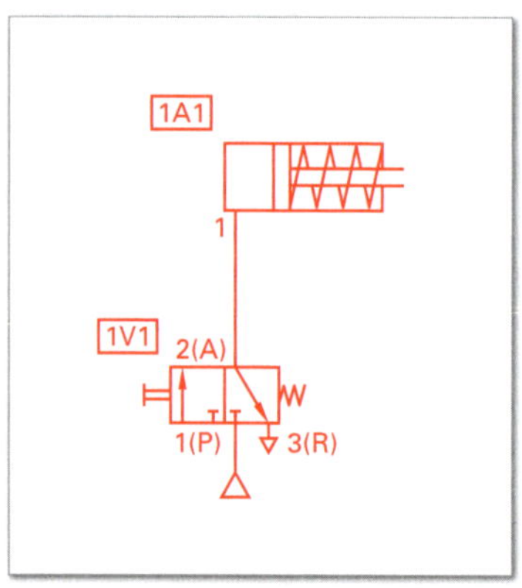

3 In großen Anlagen werden Stellglieder und Zylinder örtlich von den Signalgliedern getrennt.

a) Wie bezeichnet man diese Schaltung?

Indirekte Schaltung

b) Welcher Vorteil ergibt sich durch die Schaltung?

Alle Steuer- und Signalglieder können mit niedrigem Steuerdruck gefahren werden.

Für die einfachwirkenden Zylinder soll die Schaltung von Aufgabe 2 in eine indirekte Schaltung umgebaut werden. Das Stellglied besitzt eine Federrückstellung.

c) Zeichnen Sie den geänderen Schaltplan mit Geräte- und Anschlussbezeichnung.

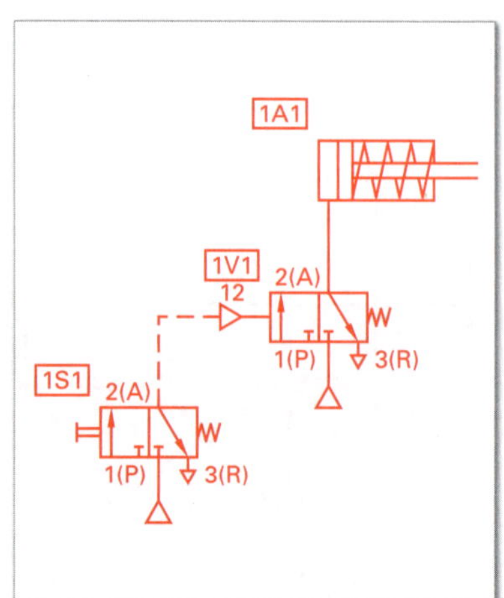

4 Der Verschiebezylinder schiebt die Werkstücke aus dem Magazin in die Entnahmestation, wenn folgende Bedingungen erfüllt sind:

Der Bediener gibt am Handtaster das Startsignal und ein Werkstück liegt im Magazin zum Verschieben bereit. Zeichnen Sie den dazugehörenden Schaltplan und bauen Sie die Schaltung auf.

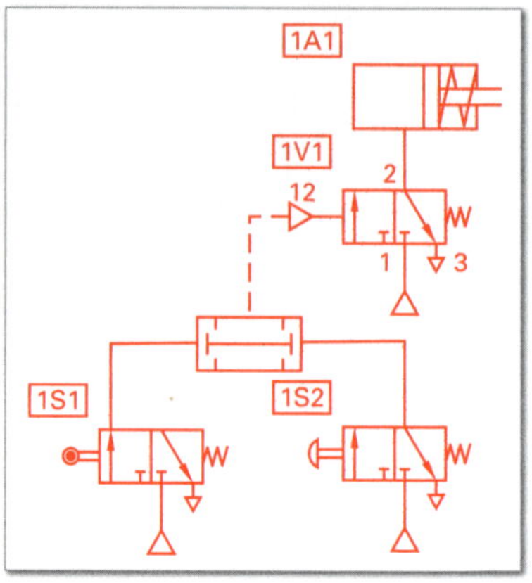

Projekt Hebeanlage:

Zum Eintauchen und Herausnehmen eines Korbes mit Werkstücken aus einem galvanischen Bad kommt ein doppeltwirkender Zylinder zum Einsatz.

5 Steuern Sie zunächst einmal den doppelwirkenden Zylinder mit einem 4-2-Wegeventil, muskelkraftbetätigt. Zeichnen Sie den Schaltplan und bauen Sie die Schaltung auf.

6 Bauen Sie die direkte Schaltung aus Aufgabe 5 in eine indirekte Schaltung um. Zeichnen Sie den Schaltplan und bauen Sie die Schaltung auf.

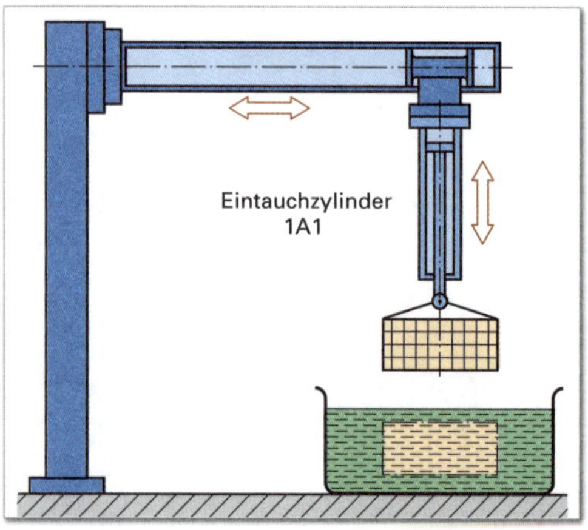

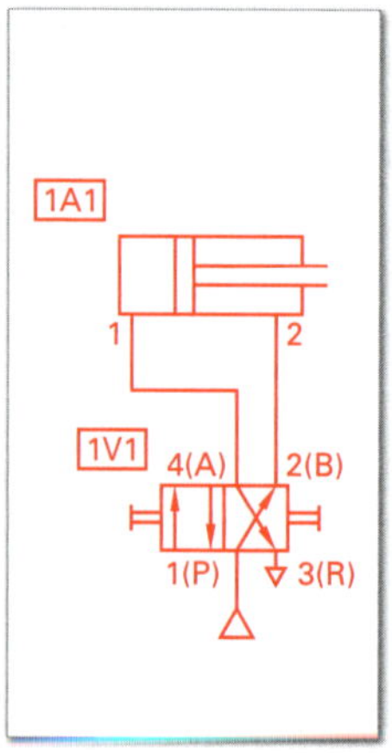

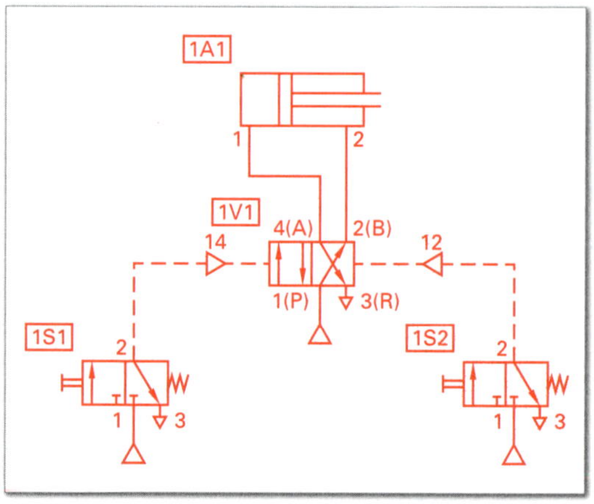

7 Das Heben und Senken des Korbes wird über jeweils einen Handtaster gesteuert. Die Handtaster befinden sich zum Einen direkt an der Anlage, zum Anderen am zentralen Leitstand.

a) Erstellen Sie den Schaltplan und bauen sie die Schaltung auf.

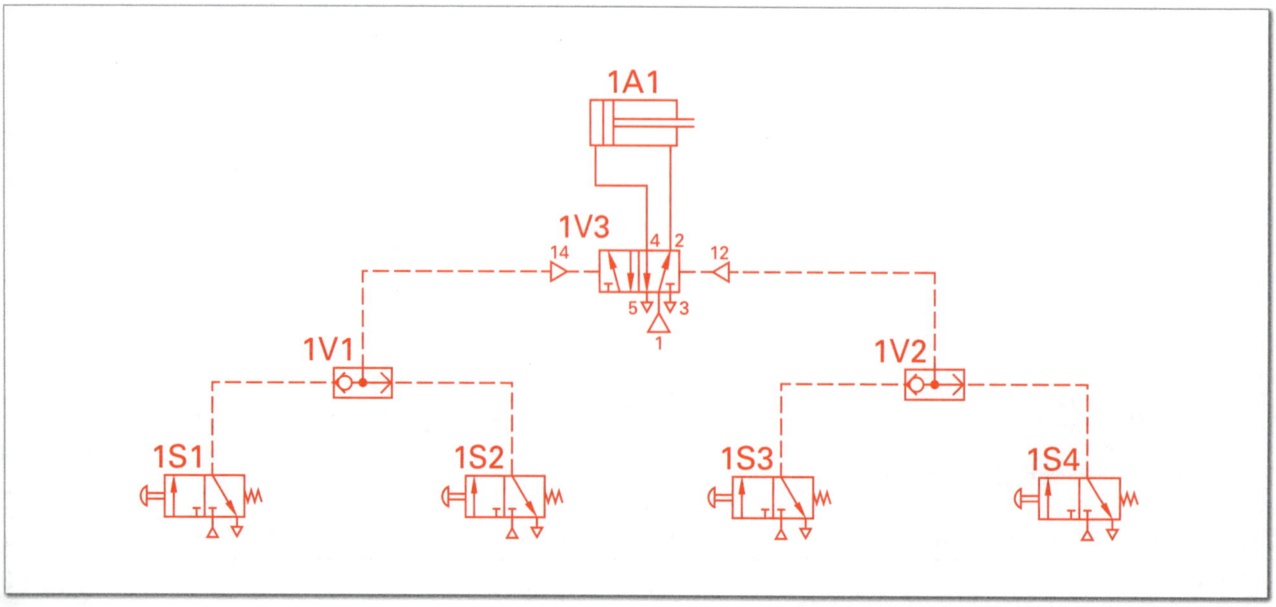

7 b) Zeichnen Sie das Weg-Schritt-Diagramm für den doppelwirkenden Zylinder der galvanischen Anlage.

Bauglieder Benennung	Nr.	Zust.	Schritt 0 1 2 3 4 5 6 7
Zylinder	1A1	2	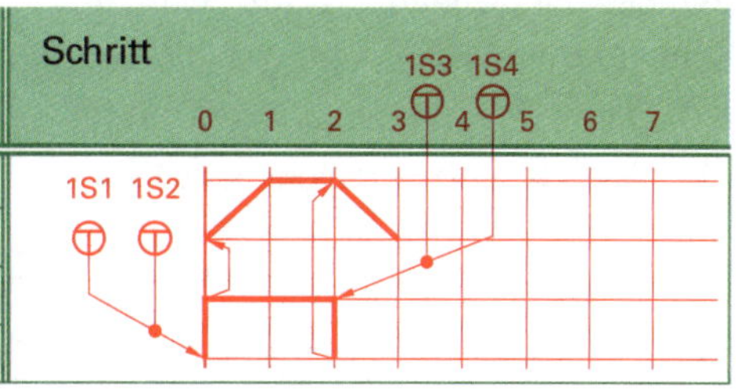
		1	
5/2-Wegeventil	1V3	a	
		b	

8 Der gefüllte Korb mit Werkstücken hat eine maximale Masse beim Herausheben aus dem Bad von $m = 200$ kg.

a) Berechnen Sie den Kolbendurchmesser D, wenn die Anlage mit $p_e = 6$ bar betrieben wird und die Kolbenstange einen Durchmesser $d = 20$ mm besitzt.

$$F = m \cdot g \qquad A = \frac{\pi \cdot (D^2 - d^2)}{4} \qquad D^2 - d^2 = \frac{4 \cdot F}{p \cdot \pi}$$

$$F = 200\ \text{kg} \cdot 9{,}81\ \frac{\text{m}}{\text{s}^2} \qquad \text{mit } p = \frac{F}{A} \rightarrow A = \frac{F}{p} \qquad D^2 = \frac{4 \cdot F}{p \cdot \pi} + d^2$$

$$F = \underline{\underline{1962\ \text{N}}} \qquad \frac{F}{p} = \frac{\pi \cdot (D^2 - d^2)}{4} \qquad D = \sqrt{\frac{4 \cdot 1962\ \text{N} \cdot \text{cm}^2}{60\ \text{N} \cdot \pi} + 4\ \text{cm}^2}$$

$$D = \underline{\underline{6{,}76\ \text{cm} \mathrel{\hat=} 67{,}6\ \text{mm}}}$$

$$\text{gewählt } D = \underline{\underline{70\ \text{mm}}}$$

b) Für die Schaltung wurde ein Zylinder mit Endlagendämpfung gewählt. Kennzeichnen Sie in der Darstellung den Dämpfungsteil im Zylinder und beschreiben Sie stichwortartig die Funktion der Endlagendämpfung.

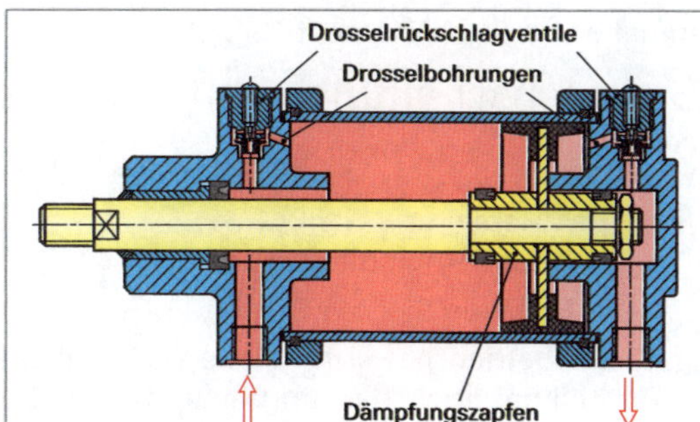

Der Kolben fährt in den Endlagen gegen ein Luftpolster und wird sanft abgebremst.

9 Das Eintauchen und Herausnehmen des Korbes soll langsam erfolgen. Zur Geschwindigkeitsdrosselung wird in den meisten Fällen eine Abluftdrosselung eingesetzt.

a) Zeichnen Sie für den doppelwirkenden Zylinder aus Aufgabe 5 die Schaltung für einen gedrosselten Vor- und Rückhub. Beschränken Sie sich nur auf den Teil der Schaltung zwischen Stellglied und Zylinder.

b) Welcher Effekt wird durch die Abluftdrosselung vermieden?

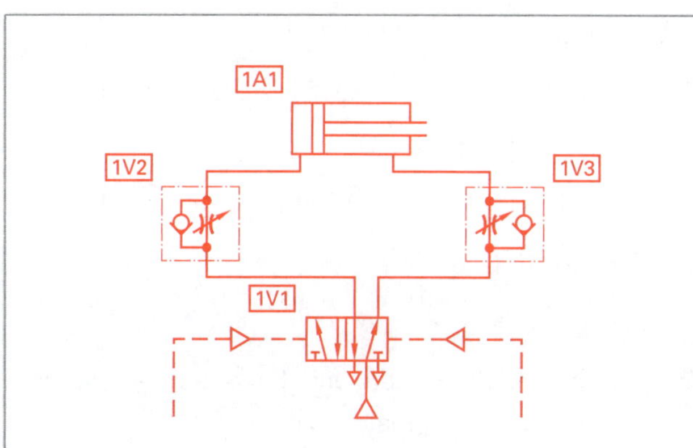

Stick-Slip-Effekt oder Ruckgleiten, da der Kolben pneumatisch eingespannt ist.

10 Der Verschiebezylinder aus Aufgabe 3 soll aus Sicherheitsgründen durch einen doppeltwirkenden Zylinder mit einer speziellen indirekten Schaltung ersetzt werden.

a) Ergänzen Sie die noch unvollständige Schaltung. Tragen Sie die Kennziffern für die Anschlüsse ein.

b) Beschreiben Sie den Programmablauf.

c) Erklären Sie die Aufgabe von Signalelement 1S4.

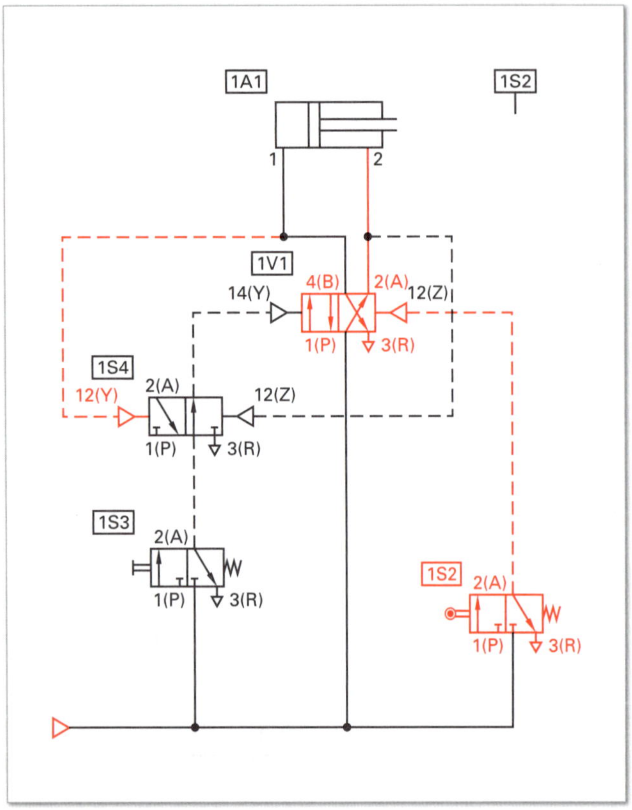

Beschreibung des Programmablaufes	
Steuer-schritt	Vorgang
1	Nach Betätigen von Signalelement 1S3 schaltet Ventil 1V1 um. Der Zylinder 1A1 fährt aus. Signalelement 1S4 schaltet Signal von Signalelement 1S2 ab.
2	Zylinder 1A1 betätigt in seiner Endstellung Signal-element 1S2, dieses steuert Ventil 1V1 um. Der Zylinder 1A1 fährt ein. Signalelement 1S4 wird umgesteuert.

Aufgabe von Signalelement 1S4:

Signalabschaltung. Ohne Signalelement 1S4 könnte bei Dauerbetätigung von Signalelement 1S3 das Ventil 1V1 nicht umsteuern; der Zylinder 1A1 würde nicht einfahren.

11 Im Betrieb hat sich für die Verschiebebeschaltung ein Problem ergeben: Nach dem Verschieben wird der Kolben durch 1S2 umgesteuert. Nach Betätigen des Signalgliedes bleibt der Kolben jedoch in der vorderen Endlage stehen. Markieren Sie mit Farbe im Schaltplan mögliche Fehlerursachen und benennen Sie diese.

- Schalter 1S2 klemmt
- Steuerleitung zu Anschluss 12 an 1V1 unterbrochen
- Steuerleitung zu Anschluss 13 an 1S4 unterbrochen
- Druckleitung 2 von 1V1 nach 1A1 unterbrochen
- 1V1 schaltet nicht in Schaltstellung b
- Druckaufbereitungsanlage liefert keinen Druck mehr

12 Gestalten Sie Plakate oder Powerpoint-Präsentationen in Kleingruppen zu den Themen:

- Stellglieder, Signalglieder
- Aktoren (Zylinder)
- Druckluftaufbereitung
- Logische Verknüpfungen

EUROPA LEHRMITTEL

Projekt Säulenbohrmaschine

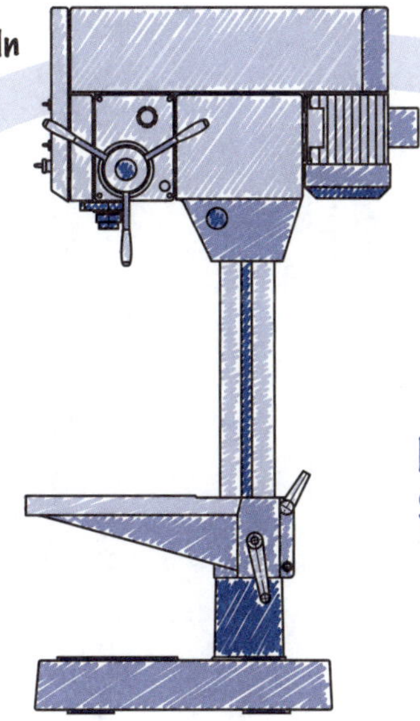

Technische Dokumentation auswerten

UVV kennen

Störungs- und Verschleißursachen ermitteln

Schmierplan erstellen

Instandhaltungskosten

Hydraulischer Schaltplan

Gefahren durch elektrischen Strom

Schütz-Relais

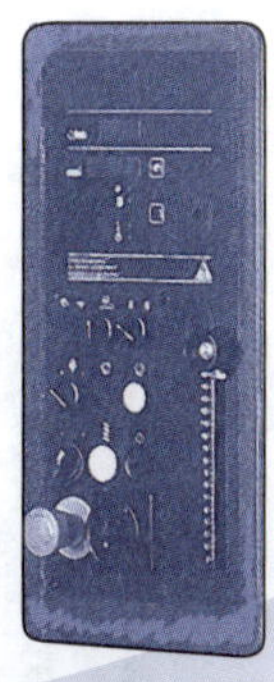

Haupt-/Steuerstromkreis

elektrischer Schaltplan

hydraulische Bauteile

Motorsteuerung

Schmier- und Kühlstoffe einsetzen und entsorgen

Instandhaltungstätigkeiten planen

Sicherheitsregeln beachten

Lernfeld 4

Projekt Zahlenschloss mit LED

Ohmsches Gesetz

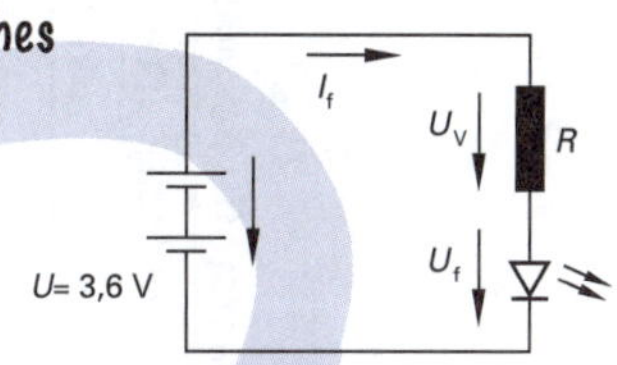

Größen im elektrischen Stromkreis berechnen

Schaltungstechnische Zusammenhänge erkennen

Reihen- und Parallelschaltung

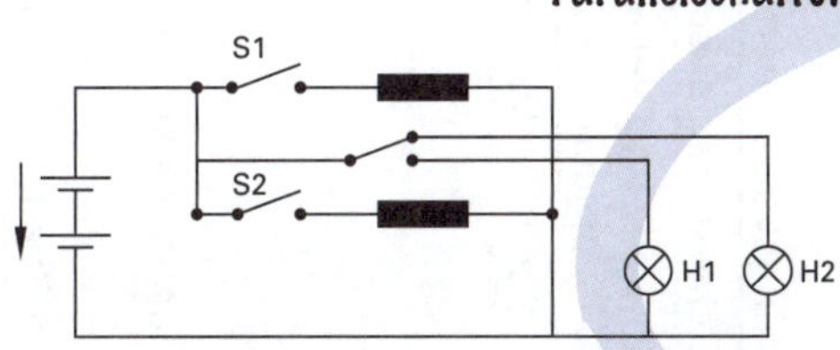

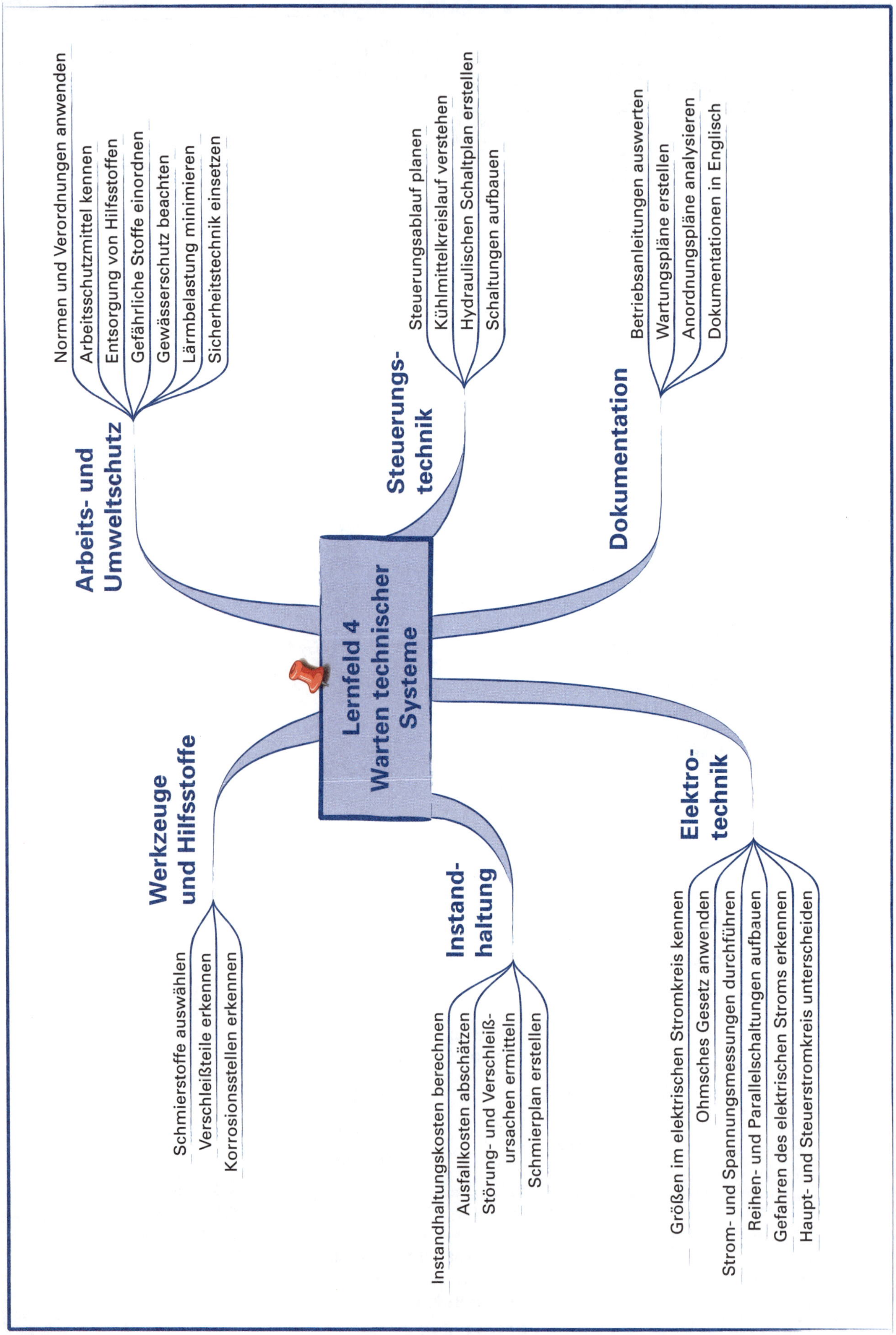
Lernfeld 4 Warten technischer Systeme
Arbeits- und Umweltschutz
Normen und Verordnungen anwenden
Arbeitsschutzmittel kennen
Entsorgung von Hilfsstoffen
Gefährliche Stoffe einordnen
Gewässerschutz beachten
Lärmbelastung minimieren
Sicherheitstechnik einsetzen
Steuerungs-technik
Steuerungsablauf planen
Kühlmittelkreislauf verstehen
Hydraulischen Schaltplan erstellen
Schaltungen aufbauen
Dokumentation
Betriebsanleitungen auswerten
Wartungspläne erstellen
Anordnungspläne analysieren
Dokumentationen in Englisch
Elektro-technik
Größen im elektrischen Stromkreis kennen
Ohmsches Gesetz anwenden
Strom- und Spannungsmessungen durchführen
Reihen- und Parallelschaltungen aufbauen
Gefahren des elektrischen Stroms erkennen
Haupt- und Steuerstromkreis unterscheiden
Instand-haltung
Instandhaltungskosten berechnen
Ausfallkosten abschätzen
Störung- und Verschleiß-ursachen ermitteln
Schmierplan erstellen
Werkzeuge und Hilfsstoffe
Schmierstoffe auswählen
Verschleißteile erkennen
Korrosionsstellen erkennen

Äußerer Aufbau und Nummernübersicht

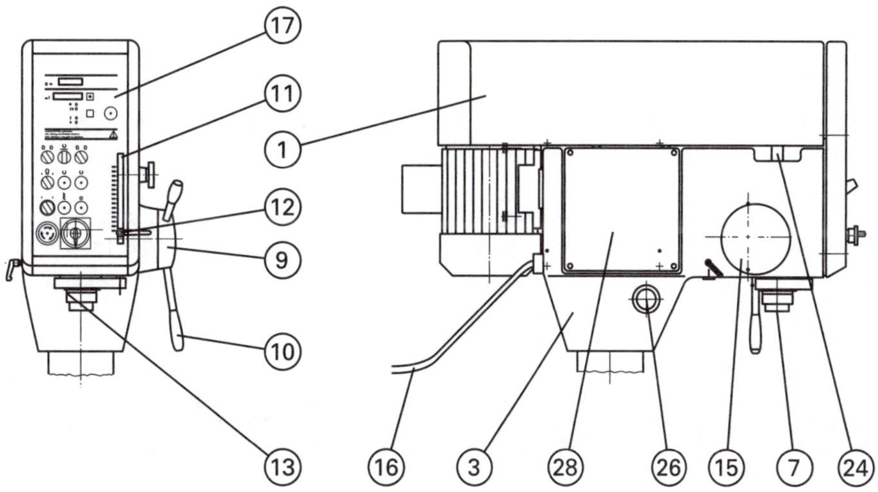

1. Haube
2. Antriebsmotor
3. Bohrkopf
4. Maschinentisch
5. Grundplatte
6. Säule
7. Bohrspindel
8. Vorschubwähler
9. Vorschubgriffnabe
10. Handhebel
11. Bohrtiefenanzeige
12. Bohrtiefenanschlag
13. Bohrtiefenfeineinstellung
14. Elektrischer Vorschub
15. Montagedeckel für Federgehäuse
16. Anschlusskabel
17. Bedienfeld
18. Tischhöhenverstellung
19. Tischklemmung
20. Einstellschraube
21. Ölschauglas Vorschubgetriebe
22. Öleinfüllschraube Vorschubgetriebe
23. Ölablassschraube Vorschubgetriebe
24. Getriebe-Schalthebel
25. Querbohrung für Transport
26. Verschlusstopfen für Transport
27. Kühlmitteleinrichtung
28. Elektro-Einschub
29. Vorschubräderplatte
30. Sicherungsbolzen für Haube

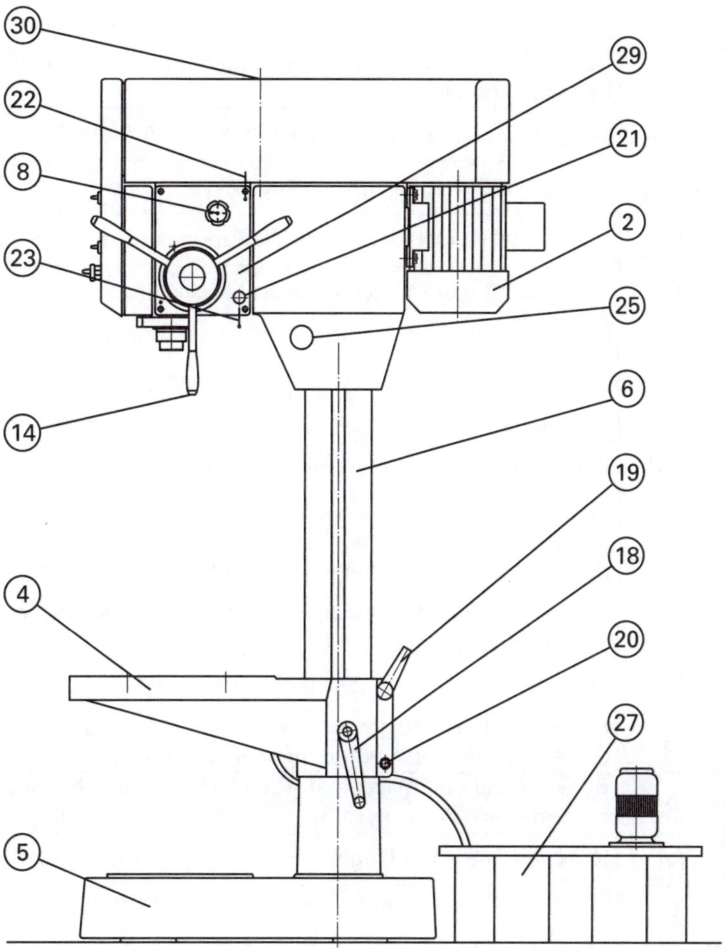

Projektbeschreibung

In vielen Fertigungsaufgaben ist die Säulenbohrmaschine ein wichtiger Partner des Facharbeiters. Er sollte deshalb besondere Kenntnisse in Bezug auf Instandhaltung, Wartung und Funktion der Maschine haben.

Projektaufgaben

Für ein fachgerechtes Arbeiten an der Maschine sind u. a. die Beachtung des Arbeitsschutzes, die Wartung der Maschine und der richtige Umgang mit Hilfsstoffen gefordert.

1 Ordnen Sie die in der Betriebsanleitung aufgelisteten Sicherheitsanweisungen des Maschinenherstellers den folgenden Bereichen zu, indem Sie den jeweiligen Kennbuchstaben in die Tabelle eintragen:

P persönliche Schutzmaßnahmen; **U** Sicherheitsaspekte im Umfeld der Maschine;
M Maschine, Maschinenaufbau; **A** allgemeine Betriebsregeln; **WS** Sicherheit bei Werkstücken;
WZ Sicherheit bei verwendeten Werkzeug

Bereich	Sicherheitshinweise
M	Verankern Sie die Maschine unbedingt mit dem Fundament.
P	Tragen Sie eine Schutzbrille. Sehhilfen für den täglichen Gebrauch sind keine Schutzbrillen.
P	Schützen Sie langes Haar mittels Haarnetz oder Kopfbedeckung.
P	Tragen Sie Sicherheitsschuhe.
P	Tragen Sie passende Kleidung; lose Kleidung, Handschuhe, Halstuch, Halsschmuck oder Ringe können sich mit rotierenden Teilen verfangen.
WS, P	Entfernen Sie Späne nie mit der bloßen Hand, benutzen Sie dafür Spänehaken oder ähnliches.
A	Behalten Sie während des Arbeitsprozesses sichere Standfestigkeit und Gleichgewicht.
U	Halten Sie Kinder von der Maschine fern; nicht autorisierte Personen sollen zur Maschine einen Sicherheitsabstand einhalten.
U	Sorgen Sie für ausreichend Helligkeit am Arbeitsplatz.
A, U	Halten Sie den Arbeitsplatz sauber.
WZ	Entfernen Sie nicht benötigte Werkzeuge aus dem unmittelbaren Arbeitsbereich.
M	Betreiben Sie die Maschine ausschließlich ihrer Zweckbestimmung entsprechend.
M	Betreiben Sie die Maschine nicht in gefährlicher Umgebung; Feuchtigkeit kann zu elektrischen Kurzschlüssen führen.
A	Betreiben Sie die Maschine nie unbeaufsichtigt. Verlassen Sie die Maschine erst, wenn sie ausgeschaltet und das Werkzeug zum Stillstand gekommen ist.
WZ	Behandeln Sie Werkzeuge mit Vorsicht; halten Sie die Werkzeuge sauber und scharf.
WZ	Verwenden Sie nur zweckentsprechende Werkzeuge.
WZ	Beachten Sie die Anleitungen der Werkzeughersteller bezüglich maximal möglicher Drehzahl und Vorschübe.
WS	Sichern Sie das Werkstück; klemmen Sie das Werkstück sicher auf dem Bohrtisch oder lassen Sie es anschlagen, um Rotation zu verhindern.
M	Entfernen Sie keine Sicherheitseinrichtungen.
A	Prüfen Sie beschädigte Teile; vor weiterer Verwendung von Werkzeugen oder Spannelementen sind diese zu prüfen und gegebenenfalls zu ersetzen.
A	Schalten Sie den Maschinen-Hauptschalter aus, bevor Sie Wartungs- oder Instandsetzungsarbeiten durchführen und sichern Sie ihn gegen unbeabsichtigtes Einschalten.
M	Verwenden Sie nur Original-Ersatzteile des Maschinenherstellers.
P	Tragen Sie Atem- und Augenschutz, wenn bei offener und halboffener Bauart der Maschine Kühlmitteldunst entsteht.
P	Vermeiden Sie Hautkontakt mit Kühlschmierstoffen.

2 Übertragen Sie die Informationen und Anweisungen des abgebildeten Schmierplans einer Säulenbohrmaschine in die untenstehende Tabelle.

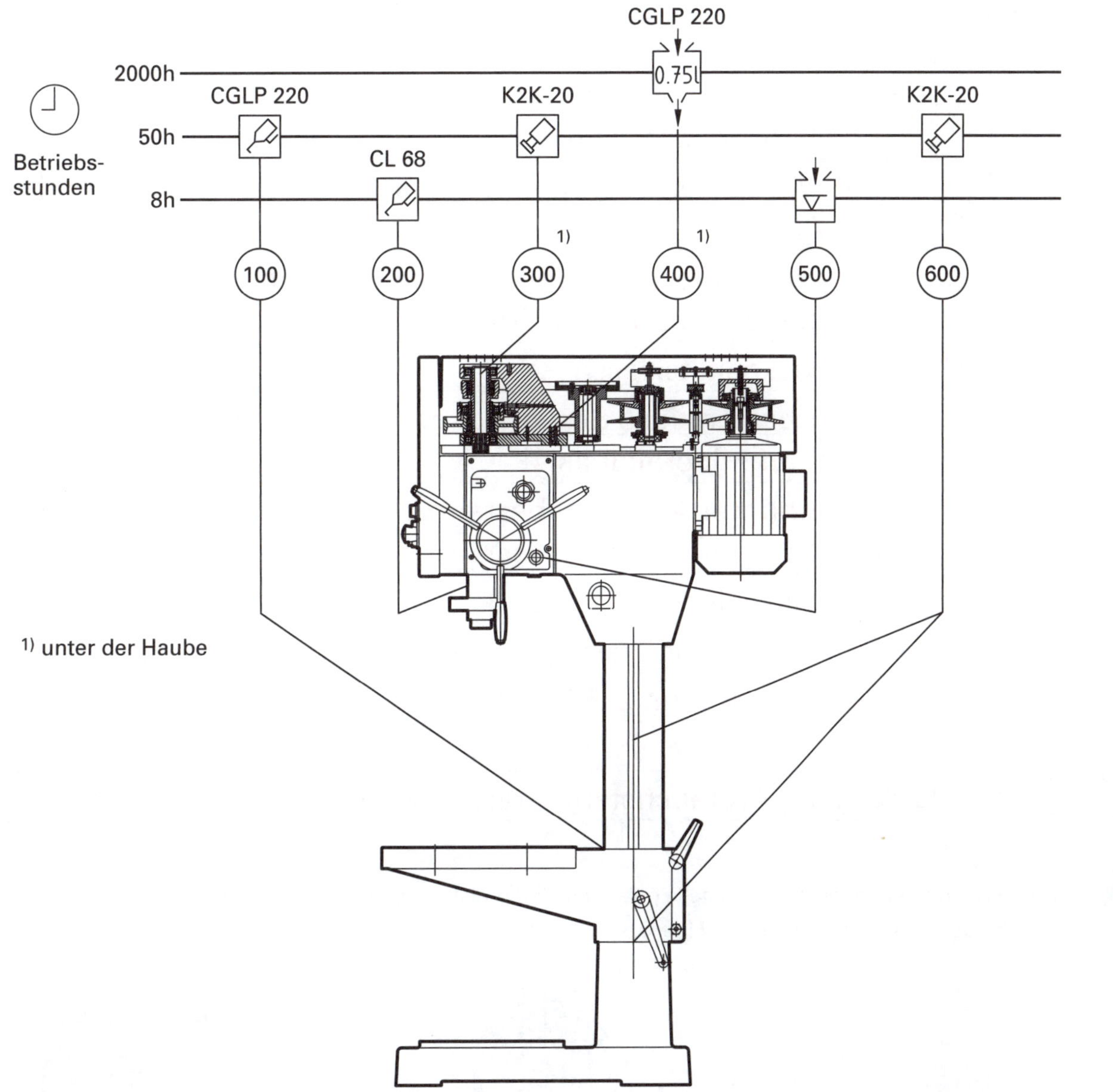

Nr.	Schmierstelle	Schmiermittel/ Schmiermenge	Intervall in Betriebsstunden
100	Säule	CGLP 220	50
200	Pinole	CL 68	8
300	Spindelkeilwelle[1)]	K2K-20	50
400	Öleinfüllschraube für Vorschubgetriebe[1)]	CGLP 220 / 0,75 ltr.	2000
500	Ölschauglas für Vorschubgetriebe	-	8
600	Tischhubgetriebe	K2K-20	50
[1)] befindet sich unter der Haube			

3 Ergänzen Sie die Tabelle indem Sie verdeckte Schmierstellen mit einer Fußnote [1)] versehen und in der Fußzeile der Tabelle diese Fußnote mit „befindet sich unter der Haube" erläutern.

4 Erläutern Sie in nachfolgender Tabelle die Schmiermittelkurzbezeichnung mit Hilfe Ihres Tabellenbuches.

Schmiermittel-bezeichnung		Erläuterung
CGLP 220	CG	Mineralöl mit Wirkstoffen zur Verschleißminderung für Gleit- und Führungsbahnen
	L	mit Wirkstoffen zur Erhöhung des Korrosionsschutzes und/oder der Altersbeständigkeit
	P	mit Wirkstoffen zum Herabsetzen der Reibung und des Verschleißes und/oder zur Erhöhung der Belastbarkeit
	220	ISO Viskositätsklasse 220
CL 68	C	Altersbeständiges Schmieröl ohne Zusätze für Umlaufschmierung auf Mineralölbasis
	L	mit erhöhter Alterungsbeständigkeit und Wirkstoffen zum Erhöhen des Korrosionsschutzes
	68	ISO Viskositätsklasse 68
K2K–20	K	Schmierfett für Wälzlager, Gleitlager und Gleitflächen
	2	Walkpenetration 265 bis 295
	K	obere Gebrauchstemperatur + 120° C
	– 20	untere Gebrauchstemperatur – 20 °C

5 Damit Schmierstoffe an ihre Wirkstelle gelangen sind meist Schmiervorrichtungen notwendig. Welche Schmiervorrichtungen sind hier abgebildet?

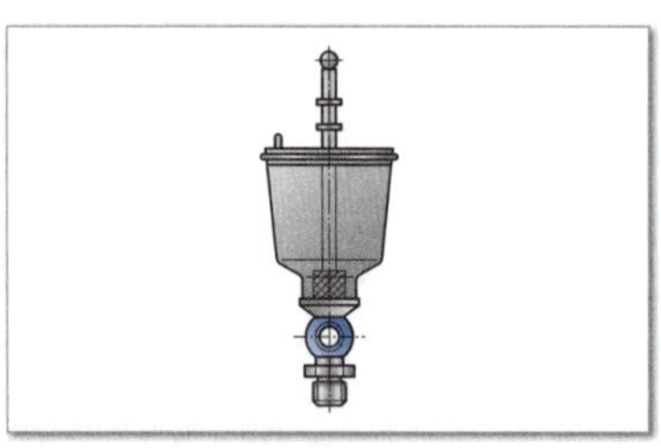

Tropföler

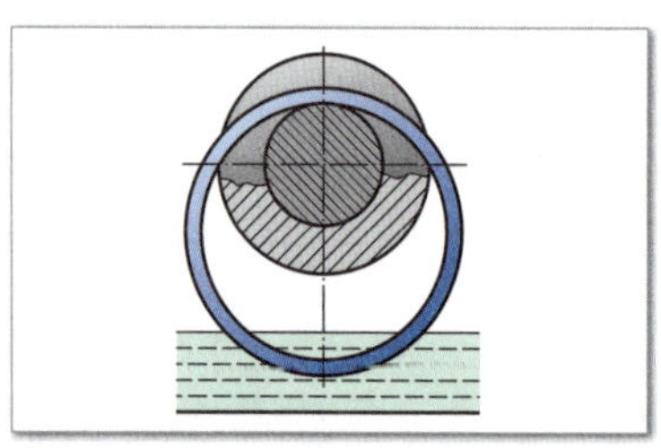

Losringschmierung

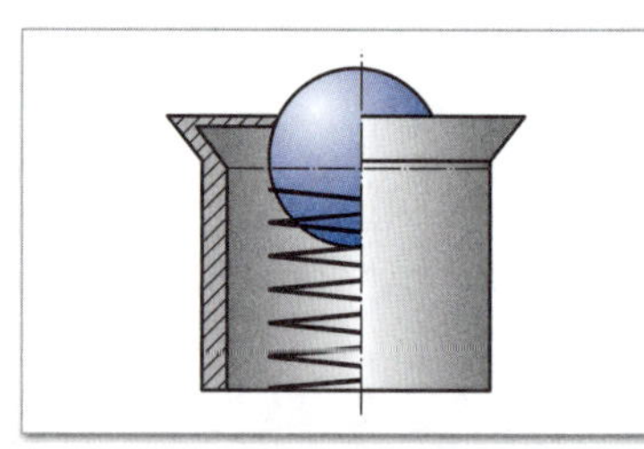

Schmiernippel

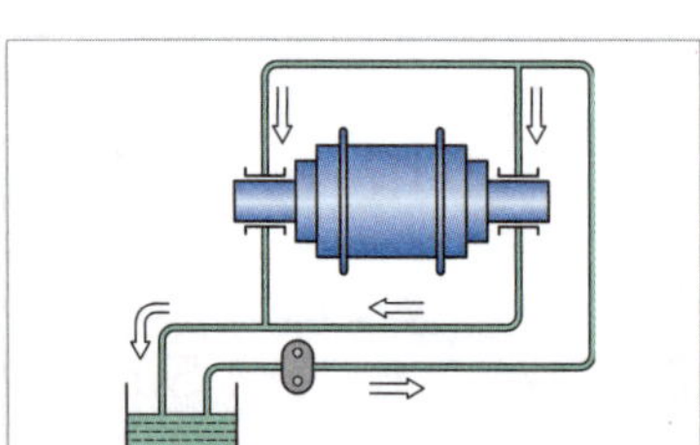

Druckumlauf-schmierung

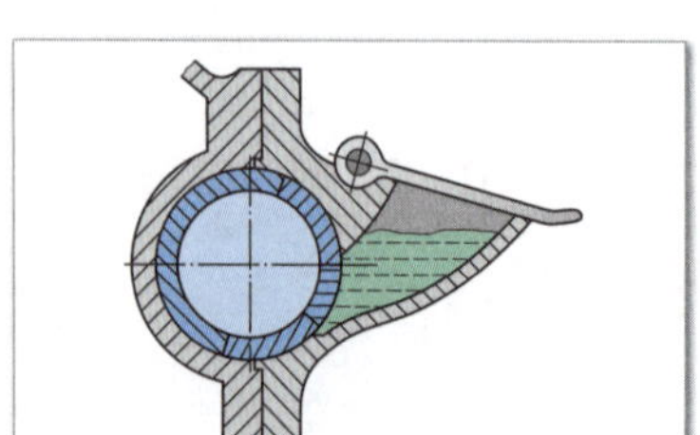

Fettkammer-schmierung

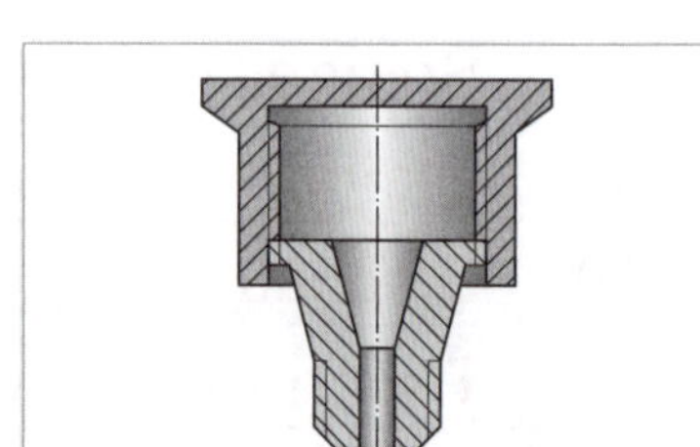

Staufferbüchse

6 Werten Sie den nachfolgenden Fachtext aus einer Bedienungsanleitung schrittweise aus.

a) Markieren Sie mit einem Textmarker wichtige Begriffe und Aussagen.

b) Gliedern Sie den Text durch seitliche senkrechte Markierungen in die drei Hauptthemen.

c) Notieren Sie erforderlichenfalls Ihnen fremde Fachbegriffe für gezielte Nachfragen bei Mitschülern oder Lehrer.

Montage Wartung und Lagerung von Keilriemen

Unter Voraussetzung einer richtigen Auslegung des Antriebes nach dem Keilriemenprofil, der Keilriemenanzahl und der Keilriemenausführung gewährleisten CONTI-Keilriemen eine hohe Lebensdauer und Betriebssicherheit. Zusätzlich müssen hierfür die sachgerechte Montage, Wartung und Lagerung der Keilriemen beachtet werden. Im folgenden werden Hinweise beschrieben, die in der Praxis helfen, alle Vorteile von CONTI-Keilriemen voll auszunutzen.

Die verwendeten Keilscheiben müssen neben dem richtigen Riemenprofil gewisse Mindestanforderungen erfüllen, damit die Funktionstüchtigkeit sicher gewährleistet werden kann. Um Beschädigungen der Riemen zu verhindern, dürfen die Scheiben zum Beispiel keinerlei Grat aufweisen. Sie müssen zusätzlich frei von Rost oder anderen Verschmutzungen sein, damit der Riemen nicht vorzeitig beschädigt wird. Bei der Montage sind die Keilscheiben exakt fluchtend auszurichten, denn Fluchtungsfehler verursachen ein Verdrehen der Keilriemen, erhöhen den Flankenverschleiß und bewirken übermäßige Laufgeräusche. Das Auflegen der Keilriemen muss zwanglos von Hand erfolgen. Hierzu wird der Achsabstand entsprechend verringert. Ein gewaltsames Aufziehen über die Scheibenkanten könnte zum Teil unsichtbare Beschädigungen im Zugstrang und der Ummantelung verursachen und damit die Lebensdauer erheblich vermindern.

Nachdem die Riemen fachgerecht aufgelegt wurden müssen diese sorgfältig vorgespannt werden. Die Einstellung der richtigen Vorspannung ist besonders wichtig, weil eine zu geringe Vorspannung zu einer ungenügenden Leistungsübertragung und vorzeitigem Verschleiß aufgrund des großen Schlupfes kommt. Eine zu hohe Vorspannung wiederum verursacht eine übermäßige Dehnung des Riemens. Dies führt neben einer zu hohen Walkarbeit auch zu erhöhten Temperaturen im Riemen und verringert ebenfalls die Lebensdauer.
Außerdem werden die Wellenlager durch eine zu große Riemenvorspannung unnötig hoch belastet.

Aufgrund dieser zentralen Bedeutung der Vorspannung ist diese nach kurzer Einlaufzeit nochmals zu kontollieren und gegebenenfalls nachzuspannen, denn falsch vorgespannte Keilriemen verschleißen in der Praxis vorschnell.

Mehrrillige Antriebe müssen aufgrund der genauen Vorspannung mit längengleichen Keilriemen ausgerüstet werden. CONTI-Keilriemen SATZGERECHT mit extra aufgestempelten Gruppennummern bieten Gewähr für problemlose Satzzusammenstellung. Beim Ausfall eines Einzelriemens ist jedoch zu berücksichtigen, dass ein komplett neuer Satz montiert werden muss. Gebrauchte und neue Keilriemen können wegen der unterschiedlichen Dehnung nicht in einem Satz verwendet werden.

Bei der konstruktiven Anordnung von Spannrollen zum Ausgleich der Keilriemendehnung sollte, soweit aus Platzgründen möglich, eine Platzierung im Inneren des Riemenumlaufs bevorzugt werden. Von außen nach innen wirkende Spannrollen vergrößern nämlich die Biegebeanspruchung und vermindern so die Laufzeit. Der gleiche Nachteil entsteht, wenn der Spannrollen-Mindestdurchmesser nicht beachtet wird.
Die zusätzliche Verwendung von Riemenwachs oder ähnlichen Mittel ist überflüssig. Das Leistungsvermögen des Antriebs wird durch korrekte Vorspannung gewährleistet.

Die Keilriemen sind jedoch vor Ölnebel, Tropföl und anderen Chemikalien zu schützen, denn insbesondere der ständige Einfluss dieser Medien führt zum Quellen oder anderer vorzeitiger Zerstörung der Keilriemen.

Die Lagerung der Keilriemen sollte in einem kühlen (Temperatur zwischen 15 bis 25 °C), trockenen und zugfrei belüfteten Raum erfolgen. Sie dürfen nicht in der Nähe von Wärmequellen gelagert werden und sollten keiner direkten Sonnenbestrahlung oder starkem künstlichen Licht mit hohen ultravioletten Anteilen ausgesetzt sein.
Keilriemen kleiner Längen können in der Regel bis zu Stapelhöhen von ca. 300 mm Platz sparend gelagert werden ohne die unteren Riemen zu stark zu deformieren. Keilriemen großer Längen dürfen nur sachgemäß zusammengelegt in Stapeln gelagert werden. Ansonsten sind längere Riemen auf so genannte „Sätteln" oder Rohren mit größerem Durchmesser (mindestens zehnfache Höhe des Riemenprofils) hängend zu lagern.

Verschmutzte Keilriemen können mit Glycerin-Spiritus-Mischung im Verhältnis 1:10 gereinigt werden. Lösungsmittel wie Benzin oder Benzol dürfen nicht verwendet werden. Auch scharfkantige Gegenstände sind keine geeigneten Reinigungsmittel.

CONTI- Keilriemen gewährleisten bei Beachtung dieser Wartungshinweise einen störungsfreien Betrieb.

7 Übertragen Sie aus dem Fachtext Seite 139 wichtige Hinweise zur Montage und Wartung von Keilriemen gekürzt in folgende Tabelle.

Nr.	Bereich	Hinweis
1	Keilscheiben	Richtiges Riemenprofil wählen
2	Keilscheiben	Gratfrei, rostfrei, sauber halten
3	Keilscheiben	Genau fluchtend ausrichten
4	Keilriemen	Zwanglos von Hand auflegen (Achsabstand verringern)
5	Vorspannung	Zu klein: großer Schlupf, vorzeitiger Verschleiß
6	Vorspannung	Zu groß: übermäßige Dehnung, Temp., Lagerbelastung
7	Vorspannung	Nach kurzer Einlaufzeit nachkontrollieren
8	Mehrrillige R.	Längengleiche Keilriemen „satzgerecht" verwenden
9	Mehrrillige R.	Immer kompletten Satz wechseln
10	Spannrollen	Riemen von innen nach außen spannen
11	Spannrollen	Mindestdurchmesser beachten
12	Keilriemen	Kein Riemenwachs verwenden
13	Keilriemen	Vor Ölnebel, Tropföl und Chemikalien schützen

8 Nennen Sie für die abgebildete Säulenbohrmaschine zu jedem Bereich der Instandhaltung vier konkrete Instandhaltungstätigkeiten.

Wartung	Reinigen der Maschine
	Schmieren der Maschine
	Getriebeöl nachfüllen
	Geräuschkontrolle der Motoren- und Getriebegeräusche
Inspektion	Abnahmeprotokoll erstellen als Erst-Inspektion
	Prüfen der Riemenspannung
	Prüfen des Riemenverschleißes
	Rechtwinkligkeit zwischen Tischfläche und Senkbewegung der Spindel messen
Instandsetzung	Nachstellen der Riemenspannung
	Austauschen der Riemen
	Reparieren der Tischklemmung
	Austausch der Rückholfeder

9 Im Zusammenhang mit Wartungs- und Instandhaltungsarbeiten an Maschinen und Anlagen sind verschiedene Sicherheitsmaßnahmen zu treffen und entsprechende Warnhinweise auf Gefahren zu beachten.
Dafür gibt es eine Vielzahl von Symbolen und Piktogrammen, die den jeweiligen Sachverhalt bildhaft darstellen.
Das nachfolgende Trimino gibt eine kleine Auswahl wieder, die man auch beliebig erweitern kann.
Zerschneiden Sie das Trimino in einzelne Dreiecke und lassen Sie es von einer anderen Gruppe wieder zusammenbauen, indem die Begriffe den passenden Symbolen zugeordnet werden.

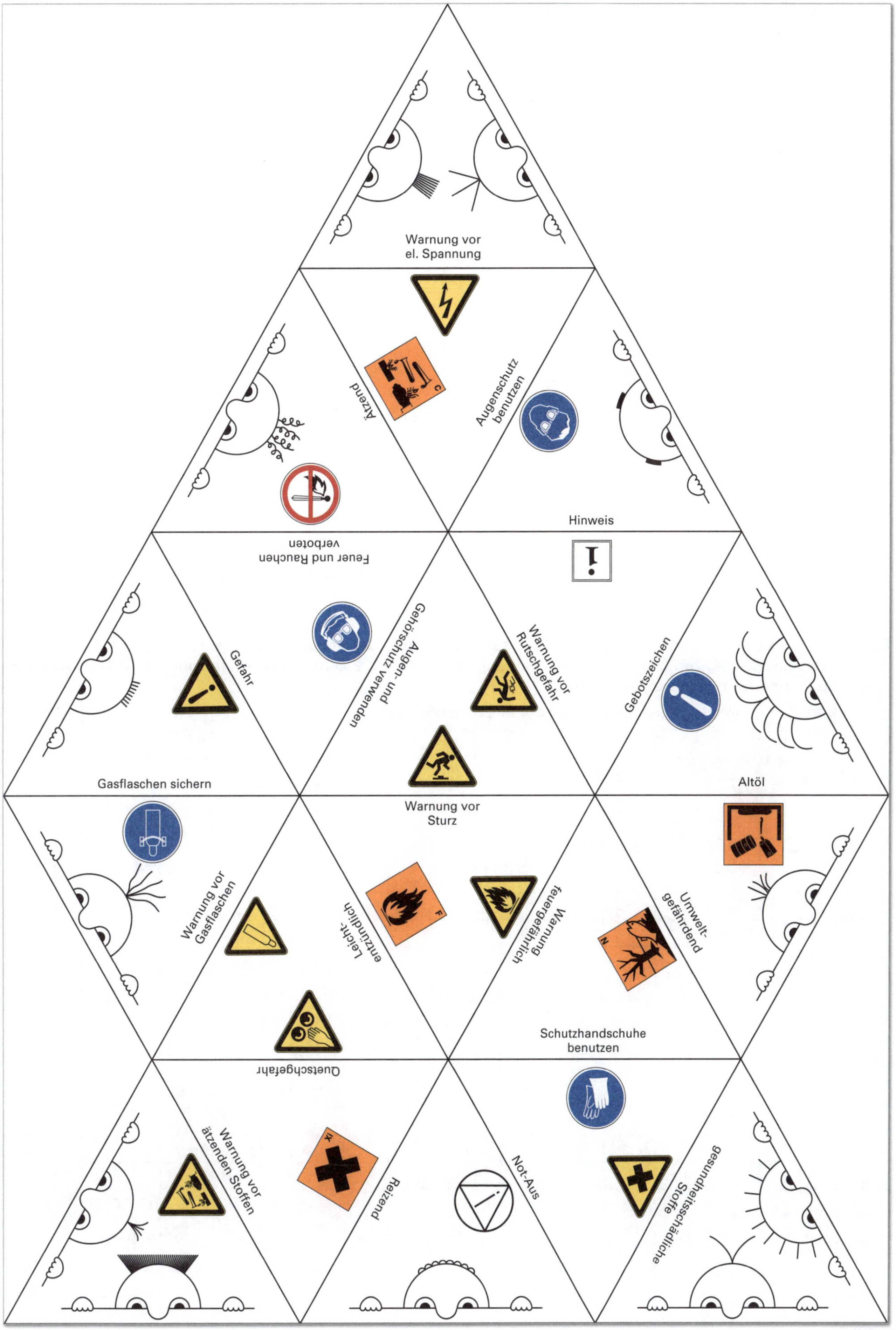
Warnung vor el. Spannung
Ätzend
Augenschutz benutzen
Hinweis
Feuer und Rauchen verboten
Gefahr
Gehörschutz und Augen- verwenden
Warnung vor Rutschgefahr
Gebotszeichen
Gasflaschen sichern
Warnung vor Sturz
Altöl
Warnung vor Gasflaschen
Leicht-entzündlich
Warnung feuergefährlich
Umwelt-gefährdend
Schutzhandschuhe benutzen
Quetschgefahr
Warnung vor ätzenden Stoffen
Reizend
Not-Aus
gesundheitsschädliche Stoffe

10 Stellen Sie den folgenden Sachverhalt mittels eines Säulendiagramms dar.
In der Bundesrepublik Deutschland werden jährlich Schmierstoffe verbraucht:
380000 Tonnen Motorenöl, 165600 Tonnen Hydrauliköl, 159600 Tonnen Prozessöl, 105600 Tonnen Getriebeöl, 87600 Tonnen Kühlschmierstoffe, 291600 Tonnen für sonstige Anwendungen.

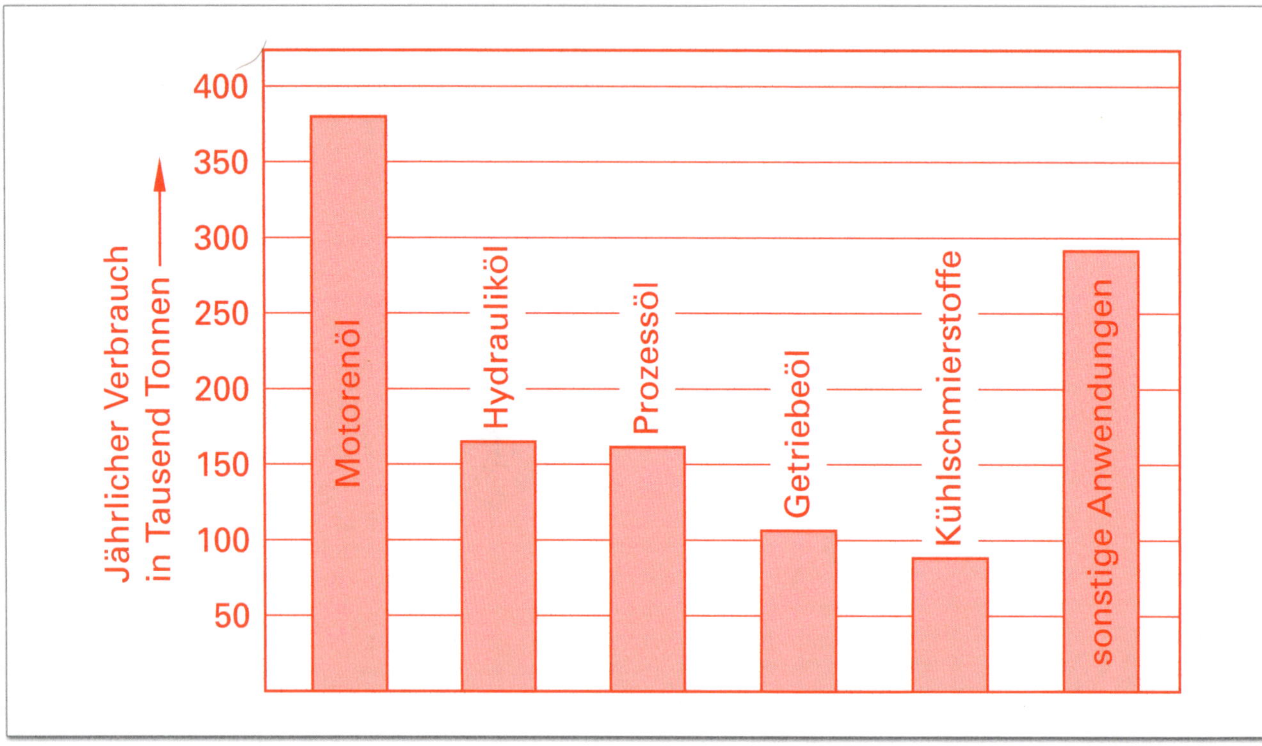

11 Stellen Sie in einem Kreisdiagramm die Zusammensetzung der Herstellkosten dar.
Herstellkosten setzen sich aus ca. 4 % Werkzeugkosten, ca. 12 % Kühlschmierkosten und ca. 84 % Maschinen-, Lohn- und Gemeinkosten zusammen.

Berechnen Sie hierzu die Zentriwinkel der einzelnen Sektoren.

$$4\,\% \mathrel{\widehat{=}} \frac{4\,\% \cdot 360\,°}{100\,\%} \mathrel{\widehat{=}} 14{,}4\,°$$

$$12\,\% \mathrel{\widehat{=}} \frac{12\,\% \cdot 360\,°}{100\,\%} \mathrel{\widehat{=}} 43{,}2\,°$$

$$84\,\% \mathrel{\widehat{=}} \frac{84\,\% \cdot 360\,°}{100\,\%} \mathrel{\widehat{=}} 302{,}4\,°$$

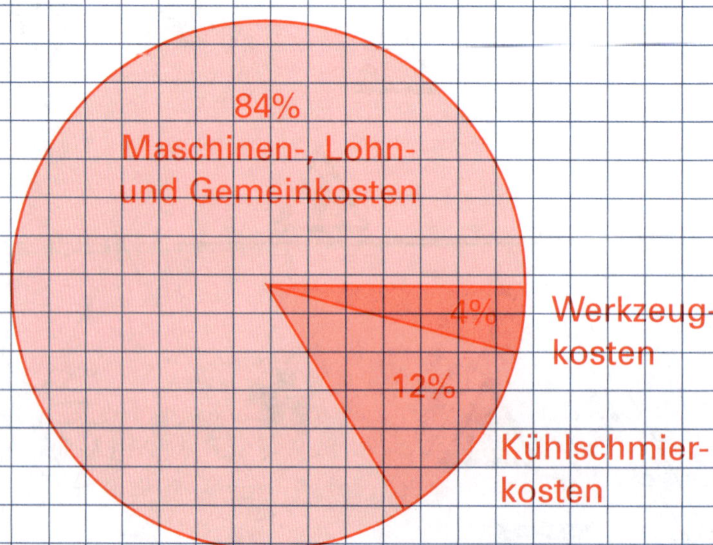

12 Werten Sie stichwortartig das dargestellte Diagramm aus.

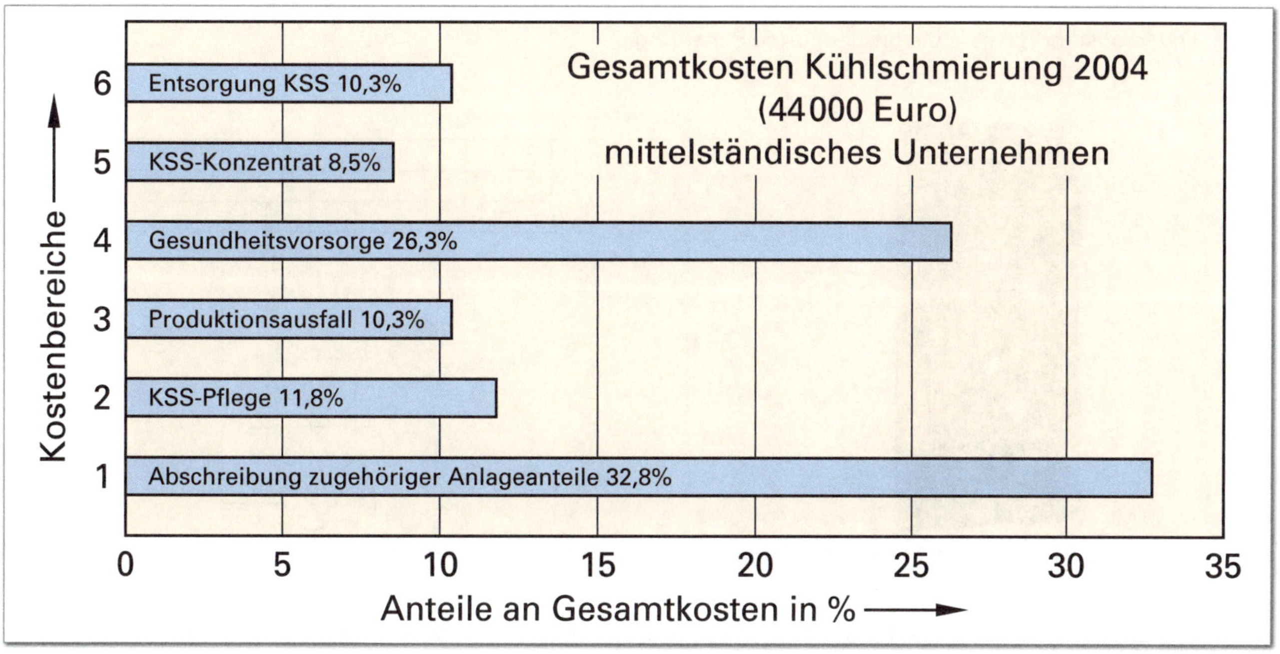

Die Kühlschmierstoffkosten eines mittelständischen Unternehmens betrugen 2004 insgesamt 44000 €.
Davon entfiel 32,8 % auf die Abschreibung der zugehörigen Anlageteile, 11,8 % auf die Kühlschmierstoffpflege, 10,3 % auf Produktionsausfall, 26,3 % auf Gesundheitsvorsorge, 8,5 % auf KSS-Konzentrat und 10,3 % auf die Entsorgung der KSS.

13 An Werkzeugmaschinen kommen Kleinaggregate mit Behälter zur Kühlschmiermittelzuführung zum Einsatz.

a) Vervollständigen Sie den hydraulischen Schaltplan mit den Bauteilen Druckanzeige, Filter, Elektromotor und Absperrhahn.

b) Beschreiben Sie stichwortartig die Funktion bzw. Aufgabe der folgenden Bauteile:

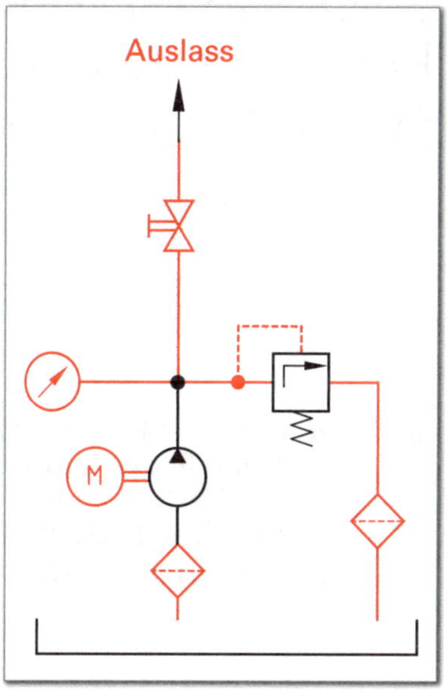

Filter: Sie schützen die Bauteile gegen Beschädigungen durch Verunreinigungen im Öl.

Druckbegrenzungsventil: Begrenzt den Druck in der Anlage. Es öffnet bei Überschreiten des eingestellten Druckes.

14 Der Antriebsmotor der Bohrmaschine wird über einen Schalter mit Raste ein- und ausgeschaltet. Die Schaltzustände für „EIN" und „AUS" werden durch eine rote und grüne Glühlampe angezeigt.

a) Vervollständigen Sie die dazugehörige Schaltung.

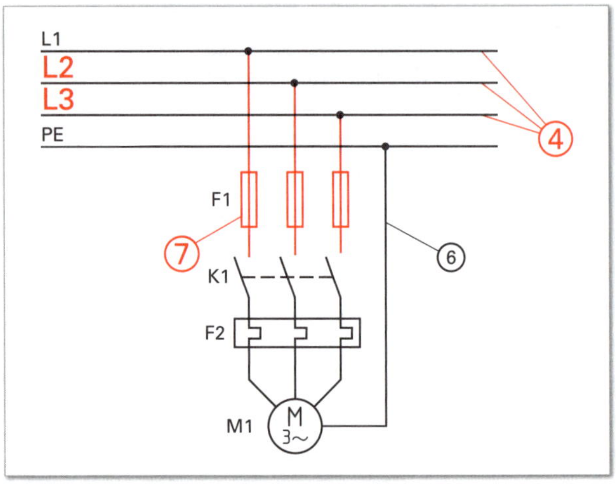

b) Warum wird zur Steuerung des Motors neben dem Hauptstromkreis ein zweiter Stromkreis benutzt?

Hauptstromkreis mit Sicherung und Motor für größere Spannungen und Ströme. Steuerstromkreis für Schaltlogik mit kleiner Spannung.

c) Verbunden mit dem Ein- und Ausschalten des Motors leuchten die grüne und rote Glühlampe auf. Welchen Vorteil bietet dabei der Schütz K1?

Der Schütz bildet das Bindeglied zwischen den Stromkreisen
Es bietet die Möglichkcit, mehrere Stromkreise zu schalten.

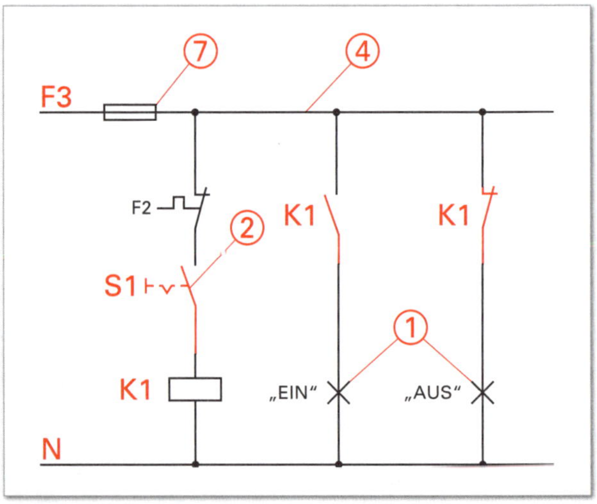

15 Der Schalter mit Raste zum Ein-und Ausschalten soll durch zwei Tippschalter ersetzt werden. Nach Betätigen des EIN-Tasters soll der Motor so lange laufen, bis er durch den AUS-Taster ausgeschaltet wird.
Vervollständigen Sie den Steuerplan.

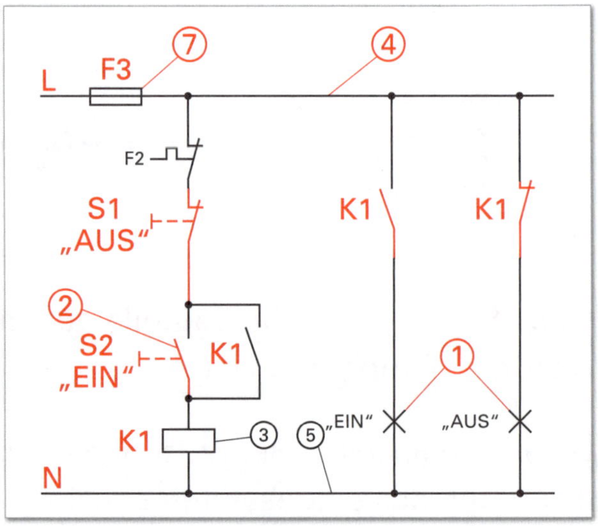

16 Ergänzen Sie in den Schaltungen (Aufg. 16) die Zahlen und in der Tabelle die Zahlen und Namen der Bauteile.

① Glühlampe H (Kurzzeichen) ② Schließer S1, S2 ③ Schütz K1

④ Leiter L (Kurzzeichen) ⑤ Neutralleiter N ⑥ Schutzleiter PE

⑦ Schmelzsicherung F (Kurzzeichen)

17 Welche unterschiedliche Funktion haben Öffner und Schließer?

Öffner: Durch Betätigen des Öffners wird der Stromkreis unterbrochen.

Schließer: Durch Betätigen des Schließers wird der Stromkreis geschlossen.

18 a) In welchen Fällen wird in einer Schaltung ein Schütz eingesetzt und in welchen Fällen ein Relais?

Schütz: Bei Schaltleistungen größer als 1 kW. Haupt- und Steuerkontakte.

Relais: Kleine Schaltleistungen. Besitzt nur Steuerkontakte.

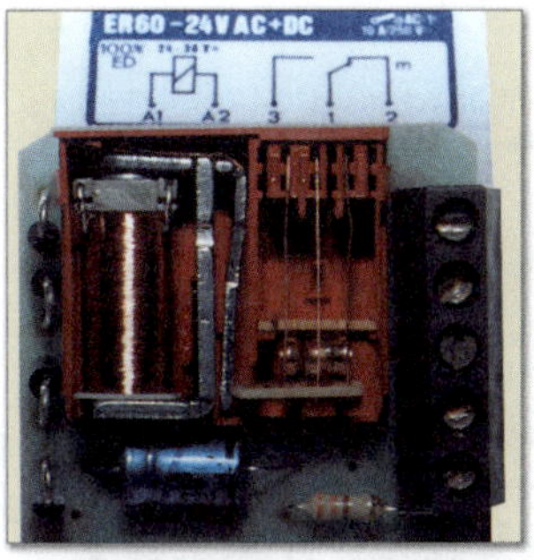

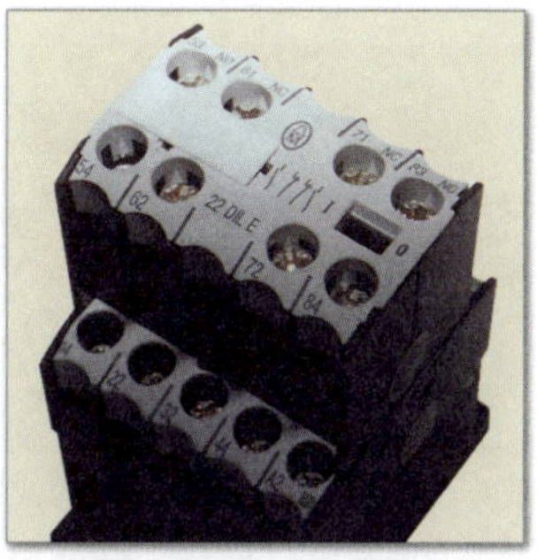

b) In welchem Bild ist ein Schütz dargestellt, in welchem ein Relais?

Relais Schütz

19 Jede Werkzeugmaschine ist mit einem NOT-AUS-Schalter bestückt. Dieser unterbricht den Hauptstromkreis und stoppt den Antriebsmotor. Zeichnen Sie einen Ausschnitt aus dem Hauptstromkreis mit einem Pilz-Notdruck-Taster.

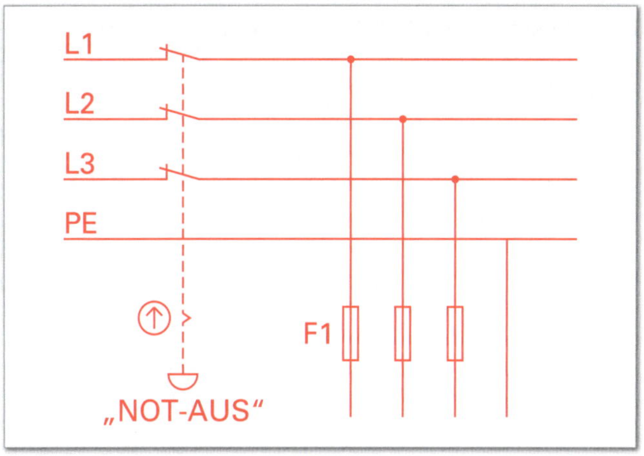

20 Bei Wartungsarbeiten an und in elektrischen Anlagen passieren häufig lebensgefährliche Unfälle. Welche Sicherheitsregeln müssen unbedingt beachtet werden?

Freischalten durch Betätigung von Schaltern, Sicherung ausschalten.
Gegen Wiedereinschalten sichern durch Absperrung und Schilder.
Spannungsfreiheit feststellen durch Prüfgerät.
Erden und Kurzschließen von Anlageteilen.
Benachbarte, unter Spannung stehende Teile abdecken.

21 Durch Isolationsfehler treten an elektrischen Anlagen Kurzschluss, Erdschluss und Körperschluss auf. In den Abbildungen sind Beispiele für die einzelnen Schlussarten dargestellt.

Beschreiben Sie stichwortartig was in den einzelnen Fällen passiert und welche Folgen dies hat.

Kurzschluss: Verbindungen von jeweils zwei Leitern (L1, L2, L3, N).

Folgen: Widerstand wird null. Kurzschlussstrom wird groß.

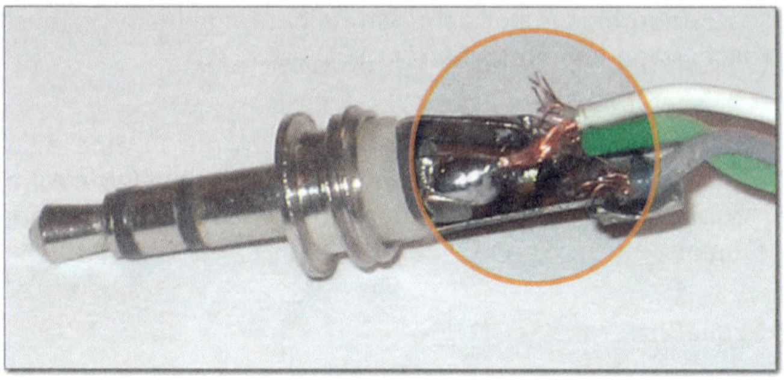

Kurzschluss: Verbindung eines Leiters mit dem Gehäuse, das den Strom leitet.

Folgen: Gefahr, dass bei Kontakt Strom durch den menschlichen Körper fließt.

Erdschluss: Verbindung eines Leiters mit der Erde oder geerdeten Teilen.

Folgen: Strom fließt nicht über den Verbraucher.

Projektbeschreibung

Das Ziel des Projektes ist eine Schaltung aufzubauen, mit der man ein Türschloss betätigen kann. In der Aufgabenstellung ersetzen wir das Türschloss durch zwei LED´s.

Über ein Zahlenfeld kann man durch Eingeben einer Zahlenkombination ein Türschloss betätigen. Werden die Taster des Zahlenfelds in der richtigen Reihenfolge betätigt, leuchtet eine grüne LED auf, ist eine Zahl oder die Reihenfolge falsch, dann leuchtet eine rote LED auf.

Eine Leuchtdiode (LED) lässt den Strom nur in eine Richtung fließen. Um sie richtig anzuschließen besitzt die Kathode (Minusanschluss) einen kurzen Draht, die Anode (Plusanschluss) einen langen Draht.

Bild:

Symbol:

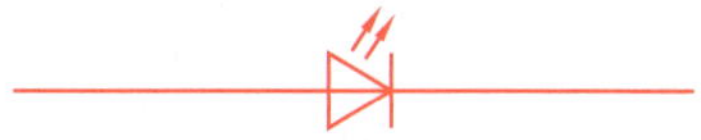

Projektaufgaben

1 Suchen Sie das Symbol der LED, auch Fotodiode genannt, aus dem Tabellenbuch und ergänzen Sie die Abbildung.

2 Eine gleichbleibende Helligkeit der LED wird dadurch gewährleistet, wenn sie mit einem Vorwiderstand betrieben wird. Darüber hinaus schützt man sie so vor Überlastung. Zeichnen Sie den Schaltplan für eine LED mit Vorwiderstand.

LED $U_f = 2$ V; $I_f = 20$ mA

Akku $U = 3{,}6$ V

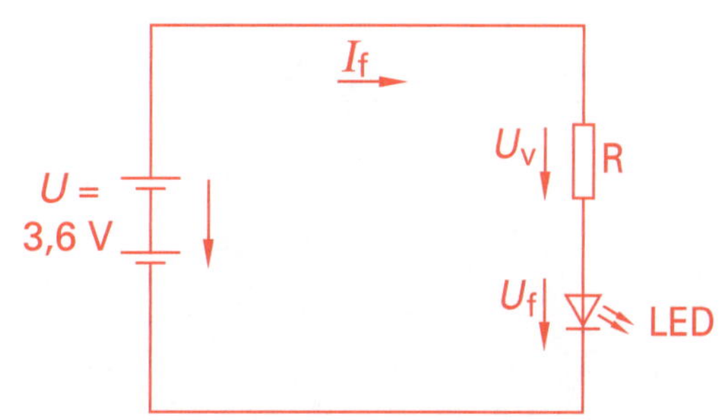

3 Erklären Sie die Begriffe „elektrischer Strom" und „elektrische Spannung".

Elektrischer Strom: Bewegung elektrisch geladener Teilchen (Elektronen) in metallischen Leitern bzw. Ionen in leitenden Flüssigkeiten.

Elektrischer Spannung: Ladungsunterschied zwischen zwei Polen (+; –), gekennzeichnet durch Elektronenüberschuss oder -mangel.

4 Der Stromkreis besteht vereinfacht aus einer Spannungsquelle, einem Schalter und einem Verbraucher. Es sollen der elektrische Strom und die Spannung *U* gemessen werden.

a) Zeichnen Sie diesen vereinfachten Schaltplan mit den Schaltzeichen für Messgeräte.

b) Beschreiben Sie, wie Sie die Messgeräte anschließen.

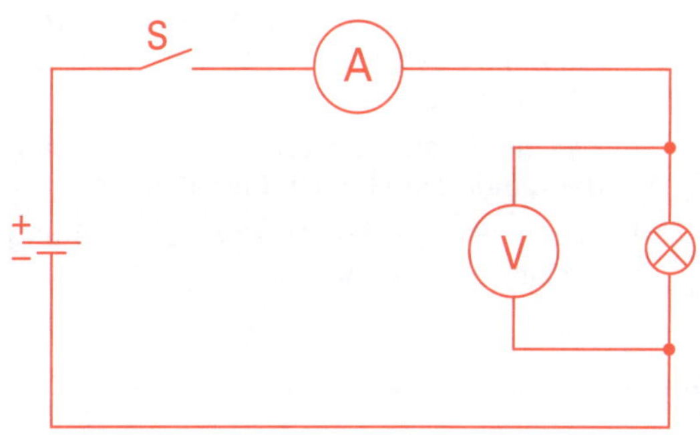

Spannungsmessgerät: Parallel zum Verbraucher (Lampe).

Strommessgerät: In Reihe mit dem Verbraucher (Lampe).

5 Wie verhalten sich die nachfolgenden Größen im elektrischen Stromkreis? Geben Sie für die Begriffe jeweils den Zusammenhang in Worten sowie die Formelbeziehung an.

a) Spannung und Stromstärke: Spannung und Stromstärke sind proportional.

$I \sim U$

b) Stromstärke und Widerstand: Stromstärke und Widerstand sind umgekehrt proportional.

$I \sim \frac{1}{R}$

6 Geben Sie die Formel zur Berechnung der Stromstärke an:

$I \sim \frac{U}{R}$

7 In einem Diagramm soll die Kennlinie für den Vorwiderstand abgebildet werden.

a) Tragen Sie die Stromstärke über der Spannung ein.

b) Vervollständigen Sie die Tabelle mit den Stromstärken.

U (V)	0,8	1,0	1,6	2,0
I (A)	0,01	0,0125	0,02	0,025

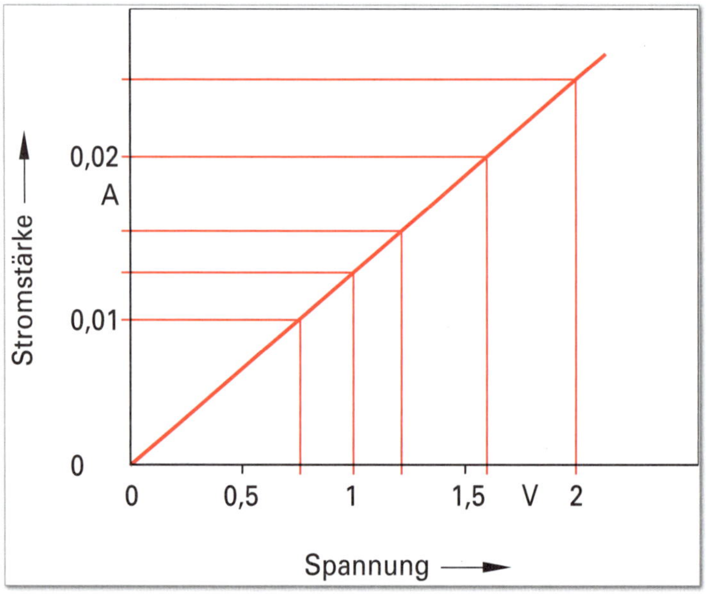

8 Stellen Sie die Formel für die Stromstärke I nach der Spannung U und dem Widerstand R um (Ohm´sches Gesetz).

$U = R \cdot I$	$R = \frac{U}{I}$
in V (Volt)	in Ω (Ohm)

9 In der Reihenschaltung haben alle Glühlampen die gleiche Leuchtstärke. Welche Erkenntnis leiten Sie daraus für die Stromstärke an den einzelnen Glühlampen ab?

Einzelströme sind gleich dem Gesamtstrom.

$I = I_1 = I_2 = I_3$

10 Wenn alle Lampen gleich hell leuchten, messen wir an jeder Glühlampe die gleiche Stromstärke. Die Einzelspannungen addieren sich zur Gesamtspannung.

a) Welche Erkenntnis lässt sich für die Einzelwiderstände der Glühlampen ableiten?

b) Geben Sie die Formeln zur Berechnung des Gesamtwiderstandes an.

$U = U_1 + U_2 + U_3 + \dots + U_n$

$R \cdot I = R_1 \cdot I_1 + R_2 \cdot I_2 + \dots + R_n \cdot I_n$

$R = R_1 + R_2 + R_3 + \dots + R_n$

Erkenntnis: Einzelwiderstände sind im Beispiel gleich groß.

11 a) Berechnen Sie den Spannungsabfall am Vorwiderstand aus Aufgabe 2.

$U_V = U - U_f = 3{,}6\ V - 2\ V = 1{,}6\ V$

b) Berechnen Sie den Vorwiderstand für I_f = 20 mA aus Aufgabe 2.

$U_V = R_V \cdot I_f; \quad R_V = \frac{U_V}{I_f} = \frac{1{,}6\ V}{0{,}02\ A} = 80\ \Omega$

12 Die Kennlinie stellt das Strom-Spannungs-Verhältnis einer LED dar. Begründen Sie mit Hilfe des Diagramms, warum im praktischen Betrieb ein Vorwiderstand benötigt wird.

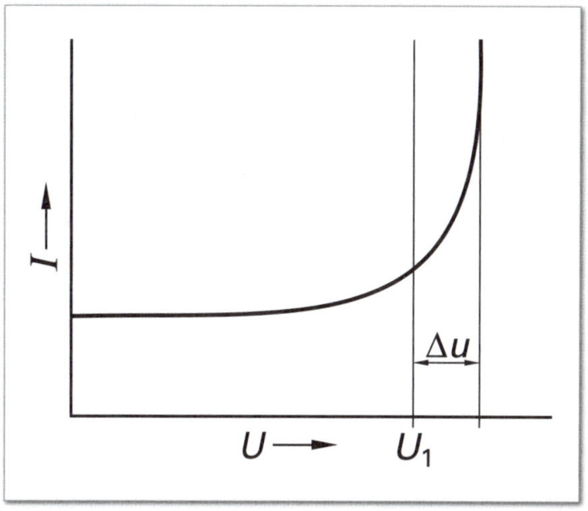

Erhöhen wir ab einer bestimmten Spannung U_1 den Spannungswert nur um einen kleinen Betrag Δu, dann führt dies zu einem sehr hohen Strom.

13 Zeichnen Sie den Schaltplan für den Betrieb von vier Leuchtdioden. Jede LED erhält einen Vorwiderstand.

Technische Daten:

LED	U_f = 3,6 V;	I_f = 20 mA
Akku	U = 4,8 V;	1800 mAh

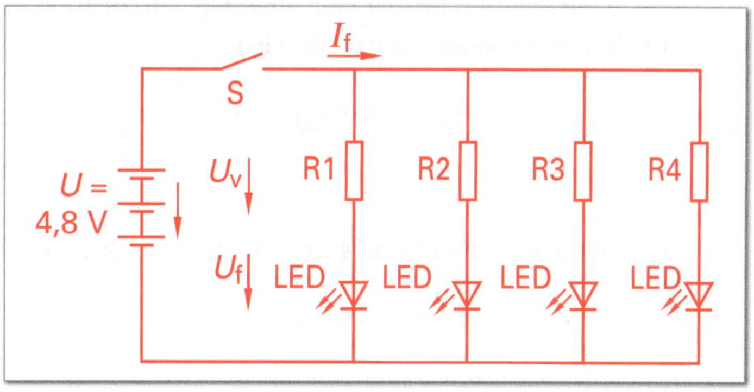

14 Die vier LED können je nach Größe des Vorwiderstandes unterschiedlich hell leuchten, obwohl sie von einer Spannungsquelle versorgt werden.

a) Geben Sie eine Formel für die Gesamtstromstärke an.

b) Welche Aussage lässt sich für die Stromstärken treffen?

$I_{ges} = I_1 + I_2 + I_3 + I_4$

Die Stromstärken der durch die Glühlampen fließenden Ströme sind unterschiedlich und addieren sich zum Gesamtstrom.

Die Einzelspannungen an den LED sind gleich groß: $U_{ges} = U_1 = U_2 = U_3 = U_4$.

c) Welche Aussage lässt sich für die Stromstärken treffen?

$$I_{ges} = \frac{U_{ges}}{R} = \frac{U_1}{R_1} = \frac{U_2}{R_2} = \frac{U_3}{R_3} = \frac{U_4}{R_4}$$

$$\frac{1}{R} = \frac{1}{R_1} + \frac{1}{R_2} + \frac{1}{R_3} + \frac{1}{R_4}$$

15 a) Berechnen Sie den Spannungsabfall.

$U_v = U - U_f = 4{,}8\ V - 3{,}6\ V = \underline{\underline{1{,}2\ V}}$

b) Wie groß ist der Vorwiderstand für jede LED?

$R_v = \dfrac{U_v}{I_f} = \dfrac{1{,}2\ V}{0{,}02\ A} = \underline{\underline{60\ \Omega}}$

c) Die Einzelwiderstände betragen $R_1 \ldots R_4 = 60\ \Omega$.
Berechnen Sie den Ersatzwiderstand R.

$\dfrac{1}{R} = \dfrac{1}{R_1} + \dfrac{1}{R_2} + \dfrac{1}{R_3} + \dfrac{1}{R_4} = 4 \cdot \dfrac{1}{R_1}$

$R = \dfrac{R_1}{4} = \dfrac{60\ \Omega}{4} = 15\ \Omega$

16 a) Stellen Sie in einem Diagramm den Stromverbrauch des Akkus über der Zeit dar.
Der Nennstrom für vier Leuchtdioden beträgt $I = 4 \times 20\ mA = 80\ mA$.
b) Nach welcher Zeit ist der Akku leer?

Der Akku ist nach 22,5 Std. leer.

c) Wie hoch ist der Stromverbrauch nach vier Stunden gewesen?

Der Stromverbrauch nach vier Std. beträgt 320 mA.

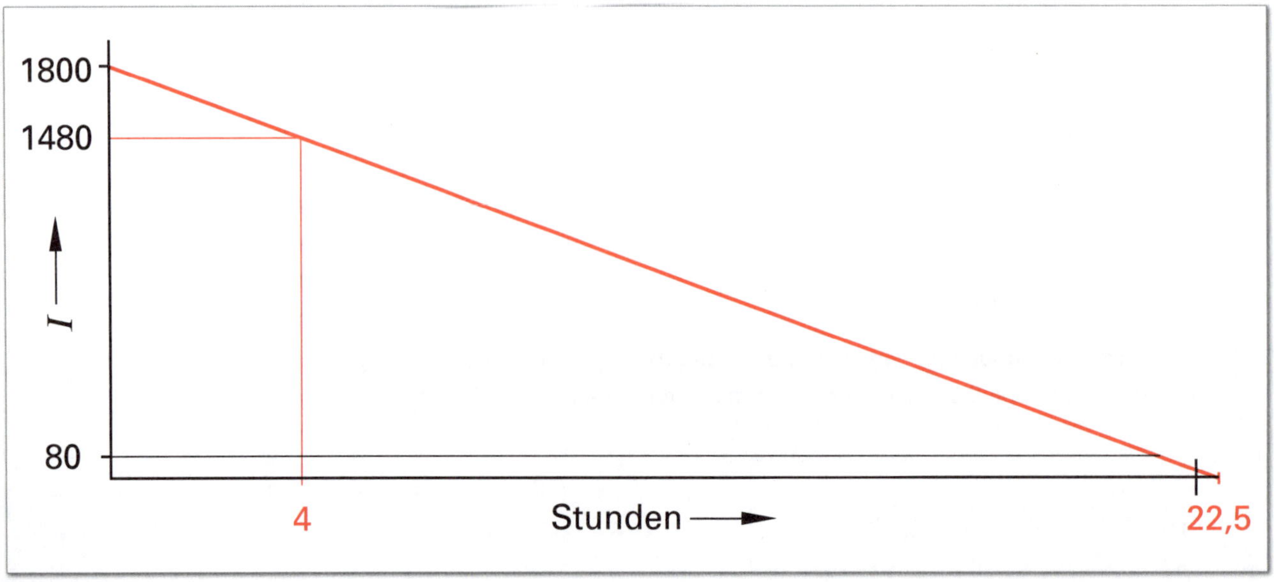

17 Ein bistabiles Relais benötigt zum Schalten einen kurzen Stromstoß. Die beiden Spulen bringen dann den Schalter in die jeweilige Stellung.

Mit einer Testschaltung wollen wir die Funktionsweise des Relais kennenlernen. Zwei Tastschalter betätigen die Relaisspulen. Es leuchtet dann immer eine von beiden Lampen. Ergänzen sie den Schaltplan.

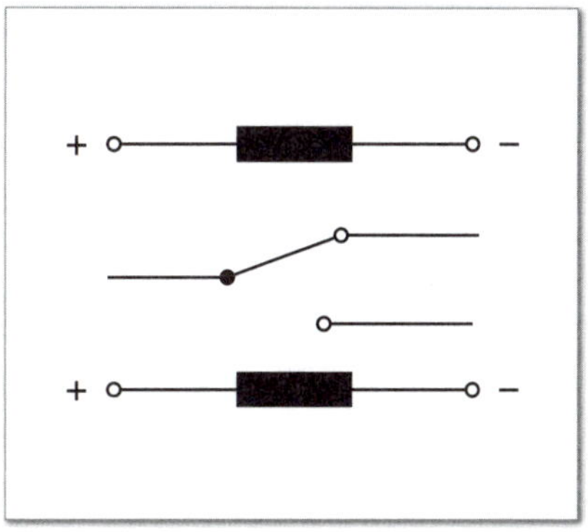

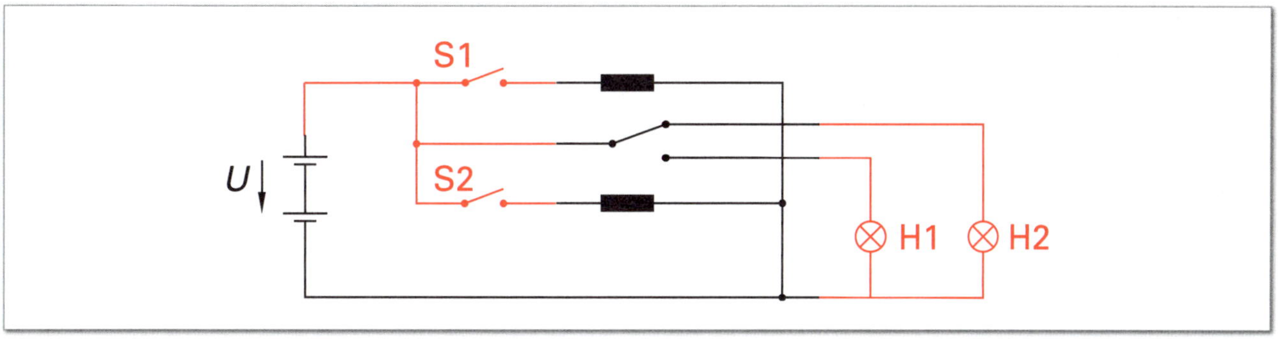

18 Die Schaltung wird auf vier Relais erweitert, die über eine Zahlentastatur geschaltet werden. Durch Drücken der Zahlenfolge 5-1-2-3 wird eine grüne LED betätigt. Ein Reset-Schalter stellt die vier Relais in Grundstellung 1 und die rote LED leuchtet.

a) Ergänzen Sie den Schaltplan für die Schalter mit der Nummer 2 und 3.

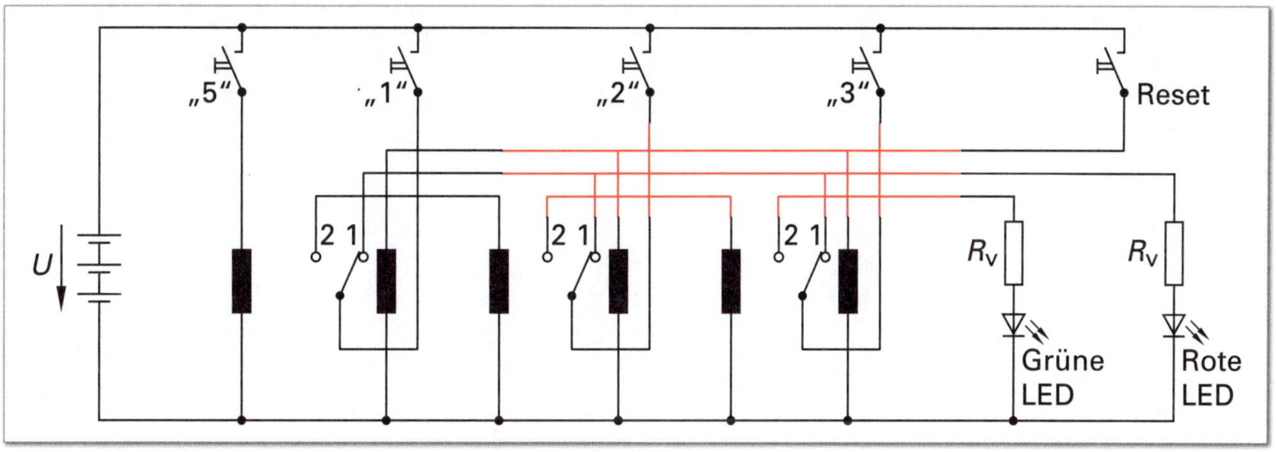

b) Beschreiben Sie den Schaltungsablauf mit eigenen Worten.

Schalter 5 betätigen: Spule wird stromdurchflossen und zieht Relais in Stellung 2.
Schalter 1 betätigen: Strom fließt über die Stellung 2 auf die Spule für Stellung 2 des nächsten Relais. Für Schalter 2 gilt gleiches.
Schalter 3 schließt den Strompfad über Stellung 2 des dritten Relais zur LED nach Minus. Die grüne LED leuchtet.
Durch Drücken des Reset-Schalters werden die Spulen für Stellung 1 aller Relais betätigt und die rote LED leuchtet. Eine fehlerhafte Zahlenfolge führt ebenfalls zum Leuchten der roten LED.

19 Bei der Steuerung des Türschlosses wie auch bei Telefonen, Computern, Stereoanlagen u. a. wird mit Schutzkleinspannungen gearbeitet.

a) Was bedeutet der Begriff „Schutzkleinspannung"?

Spannung, die dem Menschen noch nicht gefährlich wird, wenn er den Leiter berührt.

b) Welche Stromstärke und Spannung wird für den Menschen gefährlich?

Stromstärke: $I > \simeq 50$ mA

Spannung: $U > \sim 50$ V; $U > = 120$ V

20 Erstellen Sie eine Powerpoint-Präsentation zu folgenden Themen:

- Ohmsches Gesetz
- Vergleich Reihen- und Parallelschaltung
- Gefahren des elektrischen Stroms

Notizen:

Im neuen Bewertungssystem des handlungsorientierten Unterrichts wird die Leistung in allen Lernfeldern durch die differenzierte Bewertung der „berufsfachlichen Kompetenz“ und der „Projektkompetenz“ ausgewiesen. Durch die Komplexität der Bewertung und der zu erwerbenden Kompetenzen, erscheint es den Autoren als sinnvoll, allen Beteiligten in gleicher Weise Einblicke und Anregungen zu einer Eigenbewertung von Seiten des Schülers wie auch zu einer objektiv nachvollziehbaren Bewertung durch den Lehrer zu gelangen.

Die Bearbeitung der Lernfeldsituationen (Projekte) von der Analyse der Aufgabenstellung über die Planung der Umsetzung mit Recherche bis zur Herstellung und der anschließenden Dokumentation und Präsentation der Arbeitsergebnisse bietet ein breites Feld zum Kompetenzerwerb. Die beruflich erfolgreiche Qualifizierung hängt heute mit einem breit angelegten Erwerb von Kompetenzen aus unterschiedlichen Bereichen zusammen. Die Schwierigkeit liegt nun in der Bewertung der Vielzahl dieser persönlichen Entwicklungen.

Die Notengebung teilt sich wie schon oben angesprochen in die „berufsfachliche Kompetenz“ und die „Projektkompetenz“ auf. Die „berufsfachliche Kompetenz“ beinhaltet Aspekte wie das Fachwissen, Prozesszusammenhänge, Normen und Verfahrensabläufe sowie die Ermittlung von Ergebnissen. In der „Projektkompetenz“ spiegeln sich soziales Engagement, die Anwendung von Methoden, Kommunikationsprozesse, die Fähigkeit Lernprozesse zu initiieren u. v. m. wieder. Die Vielzahl der dabei zu erwerbenden Kompetenzen werden in folgende Bereiche aufgeteilt: Personalkompetenz, Sozialkompetenz, Methodenkompetenz, Kommunikative Kompetenz und Lernkompetenz. Um die Bereiche für die Beurteilung übersichtlicher zu gestalten, wird die kommunikative Kompetenz der Personalkompetenz und die Lernkompetenz der Methodenkompetenz untergeordnet. Für jeden Kompetenzbereich lassen sich beobachtbare Kriterien festlegen, die vom Lehrenden beurteilt und bewertet werden können.

Vorschlag zur Vorgehensweise bei der Auswahl und Bewertung von Kompetenzen

Aus der Liste der Bewertungsaspekte wählt der Lehrer Beobachtungsschwerpunkte aus, die durch Bearbeitung eines bestimmten Projektes zu einer Verstärkung bzw zum Neuerwerb von Kompetenzen führen. Die Kriterien werden in ein Formblatt für jeden Schüler übertragen (Blatt 1und 2) und mit einem Faktor für die Gewichtung versehen. Die Note für das Lernfeld ergibt sich darüber hinaus aus der Bewertung der Dokumentationsausarbeitung (Blatt 3) und der Präsentation (Blatt 4). Die Bewertungen lassen sich, zur besseren Visualisierung, im Anschluss in ein Bewertungsprofil (Blatt 5) übertragen.

Für die zahlenmäßige Bewertung lässt sich von Punktesystemen bis zu einer klassischen Notenvergabe alles vorstellen. Hier nun soll ein Vorschlag für eine Bewertung von 0.0 bis 1.0 dargestellt werden. Diese Bewertung lässt sich im anschließenden grafischen Profil sehr anschaulich verwerten. Den Werten können folgende Bewertungsmerkmale zugeordnet werden:

0.0	Kompetenz nicht erworben
0.2	große Kompetenzschwächen
0.4	schwach ausgeprägte Kompetenz
0.6	Kompetenz ist vorhanden und gut ersichtlich
0.8	gut ausgeprägte Kompetenz
1.0	besonders ausgeprägte Kompetenz

Mit Hilfe von Faktoren werden den Kompetenzen entsprechende Gewichtungen gegeben. Durch diese Gewichtung lässt sich die Summe der erreichbaren Punkte auf den Punkteschlüssel der gymnasialen Oberstufe von 15 Punkte hochrechnen. Dadurch erhält man wiederum den Zusammenhang zum Notenschlüssel 1 bis 6 (siehe Beispiel und Tabelle nächste Seite).

Beispiel: Berufsfachliche Kompetenz

	Faktor	Schülerbewertung	Faktor x Bewertung
Prozesszusammenhänge erkennen	1 x	0.4	0.4
Normen anwenden	1 x	0.4	0.4
technologische Daten bestimmen	1 x	0.8	0.8
Verfahren und Werkzeuge bestimmen	2 x	1.0	2.0
Arbeitsschritte festlegen	3 x	0.8	2.4
Arbeitsablauf durchführen	3 x	0.6	1.8
Ergebnisse zusammenfassen	2 x	0.6	1.2
Alternative Lösungswege aufzeigen	2 x	0.4	0.8
Summe			**9.8 / Note 2,4**

Punkteschlüssel: 15 Notenpunkte

0	1	2	3	4	5	6	7	8	9	10	11	12	13	14	15
Note															
5,6	5,3	5	4,6	4,3	4	3,6	3,3	3	2,6	2,3	2	1,6	1,3	1	1+

Kompetenzprofil

Das Profil über die Beobachtungsschwerpunkte gibt einen guten Überblick über die Schwächen und Stärken des Auszubildenden und der Verlagerung seiner Fähigkeiten und Fertigkeiten. Legt man mehrere gleichartige Kompetenzprofile nach mehreren Zeitabschnitten übereinander lässt sich die Veränderung im Profil sehr anschaulich visualisieren.

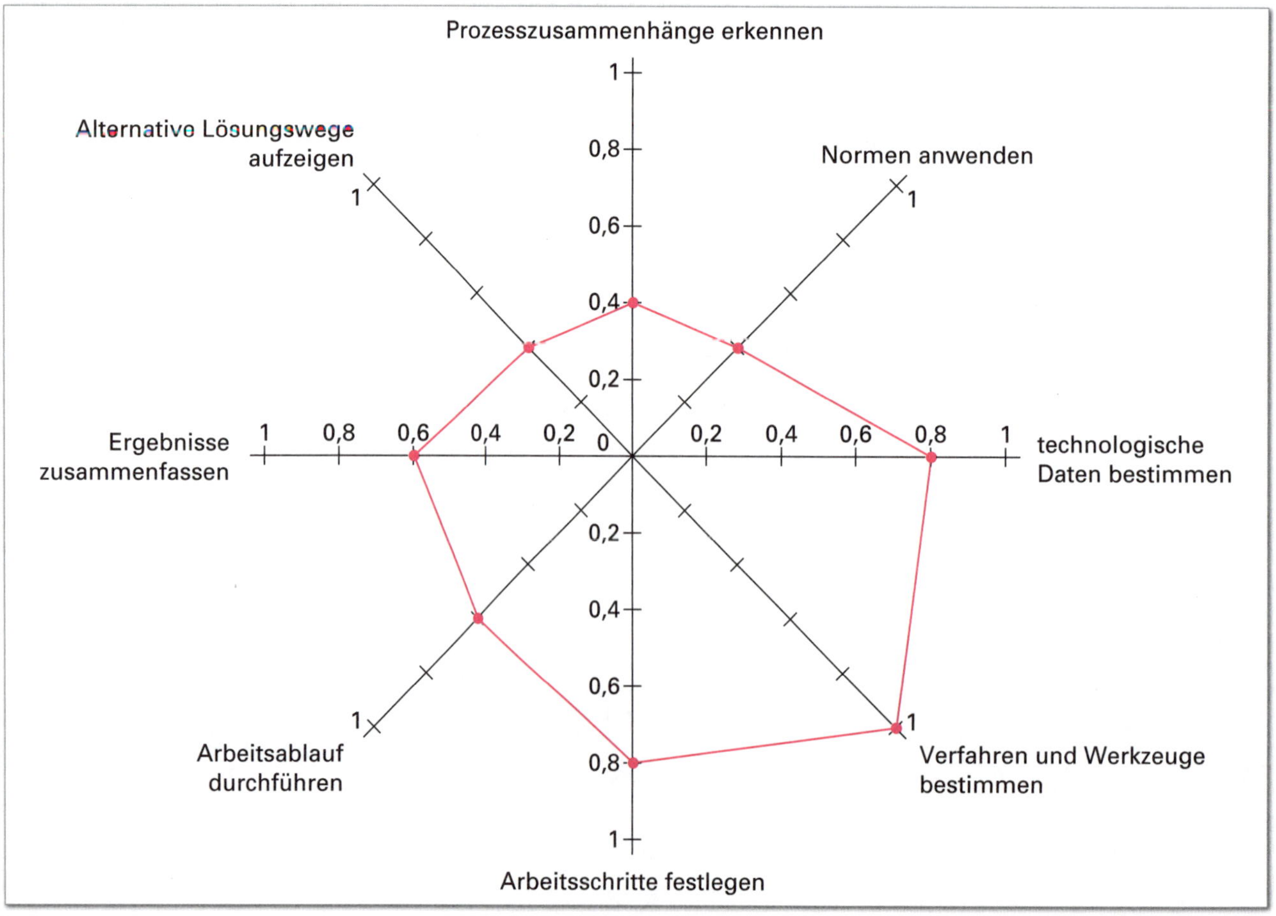

- **Berufsfachliche Kompetenz**

- Problemlösungen und Arbeitsabläufe auswählen
- Prozess- und Systemzusammenhänge erkennen
- Normen und Regeln projektspezifisch auswählen und anwenden
- Verfahren festlegen
- systematische Vorgehensweise darlegen
- Anforderungen und Spezifika des Produkts / der Dienstleistung darstellen
- Arbeitsabläufe und Prozesse optimieren
- zielgerichtet arbeiten
- rationelle Verfahren aufzeigen
- Ergebnisse ermitteln und in der Praxis anwenden
- Gelerntes auf neue Situationen anwenden
- Qualität sichern
- Zeiten zur Selbstkontrolle einplanen
- Verbesserungsvorschläge vorstellen
- Herstellverfahren, Werkzeuge und Hilfsstoffe auswählen
- Arbeitspläne auswerten und wenn notwendig überarbeiten
- Steuerungspläne und -programme erstellen
- Arbeitsergebnisse präsentieren
- Technische Dokumentationen und Fachliteratur auswerten
- Bauteile und Normteile für die Projekte auswählen und bei Herstellern disponieren
- technologische Daten festlegen
- Dokumentation auch in einer Fremdsprache auswerten
- UVV beachten und umsetzen
- Symbole und Signale erkennen und interpretieren

- **Projektkompetenz**

Personalkompetenz

- Probleme erkennen und Lösungsmöglichkeiten erarbeiten
- Spannungen in beruflichen Situationen bewältigen
- Flexibel und situationsabhängig reagieren
- zuverlässig handeln
- geordnete Arbeitsergebnisse abliefern
- Informationen weitergeben und austauschen
- verantwortungsbewusst urteilen
- Mitverantwortung tragen

Kommunikative Kompetenz

- Informationen aus unterschiedlichen Medien beziehen
- Medien sachgerecht einsetzen
- Dokumentationen auswerten
- Informationen strukturieren
- Informationen aufbereiten und darstellen
- sachlich argumentieren
- Dokumentationen anfertigen
- Präsentationen entwickeln

Sozialkompetenz

- soziale Verantwortung tragen
- Interessen und Bedürfnisse artikulieren
- Kritik konstruktiv und fair äußern
- Toleranz gegenüber anderen üben
- Hilfestellung geben
- in ein Team einbinden
- Kooperationen fördern
- in einen Gruppenprozess aktiv einbinden
- Vertrauen aufbauen
- soziale Beziehungen herstellen

Methodenkompetenz

- Entscheidungen treffen
- von Bekanntem auf Unbekanntes schließen
- methodisch vorgehen
- Problemstellung erkennen und Arbeitsziele formulieren
- Ergebnisse ermitteln und zusammenfassen
- Arbeitsschritte selbstständig planen und durchführen
- Pläne auswerten
- Arbeitspläne erstellen und flexibel an die veränderte Situation anpassen
- Zeiten für die Arbeitsprozesse festlegen
- zielgerichtet und begründet arbeiten
- gliedern komplexer Aufgabenstellungen
- Probleme eingrenzen
- Systeme und Prozesse untersuchen
- Lösungswege vergleichen und Realisierbarkeit abschätzen
- Alternativen finden und bewerten
- Arbeitsverfahren auswählen und Abläufe festlegen
- Systemfehler eingrenzen
- Ergebnisse und Methoden übertragen
- Arbeitsorganisation gestalten
- Schlussfolgerungen ziehen
- Zusammenhänge herstellen und anwenden
- Abhängigkeiten darstellen
- Kreativitätstechniken anwenden
- Formeln entwickeln
- Bewertungsmaßstäbe bilden

Lernkompetenz

- zum Lernen bereit sein
- eigene Lernstrategien entwickeln
- konzentriert lernen und arbeiten
- Lernschritte auswählen
- Weiterbildungsmöglichkeiten wahrnehmen
- Informationsbereitschaft besitzen
- Kenntnisse und Methoden übertragen
- Informationen selbstständig erarbeiten
- Informationen auswerten
- Gelerntes auf neue Probleme übertragen

Die vorliegenden Aufzählungen lassen sich jederzeit beliebig fortsetzen und neu formulieren.

Name:	Lernfeld / Projekt:
Vorname:	Bewertungszeitraum:
Klasse:	

Beobachtungsmerkmale	Selbst-bewertung	Lehrer-bewertung	Faktor	Ergebnis	Bemerkung
1.					
2.					
3.					
4.					
5.					
6.					
7.					
8.					

(Summe Faktoren 15 x)	Summe =
	Note

Bemerkungen:

Bewertungsmaßstäbe:

0.0	Kompetenz nicht erworben
0.2	große Kompetenzschwächen
0.4	schwach ausgeprägte Kompetenz
0.6	Kompetenz ist vorhanden und gut ersichtlich
0.8	gut ausgeprägte Kompetenz
1.0	besonders ausgeprägte Kompetenz

Bewertung der Projektkompetenz

Name:	Lernfeld/Projekt:
Vorname:	Bewertungszeitraum:
Klasse:	

Beobachtungsmerkmale	Selbst-bewertung	Lehrer-bewertung	Faktor	Ergebnis	Bemerkung
Personalkompetenz/kommunik. Komp.					
1.					
2.					
3.					
4.					
Sozialkompetenz					
5.					
6.					
Methoden-/ und Lernkompetenz					
7.					
8.					
			(Summe Faktoren 15 x)	Summe =	
				Note	

Bemerkungen:

Bewertungsmaßstäbe:

0.0	Kompetenz nicht erworben	0.2	große Kompetenzschwächen
0.4	schwach ausgeprägte Kompetenz	0.6	Kompetenz ist vorhanden und gut ersichtlich
0.8	gut ausgeprägte Kompetenz	1.0	besonders ausgeprägte Kompetenz

Name:	Lernfeld / Projekt:
Vorname:	Bewertungszeitraum:
Klasse:	

Beobachtungsmerkmale	Lehrer-bewertung	Faktor	Ergebnis	Bemerkung
Struktur / Gliederung				
Überschriften hierarchisch geordnet				
gegliederter Überblick				
Inhaltsverzeichnis mit Seitenzahlen				
Inhaltliche Umsetzung				
Fachliche Zusammehänge richtig dargestellt				
Einleitung, Hauptteil, Schluss, jeweils geeignet				
Thema vollständig und klar aufgearbeitet				
ganzheitlicher Gesamteindruck mit kreativen Elementen				
vielseitig und interessant aufbereitet				
Mediale Gestaltung				
Geeignete Grafiken/Fotografien ausgewählt				
Typografie lesbar und zweckmäßig				
Seitengestaltung benutzerfreundlich				
Sprache				
klare, verständliche Sätze				
zielgruppenorientierte Sprache				
Rechtschreibung, Grammatik, Stil				
Sonstiges				
Anlagen (vollständig, übersichtlich gegliedert)				
Zitate und Quellenangaben gekennzeichnet				
	(Summe Faktoren 15 x)	Summe =		
		Note		

Bewertungsmaßstäbe:

0.0	Kompetenz nicht erworben	0.2	große Kompetenzschwächen
0.4	schwach ausgeprägte Kompetenz	0.6	Kompetenz ist vorhanden und gut ersichtlich
0.8	gut ausgeprägte Kompetenz	1.0	besonders ausgeprägte Kompetenz

Bewertung der Präsentation

Name:	Lernfeld/Projekt:
Vorname:	Bewertungszeitraum:
Klasse:	

Beobachtungsmerkmale	Lehrer-bewertung	Faktor	Ergebnis	Bemerkung
Struktur/Gliederung				
interessante Eröffnung				
gegliederter Überblick				
übersichtliche Folien-/ Screengestaltung				
klare Übergänge				
Zeitvorgaben eingehalten				
abschließende Zusammenfassung				
Medieneinsatz				
sichere Medienhandhabung				
geeignete Medien eingesetzt				
eindeutige Darstellung				
gute Lesbarkeit				
anregend und interessant aufbereitet				
Fachliche Darstellung				
Inhalte fachlich richtig				
Fragen klar beantwortet				
Fachausdrücke geklärt				
Sprache / Körpersprache				
klar, verständlich, Tempo, Pausen				
zielgruppenorientiert				
sicher und offenes Auftreten				
Blickkontakt mit Zuhörer				
	(Summe Faktoren 15 x)	Summe =		
		Note		

Bewertungsmaßstäbe:

0.0	Kompetenz nicht erworben	0.2	große Kompetenzschwächen
0.4	schwach ausgeprägte Kompetenz	0.6	Kompetenz ist vorhanden und gut ersichtlich
0.8	gut ausgeprägte Kompetenz	1.0	besonders ausgeprägte Kompetenz

Name:	Lernfeld/Projekt:
Vorname:	Bewertungszeitraum:
Klasse:	

☐ Berufsfachliche Komp. ☐ Projektkomp.

(Kompetenzbereiche farbig markieren)

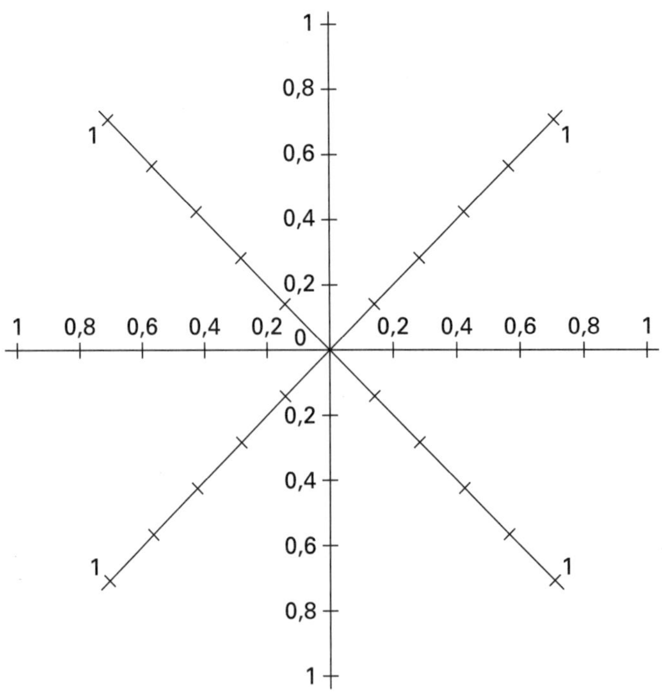

☐ Dokumentation ☐ Präsentation

(Kompetenzbereiche farbig markieren)

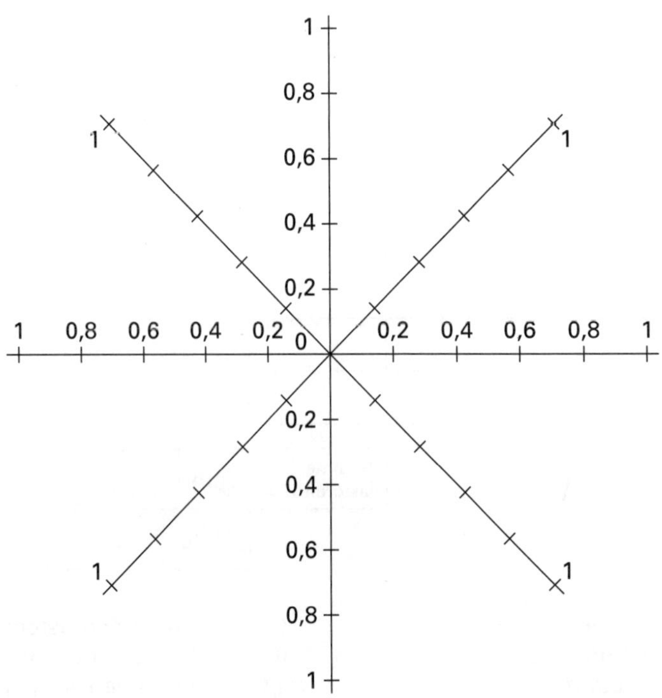